路由与交换技术

◎ 袁天夫　编著

清華大學出版社
北京

内容简介

本书在阐述网络互联中所涉及的路由与交换基本原理和关键知识点的基础上，理论联系实际，以思科交换机和路由器产品为平台，结合例子进行分析、阐述，并关注交换与网络新技术的发展和应用，集知识性、实用性和教学性于一体。

全书共分为8章，主要内容包括网络技术基础；交换式以太网、交换技术及交换机的基本配置；路由器组成、工作原理及其基本配置；虚拟局域网(VLAN)基本技术及其基本配置、生成树协议(STP)；广域网基本概念及其涉及的相关技术；路由基本概念及其相关技术；路由协议，包括内部网关协议和外部网关协议(边界网关协议)；交换与网络新技术等。全书内容精心组织安排，理论阐述精练、深入浅出，可读性好；注重反映新理论、新成果，反映新技术应用，图文并茂，每章后均附有练习题。

本书可作为高等院校广播电视工程、网络工程、通信工程、电子信息工程及相关专业本科的教学用书，也可作为相关技术领域工程人员或广大自学者的技术参考书或培训教材。

图书在版编目(CIP)数据

路由与交换技术/袁天夫编著. —北京：清华大学出版社，2020.3(2025.1重印)
21世纪高等学校计算机专业实用规划教材
ISBN 978-7-302-54333-6

Ⅰ.①路… Ⅱ.①袁… Ⅲ.①计算机网络－路由选择－高等学校－教材 ②计算机网络－信息交换机－高等学校－教材 Ⅳ.①TN915.05

中国版本图书馆CIP数据核字(2019)第263265号

责任编辑：黄　芝　薛　阳
封面设计：刘　键
责任校对：时翠兰
责任印制：沈　露

出版发行：清华大学出版社
网　　址：https://www.tup.com.cn，https://www.wqxuetang.com
地　　址：北京清华大学学研大厦A座　　**邮　　编**：100084
社 总 机：010-83470000　　**邮　　购**：010-62786544
投稿与读者服务：010-62776969，c-service@tup.tsinghua.edu.cn
质量反馈：010-62772015，zhiliang@tup.tsinghua.edu.cn
课件下载：https://www.tup.com.cn，010-83470236
印 装 者：北京鑫海金澳胶印有限公司
经　　销：全国新华书店
开　　本：185mm×260mm　　**印　张**：12.75　　**字　　数**：309千字
版　　次：2020年8月第1版　　**印　　次**：2025年1月第5次印刷
印　　数：4001～5500
定　　价：39.00元

产品编号：078493-01

随着我国改革开放的进一步深化，高等教育也得到了快速发展，各地高校紧密结合地方经济建设发展需要，科学运用市场调节机制，加大了使用信息科学等现代科学技术提升、改造传统学科专业的投入力度，通过教育改革合理调整和配置了教育资源，优化了传统学科专业，积极为地方经济建设输送人才，为我国经济社会的快速、健康和可持续发展以及高等教育自身的改革发展做出了巨大贡献。但是，高等教育质量还需要进一步提高以适应经济社会发展的需要，不少高校的专业设置和结构不尽合理，教师队伍整体素质亟待提高，人才培养模式、教学内容和方法需要进一步转变，学生的实践能力和创新精神亟待加强。

教育部一直十分重视高等教育质量工作。2007 年 1 月，教育部下发了《关于实施高等学校本科教学质量与教学改革工程的意见》，计划实施“高等学校本科教学质量与教学改革工程(简称‘质量工程’)”，通过专业结构调整、课程教材建设、实践教学改革、教学团队建设等多项内容，进一步深化高等学校教学改革，提高人才培养的能力和水平，更好地满足经济社会发展对高素质人才的需要。在贯彻和落实教育部“质量工程”的过程中，各地高校发挥师资力量强、办学经验丰富、教学资源充裕等优势，对其特色专业及特色课程(群)加以规划、整理和总结，更新教学内容、改革课程体系，建设了一大批内容新、体系新、方法新、手段新的特色课程。在此基础上，经教育部相关教学指导委员会专家的指导和建议，清华大学出版社在多个领域精选各高校的特色课程，分别规划出版系列教材，以配合“质量工程”的实施，满足各高校教学质量和教学改革的需要。

本系列教材立足于计算机专业课程领域，以专业基础课为主、专业课为辅，横向满足高校多层次教学的需要。在规划过程中体现了如下一些基本原则和特点。

(1) 反映计算机学科的最新发展，总结近年来计算机专业教学的最新成果。内容先进，充分吸收国外先进成果和理念。

(2) 反映教学需要，促进教学发展。教材要适应多样化的教学需要，正确把握教学内容和课程体系的改革方向，融合先进的教学思想、方法和手段，体现科学性、先进性和系统性，强调对学生实践能力的培养，为学生知识、能力、素质协调发展创造条件。

(3) 实施精品战略，突出重点，保证质量。规划教材把重点放在公共基础课和专业基础课的教材建设上；特别注意选择并安排一部分原来基础比较好的优秀教材或讲义修订再版，逐步形成精品教材；提倡并鼓励编写体现教学质量和教学改革成果的教材。

(4) 主张一纲多本，合理配套。专业基础课和专业课教材配套，同一门课程有针对不同层次、面向不同应用的多本具有各自内容特点的教材。处理好教材统一性与多样化，基本教材与辅助教材、教学参考书，文字教材与软件教材的关系，实现教材系列资源配套。

(5) 依靠专家，择优选用。在制定教材规划时要依靠各课程专家在调查研究本课程教材建设现状的基础上提出规划选题。在落实主编人选时，要引入竞争机制，通过申报、评审确定主题。书稿完成后要认真实行审稿程序，确保出书质量。

繁荣教材出版事业，提高教材质量的关键是教师。建立一支高水平教材编写梯队才能保证教材的编写质量和建设力度，希望有志于教材建设的教师能够加入到我们的编写队伍中来。

21世纪高等学校计算机专业实用规划教材

联系人：魏江江 weijj@tup.tsinghua.edu.cn

前言

随着信息和通信技术的飞速发展，互联网已广泛应用于政府部门、工矿企业、院校等各行各业，并渗透到家庭、社会的各个角落，在政治、经济、文化、生活、宗教等各个领域发挥着重要的作用，业已服务于政府部门、企业、科研院所、大专院校和万千家庭的路由器和交换机，是网络技术和网络应用的物质基础。随着“互联网＋”概念的提出，网络技术和网络应用将更加广泛。网络的规划、部署实施和网络的运行与维护对工程技术人员提出了较高的要求，不仅要有坚实的理论基础，而且要有较强的动手操作能力。

另一方面，近年来高等教育经过实施“质量工程”“卓越工程师培养计划”和“工程专业认证”等一系列举措，一定程度上提升了教育质量和增强了学生的动手实践能力，但由于高校工程教育改革刚起步，许多问题尚在探索、实践中。近来掀起的新工科建设热潮，给工程教育改革带来了机遇和挑战。面对新经济、新技术的快速发展和人才培养的客观需要，为适应新工科建设和应用型本科建设等发展需求，必须进行教学体系改革，优化课程体系，重视教材建设。教材建设应该满足新工科建设和应用型本科建设的需求，具有知识性、实用性和教学性。对于高校应用型本科专业的学生，不仅要求其具有牢固的理论基础知识，更要具有解决实际问题的工程实践能力，为此作者编写了本教材。

全书共分为8章，第1章网络技术基础，主要介绍开放系统互连(OSI)参考模型、TCP/IP基本内容和常用的网络设备；第2章交换技术，主要介绍以太网帧结构、交换机组成与工作原理、二层交换机、三层交换机及交换机的基本配置；第3章路由器及其配置，主要介绍路由器组成与功能、路由器的工作原理、路由器提供的接口类型及路由器的基本配置；第4章虚拟局域网，主要介绍VLAN的基本概念、VLAN的划分方法、VLAN之间的路由方式、VLAN的基本配置及生成树协议(STP)；第5章广域网，主要介绍广域网基本概念及涉及的相关技术，如HDLC协议、PPP协议、帧中继技术、ATM技术和MPLS技术；第6章路由技术，主要介绍路由选择基本概念、路由分类、路由汇总及访问控制列表(ACL)；第7章路由协议，主要介绍RIP及其基本配置、OSPF及其基本配置和BGP；第8章交换与网络新技术，主要介绍光交换技术、虚拟交换技术和虚拟可扩展局域网(VXLAN)技术。

本书语言简练、叙述通俗易懂，图文并茂，每章后均附有练习题。

本书的作者长期从事通信技术领域与交换技术的教学与研究工作，具有在知名通信企业任职多年的经历，对网络与交换技术领域的理论与实践问题有深入的理解，不仅具有坚实的理论知识，而且具有丰富的实践经验。在本书的编写过程中，参阅和引用了不少专家、学者的资料，在此深表感谢。

本书可作为高等院校广播电视工程、网络工程、通信工程、电子信息工程及相关专业本科的教学用书，也可作为相关技术领域工程人员或广大自学者的技术参考书或培训教材。

由于网络、通信技术的发展极其迅速，而作者水平有限，加之编写时间较短促，书中的不妥和疏漏之处在所难免，恳请专家、读者不吝指教，特此为谢。

编　者

2020年3月

目 录

第1章 网络技术基础

1.1 开放系统互连参考模型

在早期的计算机网络发展过程中，许多不同的研究机构、设备制造厂商、公司都相继推出了各自的网络通信协议，并依据各自的协议生产出不同的硬件和软件。然而由于各自为政，缺乏统一的标准，基于不同厂商协议标准生产的设备之间互不兼容，也即不同厂商之间的网络系统之间无法互连互通。

为了解决网络系统之间的互连互通问题，国际标准化组织(ISO)于1984年提出了OSI(Open System Interconnection Reference Model，开放系统互连参考模型)，并很快成为计算机网络通信的基础模型，按照这一标准模型设计和建成的计算机网络系统都可以实现互连互通。

OSI参考模型如图1-1所示，采用分层结构化技术，将整个网络的通信功能分为7层，自下向上分别是：物理层、数据链路层、网络层、传输层、会话层、表示层和应用层。该参考模型中每一层都具有特定的功能，并只与紧邻的上层和下层进行数据交换，上一层(N+1层)是下一层(N层)的用户，下一层(N层)为上一层(N+1层)提供服务，但没有定义如何通过硬件和软件实现每一层的功能。

应用层
表示层
会话层
传输层
网络层
数据链路层
物理层

图1-1　OSI参考模型

1. 物理层

物理层是OSI参考模型的第一层，也是最低层，其功能是在终端设备间传输比特流。物理层协议主要规定了数据终端设备(DTE)与数据通信设备(DCE)之间的接口标准，包含接口的机械特性、电气特性、功能特性和规程特性。

(1) 机械特性：说明接口所用连接器的形状、尺寸、引线数目和排列等。

(2) 电气特性：说明接口电缆的每根线上出现的电压、电流范围。

(3) 功能特性：说明接口中某根线上出现的某一电平的电压表示何种意义。

(4) 规程特性：说明对不同功能的各种可能事件的出现顺序。

常见的物理层传输介质主要有同轴电缆、双绞线、光纤、串行电缆和电磁波等。

2. 数据链路层

数据链路层是OSI参考模型的第二层，以物理层为基础，向网络层提供可靠的服务。数据链路层主要负责数据链路的建立、维持和释放，并在两个相邻节点的线路上，将网络层送下来的信息包组成帧进行传送，每一帧包括数据和一些必要的控制信息。

数据链路层的作用包括定义物理源地址和物理目的地址。在实际通信过程中依靠数据链路层地址在设备之间进行寻址。数据链路层的地址在局域网中是媒体访问控制(MAC)地址，而不同的广域网链路层协议中则采用不同的地址。此外，数据链路层还定义网络的拓扑结构、帧的顺序控制、流量控制、面向连接和面向无连接的通信类型。

3. 网络层

网络层是OSI参考模型中的第三层，向传输层提供最基本的端到端的数据传送服务，其关键技术是路由选择，其数据的传输单元是分组(包)。网络层的功能包括定义逻辑源地址和逻辑目的地址，提供寻址方法，连接不同的数据链路层等。

常见的网络层协议有IP、IPX协议和AppleTalk协议等。

4. 传输层

传输层的功能是为会话层提供无差错的传送链路，保证两台设备间传递信息的正确无误。传输层传送的数据单位是段。其主要功能包括分割上层应用程序产生的数据、在应用主机程序之间建立端到端的连接、流量控制和拥塞控制、提供可靠和不可靠的服务、提供面向连接和面向无连接的服务。

5. 会话层

会话层是利用传输层提供的端到端服务，向表示层提供会话服务。就像它的名字一样，会话层建立会话关系，并保持会话过程的畅通，其主要功能是按照在应用进程之间的原则，按照正确的顺序发送、接收数据，进行各种形态的对话。

6. 表示层

表示层主要解决用户信息的语法表示问题。其功能是对信息格式或编码起转换作用，表示层还负责数据的加密和压缩。

7. 应用层

应用层是OSI参考模型的最高层，利用网络资源，向应用程序直接提供服务，其主要由用户终端的应用软件组成，如FTP、TELNET等属于应用层协议。

1.2 OSI的数据封装与解封装过程

封装是指OSI参考模型第N层收到第$N+1$层传递过来的数据后，加上第N层的控制信息的过程，某些层还要添加“校验和”信息。每一层封装后的数据单元称谓不一样，高层

(应用层、表示层、会话层)统称为数据,传输层称为段(Segment),网络层称为分组或包(Packet),数据链路层称为帧(Frame),而物理层则称为比特流(Bits)。这样,OSI 参考模型的数据封装过程如图 1-2 所示。

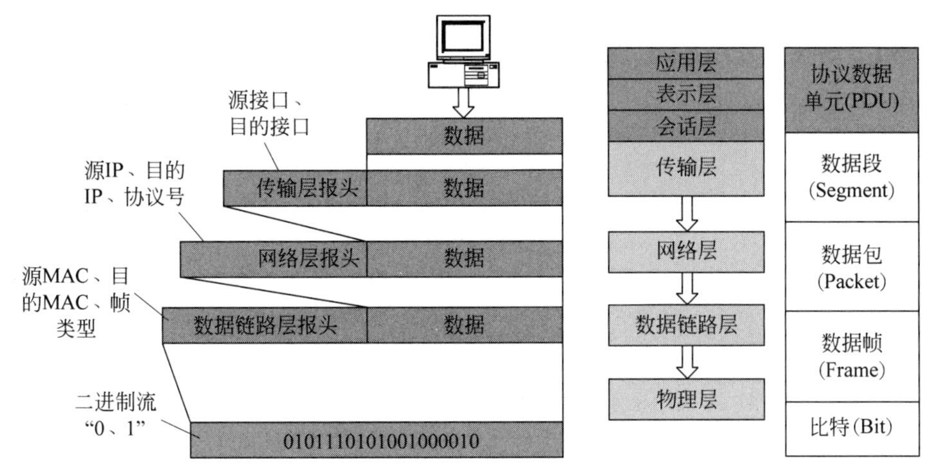

图 1-2　OSI 数据封装过程

数据的解封装过程与数据的封装过程相反,当数据到达接收端时,第 $N+1$ 层将第 N 层的附加控制信息去掉,如图 1-3 所示。

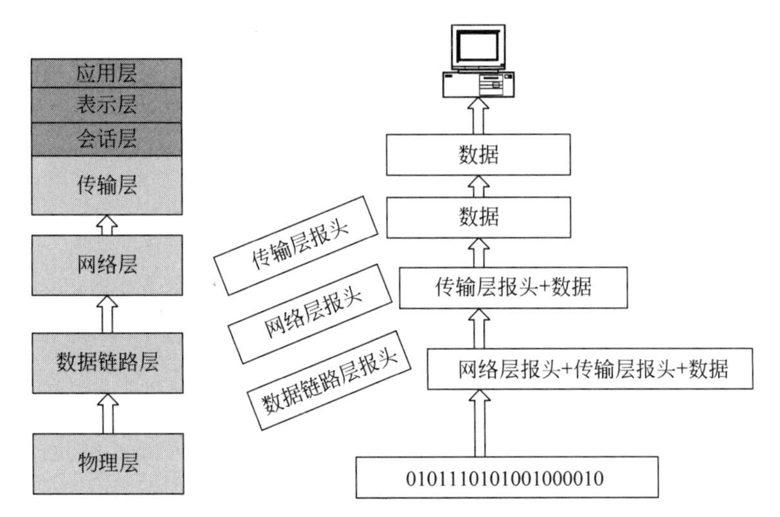

图 1-3　OSI 数据解封装过程

OSI 七层参考模型的分层体系结构将复杂的网络通信过程分解到各个功能层次,各个层次的设计和测试相对独立,并不依赖于操作系统或其他因素,层次间也无须了解其他层次是如何实现的,从而简化了设备间的互通性和互操作性。各层之间通过业务访问点(SAP)进行通信,层间的关联尽量弱化,这样处理使得各层的修改、变动对其他层的影响尽可能的小,同时也使得研究人员更专注于自己负责部分的研究工作。另一方面,通信设备的互连互通,不仅给设备制造商和设备提供商提供了公平竞争的机会,而且也给用户或运营商提供了更多、更灵活的选择余地。

值得注意的是，尽管 OSI 分层体系结构理论上是相对完整的，各层协议也考虑得较周到，但其实现却比较复杂，完全符合 OSI 七层协议的商业产品很少。

1.3 IP 技术基础

1.3.1 TCP/IP 网络模型

TCP(Transfer Control Protocol)/IP(Internet Protocol)即传输控制协议/互联网协议，是由许多不同的协议如 TCP、UDP、IP、RIP、ARP、FTP 等所组成，这些协议都位于 TCP/IP 体系结构模型中特定的层上，实现 TCP/IP 网络或应用的整体功能的一部分，而 TCP 和 IP 通常被认为是其中最重要的协议，因此确切地说，应该是 TCP/IP 协议族。

现在 Internet 已延伸至世界上任何一个角落，其用户包括固定用户和移动用户，数量呈爆炸式增长，基于 TCP/IP 的 Internet 已发展成为世界上规模最大、用户数最多、资源最丰富的一个超大型计算机网络，TCP/IP 也成为事实上的工业标准。

由于 IP 简单，易于在各种广域网、局域网中实现，能在各种物理媒体(如拨号线、专线、卫星、无线、光纤等)上运行，具有较好的适应性，使得整个网络具有灵活的拓扑结构，便于网络互连和扩展，这些特点使得 IP 成为不同网络互连的通用标准。

与开放系统互连 OSI 的参考模型类似，TCP/IP 也采用层次化结构，如图 1-4 所示，但与 OSI 参考模型相比，TCP/IP 模型简化了层次设计，共分为 4 层，由下向上依次是：网络接口层、网络层、传输层和应用层，每一层负责不同的通信功能。

从实质上讲，TCP/IP 体系只有三层，即应用层、传输层和网络层，因为最下面的网络接口层并没有什么具体内容和定义，这也意味着各种类型的物理网络都可以纳入 TCP/IP 体系中，这也是 TCP/IP 体系流行的一个原因。

图 1-4　TCP/IP 模型

1. 网络接口层

TCP/IP 的网络接口层大体对应于 OSI 参考模型的数据链路层和物理层，通常包括计算机和网络设备的接口驱动程序与网络接口卡等。

2. 网络层

网络层是 TCP/IP 体系的关键部分。它的主要功能是使主机能够将信息发往任何网络并传送到正确的目的主机。

3. 传输层

TCP/IP 的传输层主要负责为两台主机上的应用程序提供端到端的连接，使源、目的端主机上的对等实体可以进行会话。

4. 应用层

TCP/IP 模型没有单独的会话层和表示层，其功能融合在 TCP/IP 应用层中。应用层直接与用户和应用程序打交道，负责对软件提供接口以便程序能够使用网络服务。

TCP/IP 体系是用于计算机通信的一组协议，其协议族由不同的网络层次的不同协议组成，如图 1-5 所示。

<table>
<tr><td colspan="4">FTP TELNET HTTP SMTP POP等</td><td>DNS</td><td>SNMP TFTP NTP等</td></tr>
<tr><td colspan="5">TCP</td><td>UDP</td></tr>
<tr><td colspan="6">ICMP IGMP
IP
ARP RARP</td></tr>
<tr><td rowspan="2">802.3</td><td rowspan="2">802.5</td><td rowspan="2">802.11</td><td rowspan="2">FDDI</td><td colspan="2">HDLC PPP FR SLIP</td></tr>
<tr><td colspan="2">RS232 RS449 V.35 V.21</td></tr>
</table>

图 1-5　TCP/IP 协议族

其中，应用层的协议分为三类：一类协议基于传输层的 TCP，典型的如 FTP、TELNET、HTTP 等；另一类协议基于传输层的 UDP，典型的如 TFTP、SNMP 等；还有一类协议既基于 TCP 又基于 UDP，典型的如 DNS。

传输层主要使用两个协议，即面向连接的可靠的 TCP 和面向无连接的不可靠的 UDP。

网络层最主要的协议是 IP，另外还有 ICMP、IGMP、ARP、RARP 等。

数据链路层和物理层根据不同的网络环境，如局域网、广域网等情况，有不同的帧封装协议和物理层接口标准。

TCP/IP 体系的特点是上、下两头大而中间小，应用层和网络接口层都有很多协议，而中间的 IP 层很小，上层的各种协议都向下汇聚到一个 IP，而 IP 又可以应用到各种数据链路层协议中，同时也可以连接到各种各样的网络类型，这是 TCP/IP 体系得到广泛应用的主要原因。

1.3.2　TCP/IP 的数据封装与解封装过程

与 OSI 参考模型一样，TCP/IP 在报文的转发过程中，各层之间也产生封装与解封装的操作。

在发送端，封装操作是自上而下逐层进行的，其封装过程如图 1-6 所示。应用程序产生的数据传送给传输层，传输层将数据分割成大小一定的数据段，加上其报文头，往下传送给网络层。网络层接收到传输层发来的数据做一定处理后，加上本层的 IP 报文头，形成分组(或称包)再向下层即网络接口层(以太网、帧中继、HDLC 等)传送。网络接口层根据不同的数据链路层协议加上本层的帧头，以比特流的形式将报文发送出去。

在接收端，数据的解封装过程是上述数据封装过程的逆过程，参考 OSI 的数据解封装过程，读者可自行分析。

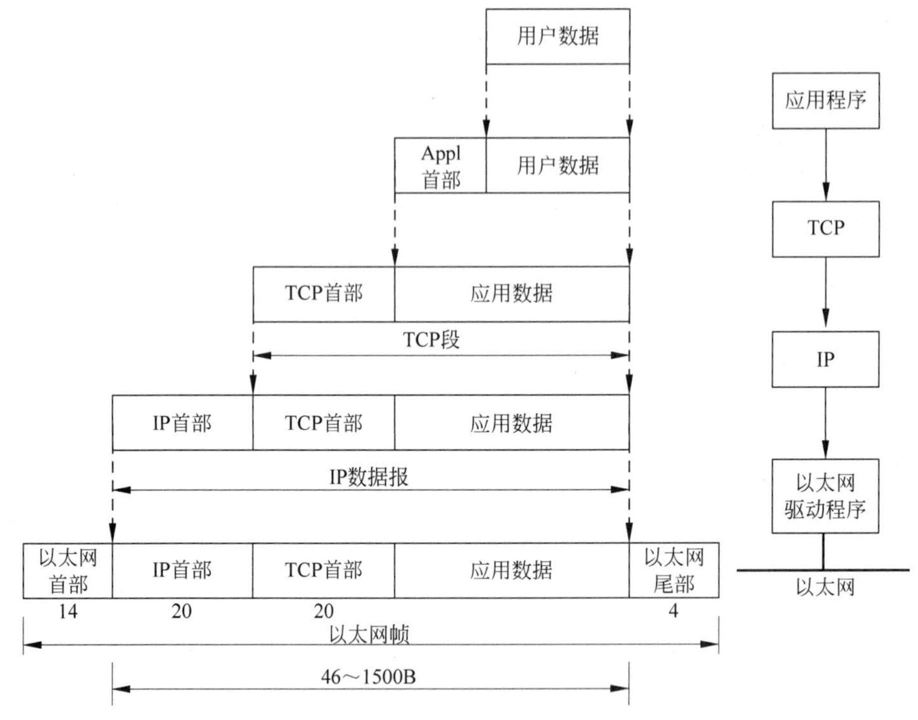

图 1-6　TCP/IP 数据封装过程

1.3.3　OSI 与 TCP/IP 的比较

OSI 参考模型与 TCP/IP 参考模型的共同之处是二者都采用了分层结构的概念，在传输层中两者定义了相似的功能，如图 1-7 所示。但是，两者在层次划分、使用的协议上有很大的区别。

OSI 参考模型和 TCP/IP 参考模型的共同点如下。

(1) 二者都是基于独立的协议栈的概念；

(2) 它们的功能大体相似，在两个模型中，传输层及以上的各层都是为了通信的进程提供点到点、与网络无关的传输服务；

(3) OSI 参考模型与 TCP/IP 参考模型传输层以上的层都以应用为主导。

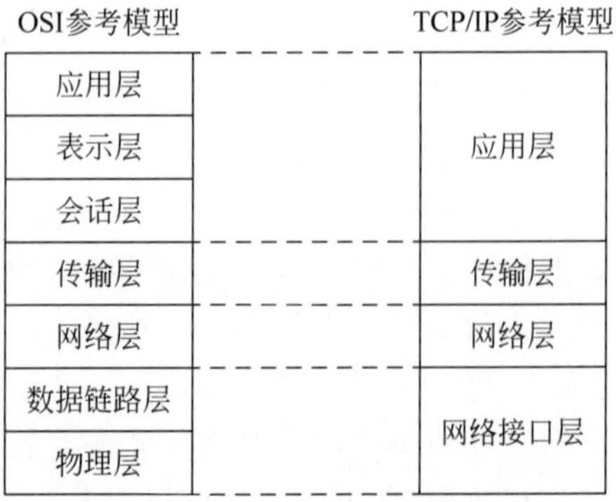

OSI 参考模型与 TCP/IP 参考模型的主要差别如下。

(1) TCP/IP 一开始就考虑到多种异构网的互连问题，并将网际协议 IP 作为 TCP/IP 的重要组成部分。但 ISO 最初只考虑到使用一种标准的公用数据网将各种不同的系统互连在一起。

(2) TCP/IP 一开始就对面向连接和无连接并重，而 OSI 在开始时只强调面向连接服务。

OSI参考模型	TCP/IP参考模型
应用层	应用层
表示层	
会话层	
传输层	传输层
网络层	网络层
数据链路层	网络接口层
物理层	

图 1-7　OSI 与 TCP/IP 的比较

（3）TCP/IP有较好的网络管理功能，而OSI到后来才开始关注这个问题，在这方面两者有所不同。

1.3.4　IP分组格式

IP是计算机网络的核心协议，在网络中传输的基本单位是IP分组。IP分组由分组首部和净负荷两部分构成。首部的最小长度为20B，其中包含用于路由选择的地址信息。净负荷部分的最大长度接近64KB，不过由于物理子网对最大传输单元（MTU）的限制（如以太网的MTU为1500B），IP分组在传输时可能会被分为更小的单元，到达终点后再进行重装。

IP分组的格式如图1-8所示。其中各字段的含义如下。

0 … 15 16 … 31

4位版本	4位首部长度	8位服务类型(TOS)	16位总长度(字节数)	
16位标识符			3位标识	13位片偏移
8位生存时间(TTL)		8位协议	16位首部检验和	
32位源IP地址				
32位目的IP地址				
选项(如果有)				
填充				

（前5行：20B）

图1-8　IP报文格式

（1）版本字段：4b。当前版本为4，下一代版本为6，即IPv6。

（2）首部长度字段：4b。表示IPv4首部以4B为单位的长度。IPv4首部的最小长度为20B，因此，此字段的最小值为5。IPv4选项会以4B为节位来扩展IPv4首部。如果IPv4选项的长度不是4B的整数倍，就用填充字节将其填充至4B的整数倍。其最大数值是15，因此首部的最大长度为60B。

（3）服务类型字段：8b。表示在IPv4网络中路由器转发这个分组时，它所期待的服务。其各比特的含义如下。

① 比特0～2：优先级。

② 比特3：时延，0为正常时延，1为低时延。

③ 比特4：吞吐量，0为正常，1为高吞吐量。

④ 比特5：可靠性，0为正常，1为高可靠性。

⑤ 比特6：置1表示低费用要求。

⑥ 比特7：保留（Reserved）。

（4）总长度字段：16b。表示IPv4首部和净负荷的长度和，可表示最大长度为65 535B的IPv4分组。

（5）标识符字段：当前分组的标识，16b。如果IPv4分组被拆分，则所有分段中都保留此字段的值，以便在接收端进行重装。

（6）标识字段：3b。其含义如下。

① 比特 0：保留，必须为 0。

② 比特 1：0 为允许分段，1 为不允许分段。

③ 比特 2：0 表示最后一段，1 表示还有后续分段。

(7) 片偏移字段：13b。以 8B 为单位，表示一个分段相对于原始 IPv4 净负荷起始点的位置。

(8) 生存时间字段(TTL)：8b，单位为 s。生存时间的建议值是 32s。

(9) 协议字段：8b，表示上层协议类型，如 TCP 或 UDP。

(10) 首部校验和字段：16b。不包含对 IPv4 净负荷的校验。

(11) 源 IP 地址字段：32b，源节点 IP 地址。

(12) 目的 IP 地址字段：32b，目的节点 IP 地址。

(13) 选项字段：长度可变。有时钟、安全、路由等方面的可选参数。此字段长度为 32b (4B)的倍数，不足即以填充选项填充。

(14) 填充字段：用于保证首部的长度是 32b 的倍数，用 0 填充。

1.3.5 TCP/UDP 报文格式

1. TCP 报文的格式

TCP 报文格式如图 1-9 所示。

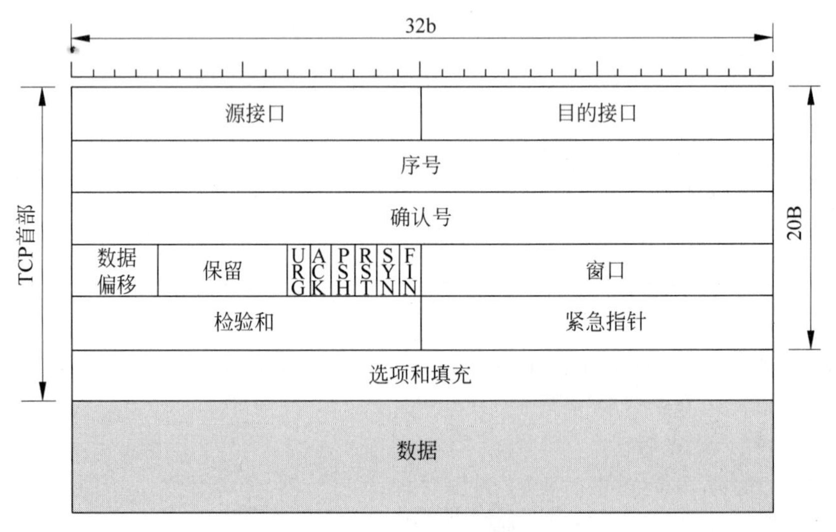

图 1-9 TCP 报文格式

与 IP 数据报格文格式一样，TCP 报文的长度是以 4B 为单位的。TCP 报文分为首部和数据两个部分。首部的前 20B 是固定的，后面的选项长度可变。

首部固定部分各字段含义如下。

(1) 源接口和目的接口：各 16b，可表示 64k 个不同接口。接口是传输层向上层提供服务的接口，也就是传输服务访问点(TSAP)。不同的接口对应不同的应用程序。对于一些常用的应用层服务，都有明确的接口号，这些接口叫作熟知接口(Well-known Port)，数值为 0～255。例如，FTP 使用 21 号接口，SMTP 使用 25 号接口，SNMP 使用 161 号接口，

TELNET 使用 23 号接口。接口和 IP 地址结合在一起,就叫作插口或套接字(Socket)。

(2) 序号:32b,可以在 4GB 的数据流中定位。前面已介绍过,TCP 报文不是按报文个数来编号的,而是按它所传数据的第一字节在数据流中的位置来编号的。

(3) 确认号:32b,表示期望收到的下一段数据的第一字节序号。

(4) 数据偏移/首部长度:4b。由于首部可能含有可选项内容,因此 TCP 报头的长度是不确定的,报头不包含任何任选字段则长度为 20B,4 位首部长度字段所能表示的最大值为 1111,转换为十进制为 15,$15\times32/8=60$,故报头最大长度为 60B。首部长度也叫作数据偏移,是因为首部长度实际上指示了数据区在报文段中的起始偏移值。

(5) URG (Urgent):紧急比特。当收到 URG=1 的报文时,通知上层应用程序,目前数据流中有紧急数据,应用程序不要按原来的排队顺序接收数据,而要先接收紧急数据。例如,发送方刚刚发送了很长的数据给对方,又有紧急的控制信息要发给对方,就可以用 URG=1 的方式。这时收方应用程序停止正常的数据接收,待取走控制信息后,再恢复正常数据接收。URG 比特要和"紧急指针"配合使用。

(6) ACK:确认比特。ACK=1 时确认序号才有意义,ACK=0 时确认序号无意义。

(7) PSH (Push):急迫推进比特。PSH=1 时应立即将报文发送出去,而不要在缓冲区停留。在上层应用程序和 TCP 程序之间,有一个缓冲区。上层程序通过向这个缓冲区存入或取出数据,便可使用 TCP 提供的数据流传送服务。在传送数据时,应用程序使用它感到方便的数据段长度。这样的长度可能小到 1B。TCP 为了提高传送效率,要收集足够的数据,填入一个适当大小的 TCP 报文中,再通过网络发送出去。为了把数据立即传送给对方,使用 PSH=1 的方式:在发送方,TCP 立即将发送缓冲区中的数据全都发送出去,无须等到收集到足够的数据:在接收方,上层应用程序立即把数据取走。

(8) RST (Reset):重建比特。RST=1 时表明出现严重差错,必须释放连接,然后再重建传输层连接。

(9) SYN:同步比特。当 SYN=1、ACK=0 时,表明请求建立连接。当 SYN=1、ACK=1 时,表明同意建立连接。

(10) FIN (Final):终止比特。FIN=1 时释放连接。

(11) 窗口:16b,告诉对方在"确认序号"后能够发送的数据量,用于流量控制。当该值为 0 时,对方要暂时停止发送。

(12) 检验和:16b。检验的范围包括首部和数据。

(13) 紧急指针:16b。指出紧急数据的最后一字节相对于"序号"字段给出位置的偏移。当紧急数据传送结束后,恢复正常的数据传送。紧急数据的开始位置,由第一个紧急报文的"序号"字段给出。

(14) 选项:长度可变。用于说明常规 TCP 没有的附加特性。常用的选项有"最大报文长度"。利用该选项,可以增加网络需要的特性。

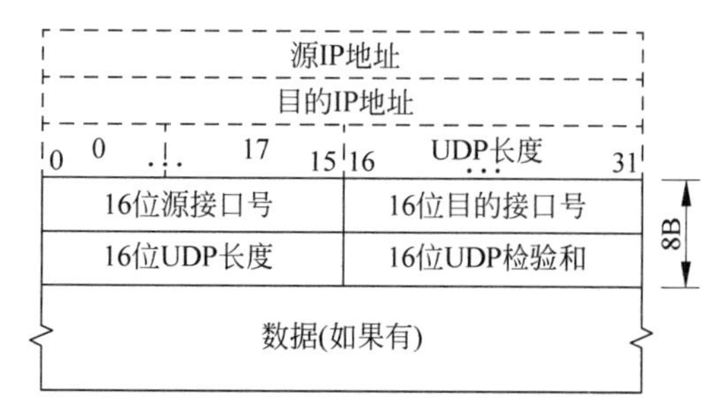

图 1-10　UDP 报文格式

2. UDP 的报文格式

UDP 的报文格式如图 1-10 所示。用户数据报协议(User Datagram Protocol,UDP)

是一个很简单的协议,没有在IP上增加什么功能,仅通过接口向上层提供复用功能。UDP有两个字段:数据字段和首部字段。首部字段很简单,只有8B,由4个字段组成,每个字段为2B。伪首部为图中虚线部分所示。各字段含义如下。

(1)源接口字段:源接口号。UDP接口的概念和TCP中相同,并且统一编号。上层程序通过接口使用传输层所提供的服务,无论接口是UDP还是TCP。

(2)目的接口字段:目的接口号。

(3)UDP长度字段:UDP数据报长度,包括首部和数据部分。

(4)UDP检验和字段:用于检查UDP数据报在传输中的差错。

UDP数据报首部中检验和的计算方法有些特殊,计算检验和时在UDP数据报之前要增加12B的伪首部,如图中的虚线部分所示。所谓"伪首部"是因为它并不是UDP数据报真正的首部,只是在计算检验和时,临时和UDP数据报连接在一起,得到一个新的UDP数据报。检验和就是按照这个新的UDP数据报来计算的。伪首部既不向下传送,也不向上递交。图中的虚线部分给出了伪首部各字段的内容。

伪首部共有五个字段,其中第一个字段为源IP地址;第二个字段为目的IP地址;第三个字段是全0;第四个字段是IP分组首部中的"协议类型"字段的值,对于UDP,此协议字段值为17;第五个字段是UDP数据报的长度。检验和是对由伪首部和UDP数据报构成的内容进行计算得出的,在计算时先把检验和填为0。

需要说明的是,检验和的计算是可选的。当检验和的值是0时,表示不使用检验和。由于IP分组不对数据部分计算检验和,因此在无线移动环境中应当计算UDP检验和,以提高通信的可靠性。当计算出的检验和为0时,UDP使用反码表示法,把所有的位都置为1。

1.3.6 IPv4地址

IP是TCP/IP协议族中的网络层协议,基于IP的Internet中的任何一个用户终端都有唯一的IP地址,用于识别、区分网络中的不同用户。

IP地址总长为32b,这32b被平均分成4组(称为8位组),每组8b,因此每个8位组的十进制取值为0~255。通常用点分十进制数表示,如192.168.1.0。

当然也可用二进制或十六进制表示。如上述用十进制数表示的IP地址192.168.1.0若用二进制则表示为11000000.10101000.00000001.00000000。若用十六进制则表示为D0.A8.01.00。

另外,IP地址是分层次化结构描述的,即IP地址由网络地址和主机地址两部分组成,网络地址标识该主机位于Internet中的哪一个网络,而主机地址标识主机属于该网络中的哪一个终端。

IP地址按网络规模的大小分为A类、B类、C类、D类、E类共五类,如图1-11所示。

各类地址范围如下。

A类:0.0.0.0~127.255.255.255。

B类:128.0.0.0~191.255.255.255。

C类:192.0.0.0~223.255.255.255。

D类:224.0.0.0~239.255.255.255。

E类:240.0.0.0~247.255.255.255。

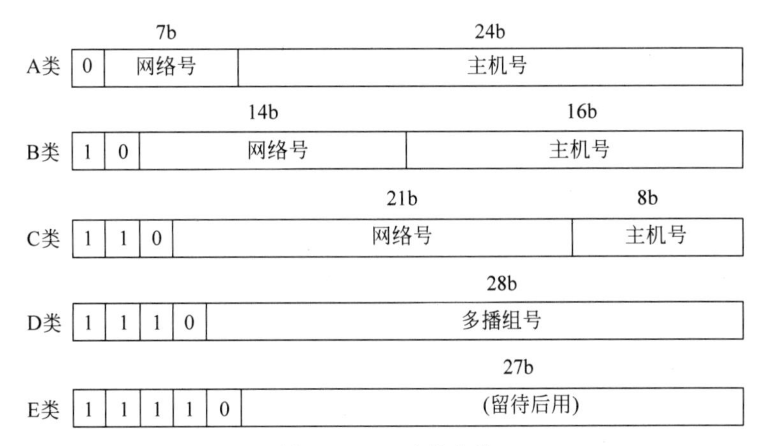

图 1-11　IP 地址分类

A 类地址的高 8 位表示网络号且最高位取值为 0，其余 24 位表示主机号。因此，A 类网络的网络数相对较少，但对应的网络中可容纳的主机数多，每个网络可最多容纳($2^{24}-2$)台主机(减 2 是因为在主机号取值全 0 时表示网络地址，主机号取值全 1 时表示广播地址，这两个地址不能分配给主机，以下同)。A 类地址适用于大型网络，其最高字节的取值范围为 0～127。

B 类地址的高 16 位表示网络号且最高两位取值为 10(二进制表示)，低 16 位表示主机号。B 类网络的网络数相对较多，每个网络最多可容纳($2^{16}-2$)台主机，B 类地址适用于中等规模的网络，其最高字节的取值范围为 128～191。

C 类地址的高 24 位表示网络号且最高三位取值为 110(二进制表示)，低 8 位表示主机号。C 类网络的网络数量很大，每个网络最多可容纳($2^{8}-2$)台主机，C 类地址适用于小型网络，其最高字节的取值范围为 192～223。

D 类地址为组播地址(Multicast Address)，其最高 4 位取值为 1110(二进制)，与上述 A、B、C 三类地址不同，不能分配给单独主机使用。组播地址用来给一个组内的所有主机发送信息，其最高字节的取值范围为 224～239。

E 类地址目前保留未用。

依上所述，通过 IP 地址的第一个十进制数就可以区分 A、B、C 类地址。

A 类地址的最高字节取值范围为 0～127，对应的二进制范围为 00000000～01111111。实际上 A 类地址范围应该从 1 开始，因为网络号全 0 的地址保留，又因为 127 开头的 IP 地址保留给环回地址，因此 A 类地址可用范围调整为 1～126，所以共有 126 个 A 类网可提供给用户使用。

B 类地址的最高字节取值范围为 128～191，对应的二进制范围为 10000000～10111111。

C 类地址的最高字节取值范围为 192～223，对应的二进制范围为 11000000～11011111。

注意应用或分配 IP 地址时，遵循如下规则。

(1) 子网络号全 0 的地址保留，不能作为标识网络使用。(现在很多新版的协议已经支持使用该段网络。)

(2) 主机号全 0 的地址保留，表示网络地址。

(3) 网络号全 1、主机号全 0 的地址表示网络的子网掩码。

(4) 主机号全1的地址为广播地址,称为直接广播或是有限广播。例如 172.16.255.255,表示 172.16.0.0 中的所有主机进行广播。这类广播地址可以跨越路由器。

此外,还有以下两个特殊的地址。

地址 0.0.0.0 表示默认路由,默认路由是用来发送那些目标网络没有包含在路由表中的数据包的一种路由方式。

地址 255.255.255.255 代表本地有限广播,也就是 32 位都为"1"。如果按前面的广播设置,理解为"向所有网络中所有主机发出广播",就可能造成全网的风暴,所以规定这种广播数据在默认(路由器没有进行特殊配置)情况下不能跨越路由器(路由器能分割广播域)。

1.3.7 掩码与子网掩码

掩码的表示方式与 IP 地址的表示方式相同,即常用点分十进制数表示,掩码的作用是用于识别 IP 地址中的网络部分、主机部分,掩码中的 1 对应着 IP 地址的网络号,而掩码中的 0 对应着 IP 地址的主机号,通过掩码与 IP 地址按位进行逻辑"与"运算,运算结果可区分出网络地址和主机地址。按照这一描述方法:A 类网络的掩码地址为 255.0.0.0;B 类网络的掩码地址为 255.255.0.0;C 类网络的掩码地址为 255.255.255.0。

例如,一个 IP 地址为 134.211.32.1,按照前面的描述,从 IP 地址的最高字节判断,这是一个 B 类网络地址,而 B 类网络的掩码地址为 255.255.0.0。

10000110.11010011.00100000.00000001	IP 地址
11111111.11111111.00000000.00000000	B 类网络掩码
10000110.11010011.00000000.00000000	"与"运算结果
10000110.11010011 即 134.211	网络地址
00100000.00000001 即 32.1	IP 地址中剩余部分即为主机地址

子网掩码是掩码的一部分,通过子网掩码,可进一步在各类网络中进行子网划分,以提高 IP 地址的使用效率。子网掩码的定义提供了一种有趣的灵活性,并允许子网掩码中的 0 和 1 位不连续。但这样的子网掩码给分配主机地址和理解路由表都会带来一定的困难,并且极少的路由器支持子网中使用低序或无序的位。因此在实际中通常采用连续方式的子网掩码,即子网掩码是从 IP 地址的主机位中,从主机位的高位开始向低位延伸,借用若干位来划分不同的子网。

如网络号为 134.211 的一个 B 类网络,从其主机位的高位开始借用 4 位即子网掩码为 11111111.11111111.11110000.00000000 即 255.255.240.0,则该网络可进一步划分为 14 个子网(扣除子网号 $X.X.0000$ 和 $X.X.1111$,分别用于本地网络和广播地址),此 14 个子网号是 $X.X.0001 \sim X.X.1110$,每个子网主机号有 $2^{12}-2=4094$ 个,子网掩码也表示为 134.211.240.0/20,其中,/20 指明网络掩码为 20 位。

1.3.8 单播、广播和组播

网络节点之间的通信方式分为单播(Unicast)、多播(Multicast)和广播(Broadcast)三种方式。

1. 单播

单播是指信息的接收和传递只在两个节点之间进行,即信息只在两个通信端点之间进行，也即常说的“一对一”的通信方式。单播在网络中有广泛的应用，网络上绝大部分的数据都是以单播的形式传输的，只是一般网络用户感觉不到而已。如现在的网页浏览全部采用单播模式，即 IP 单播协议。网络中的路由器和交换机根据其目标地址选择传输路径，将 IP 单播数据传送到其指定的目的地，如图 1-12 所示为单播方式的例子。

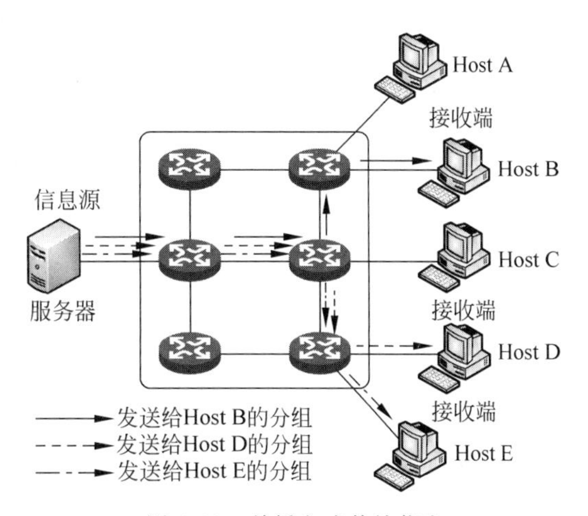

图 1-12　单播方式传输信息

2. 多播

多播也称为“组播”，是指信息在组内所有用户之间的传送方式，也即只有加入了同一个组的主机才可以接收到此组内的所有数据。在网络技术的应用中，网络视频会议、网络视频点播特别适合采用多播方式。采用多播方式，既可以实现一次传送所有目标节点的数据，也可以达到只对特定对象传送数据的目的。IP 网络的多播一般通过多播 IP 地址来实现。多播 IP 地址就是 D 类 IP 地址，即 224.0.0.0～239.255.255.255 的 IP 地址。如图 1-13 所示为组播方式的例子。

3. 广播

广播是指主机之间“一对多（所有）”的通信方式，网络对其中每一台主机发出的信号都进行无条件复制并转发，所有主机都可以接收到所有信息（不管是否需要），由于其不用路径选择，所以网络成本很低廉。有线电视网就是典型的广播型网络。数据网络中的广播域被限制在二层交换机的局域网范围内，禁止广播数据穿过路由器，防止广播数据影响大面积的主机。在 IP 网络中，广播的 IP 地址为 255.255.255.255，这个 IP 地址代表同一子网内所有的 IP 地址。如图 1-14 所示为广播方式的例子。

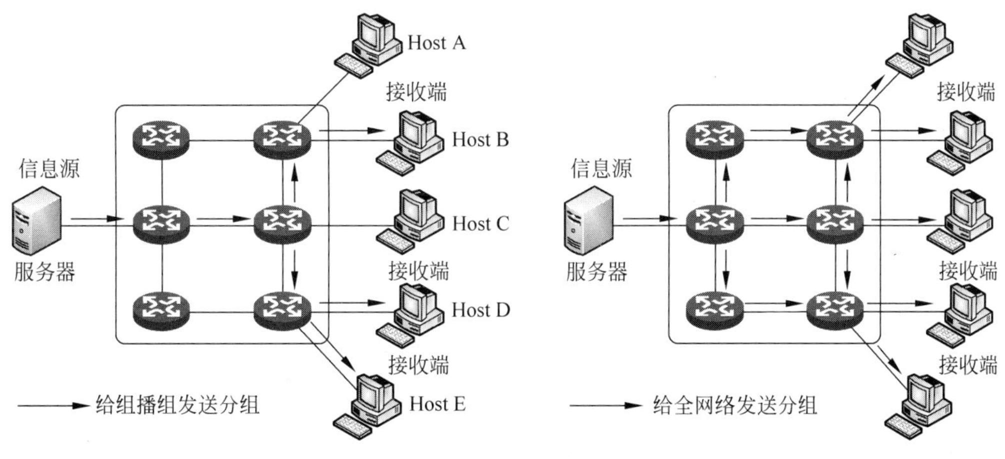

图 1-13　组播方式传输信息　　图 1-14　广播方式

1.4 计算机 IP 地址的查询、修改或设置

计算机操作系统不同,具体操作方法就不一样(如下以 Windows 10 为例)。

1.4.1 计算机操作系统信息的查询

(1) 在桌面上用鼠标右击"此电脑"图标,如图 1-15 所示。

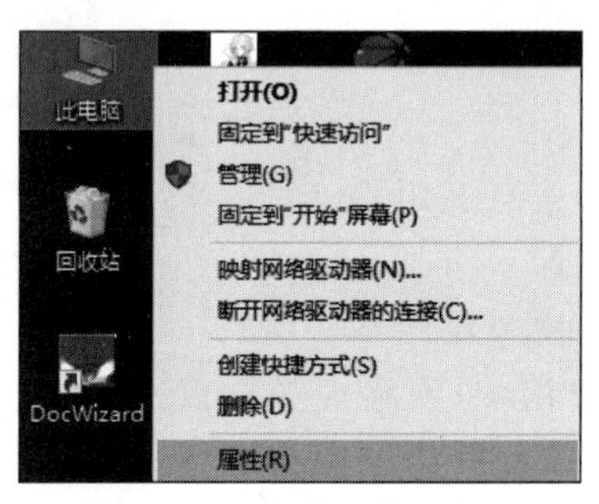

图 1-15 操作系统查询

(2) 鼠标选中并单击"属性"选项,如图 1-16 所示,从该图即可获知计算机的操作系统等信息。

图 1-16 操作系统查询结果

1.4.2 IP 地址的查询、修改方法

不同的操作系统,查询方法不一样,即便是同一操作系统,其查询方法也有多种,以下以 Windows 10 为例,简述其中一种方法。

(1) 选中桌面左下方的"网络连接"或"无线连接"图标,如图 1-17 所示。

(2) 用鼠标单击上述"网络连接"或"无线连接"图标,如图 1-18 所示。

图 1-17　IP 地址查询(连接图标)

图 1-18　连接属性

(3) 用鼠标单击图 1-18 中的"属性",如图 1-19 所示,拖动右边滚动条即可查看到 IP 地址、物理地址(MAC)等信息。

图 1-19　IP 地址查询结果

(4) 若要修改、配置 IP 地址,在图 1-19 中用鼠标单击"IP 分配"下面的"编辑"按钮,弹出如图 1-20 所示的 IP 地址设置方式选择。

(5) 选择"手动"选项保存后,弹出如图 1-21 所示的结果。

图 1-20　IP 地址设置方式选择

图 1-21　IP 地址"手动"设置选择

（6）将IPv4开关或IPv6开关拨至开状态，如图1-22所示，将IP地址、网关地址等填入对应栏目后，单击“保存”按钮即可完成IP地址的配置。

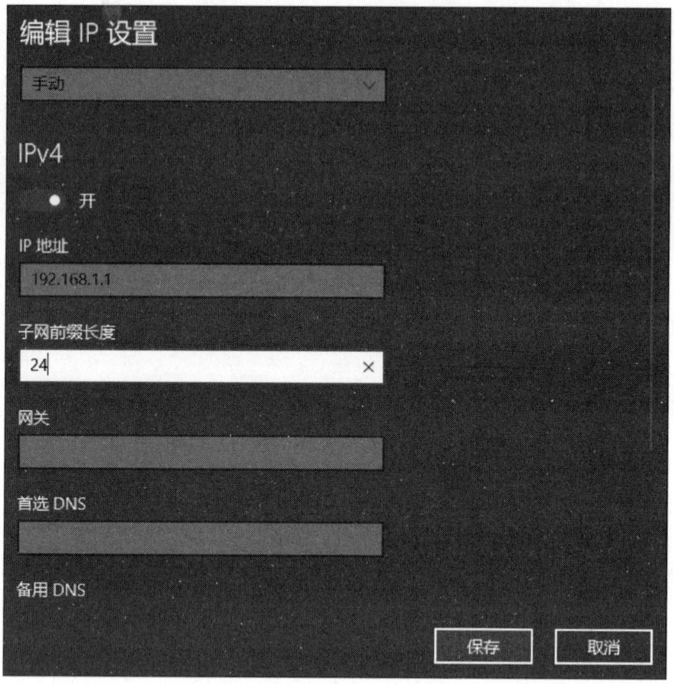

图1-22　IP地址设置保存

1.5　可变长子网掩码(VLSM)

VLSM(Variable Length Subnet Mask，可变长子网掩码)能够有效地使用无类别域间路由(CIDR)和路由汇总(Route Summary)来控制路由表的大小，并可以对子网进行层次化编址，以便最有效地利用现存的地址空间，提高IP地址的利用效率。1987年，RFC1812规定了在划分子网的网络中如何使用多个不同的子网掩码的方法。

VLSM具有如下的优点。

（1）IP地址的使用更加有效，节约IP地址空间；

（2）应用路由汇总时，减小路由表；

（3）隔离其他路由器的拓扑变化。

VLSM的应用可通过如下例子说明。

若给定C类地址192.168.1.0/24，要求划分出10个子网，其中，网络1满足52个IP地址，网络2和网络3满足39个IP地址，网络4满足10个IP地址，网络5和网络6满足9个IP地址，网络7～网络10满足2个IP地址。

如果采用定长子网掩码的方式，10个子网需要从主机借4位，剩下4位最多能提供14个IP地址，所以没有办法满足上述子网和IP地址的要求，因此采用可变长子网掩码来解决这个问题。先满足IP地址数目多的子网，再满足IP地址数目少的子网。根据每个网络所需的 IP 地址数目可知，网络 1～网络 3 需要 6 位主机位，网络 4～网络 6 需要 4 位主机位，网络 7～网络 10 需要 2 位主机位。

先从 8 位主机位中借 2 位，产生 4 个子网，网络号 192.168.1.0/26、192.168.1.64/26、192.168.1.128/26 可以满足网络 1～网络 3 的要求；剩下一个子网 192.168.1.192/26，继续进行划分，即从剩下的主机位中再借 2 位主机位作子网，其中 3 个子网 192.168.1.192/28、192.168.1.208/28、192.168.1.224/28 分别应用于网络 4～网络 6 中；剩下一个子网 192.168.1.240/28 继续进行划分，即继续从剩下的主机位中再借 2 位主机位作子网，产生 4 个子网，分别是 192.168.1.240/30、192.168.1.244/30、192.168.1.248/30、192.168.1.252/30，它们可以满足网络 7～网络 10。

在使用 VLSM 时，所采用的路由协议必须能够支持它，这些路由协议包括 RIPv2、OSPF、EIGRP、IS-IS 和 BGPv4 等，它们能够在路由信息公告中携带扩展网络地址前缀信息；所有的路由器必须以最长前缀匹配规则转发分组；为方便路由汇聚，子网地址的分配必须与网络拓扑结构相一致。

1.6　常用网络互连设备

常用的网络互连设备有集线器、局域网交换机（二层交换机）、三层交换机和路由器等，它们构成网络的基础设施。

1.6.1　集线器

集线器也称为“Hub”，其主要功能是对接收到的信号进行再生整形、放大，以扩大网络的传输距离，同时把所有节点集中在以它为中心的节点上，是一个多接口的转发器，其外形如图 1-23 所示。

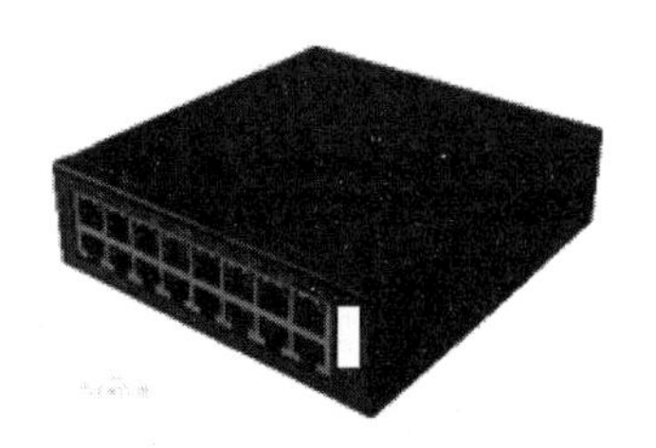

图 1-23　集线器

通过 Hub 互连的网络，从拓扑上看为“星状”形式，而实际上它是共享介质的工作方式。Hub 工作于 OSI 参考模型的第一层，即“物理层”，与网卡、网线等传输介质一样，属于局域网中的基础设备。集线器采用 CSMA/CD（带冲突检测的载波监听多路访问技术）的介质访问控制机制，即网络中工作站在发送数据前先侦听信道是否空闲，若空闲，则立即发送数据。若信道忙碌，则等待一段时间至信道中的信息传输结束后再发送数据；若在上一段信息发送结束后，同时有两个或两个以上的节点都提出发送请求，则判定为冲突。若侦听到冲突，则立即停止发送数据，等待一段随机时间，再重新尝试。

集线器属于纯硬件网络底层设备，基本上不具有类似于交换机的“智能记忆”能力和“学习”能力。它也不具备交换机所具有的 MAC 地址表，所以它发送数据时都是没有针对性的，而是采用广播方式发送。也即当它要向某节点发送数据时，不是直接把数据发送到目的节点，而是把数据包发送到与集线器相连的所有节点上。

Hub 是一个多接口的转发器，当以 Hub 为中心设备时，如果网络中某条线路产生了故障，并不影响其他线路的工作，所以 Hub 在局域网中得到了广泛的应用，并大多数以 RJ-45

接口与各主机相连。

根据对输入信号的处理方式的不同,Hub 可以分为无源 Hub、有源 Hub、智能 Hub 和其他 Hub。

1. 无源 Hub

无源 Hub 不对信号做任何的处理,对介质的传输距离没有扩展,并且对信号有一定的影响。连接在这种 Hub 上的每台计算机,都能收到来自同一 Hub 上所有其他计算机发出的信号。

2. 有源 Hub

有源 Hub 对接收到的信号进行再生、放大,因而延长了两台主机之间的有效传输距离。

3. 智能 Hub

智能 Hub 除具备有源 Hub 所有的功能外,还有网络管理及路由功能。在智能 Hub 网络中,不是每台机器都能收到信号,只有与信号目的地址相同的地址接口计算机才能收到。有些智能 Hub 可自行选择最佳路径,对网络有很好的管理。

1.6.2 二层交换机

二层交换机工作于 OSI 参考模型的第二层,即数据链路层,其外形如图 1-24 所示。

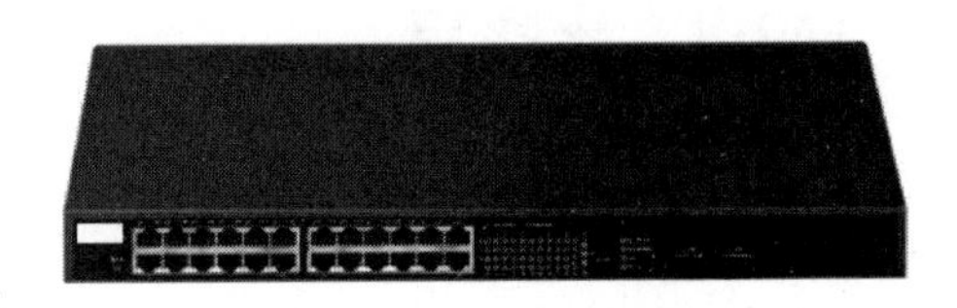

图 1-24 二层交换机

交换机是通过硬件来完成传统网桥所采用软件来完成过滤、学习和转发过程的任务。交换机内部的 CPU 会在每个接口成功连接时,通过将 MAC 地址和接口对应,形成一张 MAC 地址与接口对应的转发表。在后续的通信中,发往该 MAC 地址的数据包将仅送往其对应的接口,而不是所有的接口。因此,交换机可用于划分数据链路层广播,即冲突域;但它不能划分网络层广播,即广播域。

交换机拥有一条很高带宽的背板总线和内部交换矩阵。交换机的所有接口都挂接在这条背板总线上,控制电路收到数据包以后,处理接口会查找内存中的转发表以确定目的 MAC(网卡的硬件地址)的 NIC(网卡)挂接在哪个接口上,通过内部交换矩阵迅速将数据包传送到目的接口,目的 MAC 若不存在,广播到所有的接口,接收接口回应后交换机会“学习”新的 MAC 地址,并把它添加入内部 MAC 地址表中。使用交换机也可以把网络“分段”,通过对照 IP 地址表,交换机只允许必要的网络流量通过交换机。通过交换机的过滤和转发,可以有效地减少冲突域,但它不能划分网络层广播,即广播域。

局域网交换机是应用于局域网的组网设备,用于连接终端设备,如 PC、网络打印机等。从传输介质和传输速度上,可分为以太网交换机、快速以太网交换机、千兆以太网交换机、FDDI 交换机、ATM 交换机和令牌环交换机等。

1.6.3 三层交换机

三层交换机就是具有部分路由器功能的交换机，在二层交换机的基础上增加路由模块功能，其外形如图 1-25 所示。三层交换机的最重要目的是加快大型局域网内部的数据交换，能够做到一次路由，多次转发，解决了传统路由器低速、复杂所造成的网络瓶颈问题。对于数据包转发等规律性的过程由硬件高速实现，而像路由信息更新、路由表维护、路由计算、路由确定等功能，由软件实现。三层交换技术就是二层交换技术加三层转发技术。传统交换技术是在 OSI 网络标准模型第二层即数据链路层进行操作的，而三层交换技术是在网络模型中的第三层即网络层实现了数据包的高速转发，既可实现网络路由功能，又可根据不同网络状况做到最优网络性能。

图 1-25　三层交换机

三层交换机既可以工作在第三层替代部分完成传统路由器的功能，同时又几乎具有第二层交换的速度，且价格相对便宜。组网中一般将三层交换机用在网络的核心层，用三层交换机上的千兆接口或百兆接口连接不同的子网或 VLAN。不过应清醒地认识到三层交换机出现最重要的目的是加快大型局域网内部的数据交换，所具备的路由功能也多是围绕这一目的而展开的，所以它的路由功能没有同一档次的专业路由器强。毕竟在安全、协议支持等方面还有许多欠缺，并不能完全取代路由器的工作。

1.6.4 路由器

路由器又称网关设备(Gateway)，是互联网的主要节点设备，工作于 OSI 参考模型的第三层，即网络层，其外形如图 1-26 所示。路由器是用于连接多个逻辑上分开的网络，当数据从一个子网传输到另一个子网时，可通过路由器的功能来完成。因此，路由器具有判断网络地址和选择 IP 路径的功能，它能在多网络互连环境中建立灵活的连接，可用完全不同的数据分组和介质访问方法连接各种子网，路由器只接收源站或其他路由器的信息，属于网络层的一种互连设备。

图 1-26　路由器

路由器利用网络寻址功能使路由器能够在网络中确定一条最佳的路径。IP 地址的网络部分确定分组的目标网络，并通过 IP 地址的主机部分和设备的 MAC 地址确定到目标节点的连接。

路由器的某一个接口接收到一个数据包时，会查看包中的目标网络地址以判断该包的目的地址在当前的路由表中是否存在(即路由器是否知道到达目标网络的路径)。如果发现包的目标地址与本路由器的某个接口所连接的网络地址相同，那么马上将数据转发到相应接口；如果发现包的目标地址不是自己的直连网段，路由器会查看自己的路由表，查找包的目的网络所对应的接口，并从相应的接口转发出去；如果路由表中记录的网络地址与包的目标地址不匹配，则根据路由器配置转发到默认接口，在没有配置默认接口的情况下会给用户返回目标地址不可达的 ICMP 信息。

习题

1. 选择题

(1) 以下哪种拓扑结构提供了最高的可靠性保证?(　　)

A. 星状拓扑　　B. 环状拓扑　　C. 总线型拓扑　　D. 网状拓扑

(2) OSI 的哪一层处理物理寻址和网络拓扑结构?(　　)

A. 物理层　　B. 数据链路层　　C. 网络层　　D. 传输层

(3) TCP/IP 的哪一层保证传输的可靠性、流量控制和检错与纠错?(　　)

A. 网络接口层　　B. 网络层　　C. 传输层　　D. 应用层

(4) ARP 请求报文属于以下哪项?(　　)

A. 单播　　B. 广播　　C. 组播　　D. 以上都是

(5) 下列字段包含于 TCP 头而不包含于 UDP 头中的是哪项?(　　)

A. 校验和　　B. 源接口　　C. 确认号　　D. 目的接口

(6) 地址 192.168.37.62/26 属于哪一个网络?(　　)

A. 192.168.37.0　　B. 255.255.255.192

C. 192.168.37.64　　D. 192.168.37.32

(7) 主机地址 192.168.190.55/27 对应的广播地址是什么?(　　)

A. 192.168.190.59　　B. 255.255.190.55

C. 192.168.190.63　　D. 192.168.190.0

(8) 要使 192.168.0.94 和 192.168.0.116 不在同一网段,它们使用的子网掩码不可能的是哪个?(　　)

A. 255.255.255.192　　B. 255.255.255.224

C. 255.255.255.240　　D. 255.255.255.248

2. 问答题

(1) 简述 OSI 参考模型各层的主要功能。

(2) 简述 TCP/IP 的分层结构。

(3) 简要说明 TCP、UDP 的主要区别。

(4) 简述 CSMA/CD 的工作原理。

(5) 对于下述每个 IP 地址,计算所属子网的主机范围。

24.177.78.62/27

135.159.211.109/19

207.87.193.1/30

(6) 某路由器有以下直连网络,为了减小路由更新,可以将下列网络汇总为哪一条路由?

192.168.8.0/24; 192.168.9.0/24; 192.168.10.0/24; 192.168.11.0/24

(7) 常用的网络互连设备有哪些?

第2章 交换技术

2.1 局域网技术简述

局域网(Local Area Network,LAN)是在一个局部的地理范围内,将各种计算机、外部设备和数据库等互相连接起来组成的计算机通信网络。它可以通过数据通信网或专用数据电路,与远程的局域网、数据库或处理中心相连接,构成一个较大范围的信息处理系统。局域网可以实现文件管理、资源共享、电子邮件和传真通信服务等功能。按传输介质所使用的访问控制方法,局域网可分为以太网、令牌环网、FDDI网和无线局域网等。其中,令牌环网已渐渐退出市场,而以太网是当前应用最广泛的局域网技术,因此,以太网也常常成为局域网的代名词。

局域网的拓扑结构分为总线型、星状、树状、环状;常用有线传输介质有同轴电缆、双绞线、光纤等。

2.1.1 以太网概述

以太网(Ethernet)指的是由Xerox公司创建,并由Xerox、Intel和DEC公司联合开发的基带局域网规范,是当今现有局域网最通用的通信协议标准。以太网使用CSMA/CD(载波侦听多路访问/冲突检测)技术,并以10Mb/s的速率运行在多种类型的电缆上。以太网与IEEE 802.3系列标准相类似,包括标准以太网(10Mb/s)、快速以太网(100Mb/s)、千兆以太网(1Gb/s)和万兆以太网(10Gb/s),它们都符合IEEE 802.3标准或补充标准。

2.1.2 以太网的帧格式

DEC、Intel、Xerox于1980年制定了Ethernet Ⅰ的标准(现已完全被其他帧格式取代),又于1982年制定了Ethernet Ⅱ的标准;IEEE于1982年开始研究Ethernet的国际标准802.3;Novell于1983年基于IEEE 802.3的原始版本开发了专用的Ethernet帧格式;IEEE于1985年推出IEEE 802.3规范;为解决Ethernet Ⅱ与IEEE 802.3帧格式的兼容问题推出了折中的Ethernet SNAP格式。

在每种格式的以太网帧的开始处都有64b(8B)的前导字符,如图2-1所示。其中,前7B

称为前同步码(Preamble),内容是十六进制数 0xAA,最后 1B 为帧起始标志符 0xAB,它标识着以太网帧的开始。前导字符的作用是使接收节点进行同步并做好接收数据帧的准备。除此之外,不同格式的以太网帧的各字段定义都不相同,彼此也不兼容。

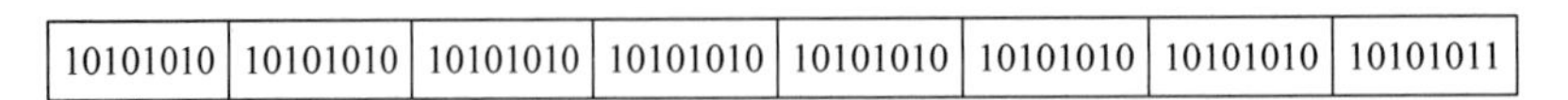

10101010	10101010	10101010	10101010	10101010	10101010	10101010	10101011

图 2-1 以太网帧前导字符

1. Ethernet Ⅱ帧格式

Ethernet Ⅱ帧格式是由 DIX 以太网联盟推出的,它有 6B 的目的 MAC 地址,6B 的源 MAC 地址,2B 的类型域(用于表示装在这个 Frame 里面数据的类型),以上为 Frame Header,接下来是 46~1500B 的数据和 4B 的帧校验,如图 2-2 所示。帧格式中各字段的含义如下。

(1) D_MAC:接收数据帧的目的节点 MAC 地址,占 6B。

(2) S_MAC:发送数据帧的源节点 MAC 地址,占 6B。

(3) 类型:占 2B,标识出以太网帧所携带的上层数据类型,如十六进制数 0x0800 代表 IP 数据,十六进制数 0x809B 代表 AppleTalk 协议数据,十六进制数 0x8138 代表 Novell 类型协议数据等。

D_MAC	S_MAC	类型	数据	CRC
6	6	2	46~1500	4

图 2-2 Ethernet Ⅱ帧格式

(4) 数据:上层的数据信息,长度可变,46~1500B。

(5) CRC:帧校验序列(Frame Check Sequence,FCS),采用 32 位 CRC 循环冗余校验,对从"目标 MAC 地址"字段到"数据"字段的数据进行校验。

Ethernet Ⅱ类型以太网帧的最小长度为 64B(6+6+2+46+4),最大长度为 1518B(6+6+2+1500+4)。(注:ISL 封装后可达 1548B,802.1Q 封装后可达 1522B。)

2. Novell Ethernet

它的帧头与 Ethernet Ⅱ有所不同,其中,Ethernet Ⅱ帧头中的类型域变成了长度域,后面接着的两字节为 0xFFFF,用于标识这个帧是 Novell Ethernet 类型的 Frame,由于前面的 0xFFFF 占了 2B,所以数据域缩小为 44~1498B,帧校验不变,如图 2-3 所示。

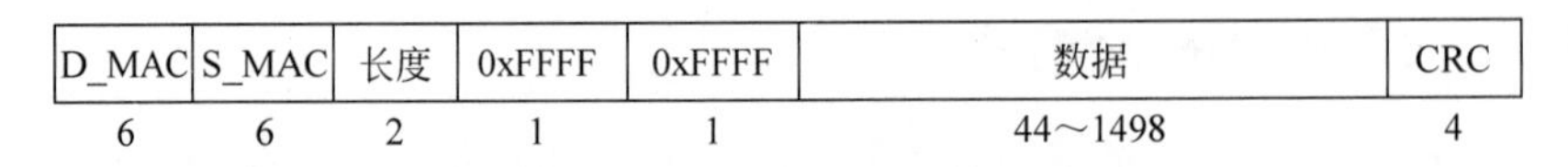

D_MAC	S_MAC	长度	0xFFFF	0xFFFF	数据	CRC
6	6	2	1	1	44~1498	4

图 2-3 Novell Ethernet 帧格式

在 Ethernet 802.3 raw 类型以太网帧中,原来 Ethernet Ⅱ类型以太网帧中的类型字段被"总长度"字段所取代,它指明其后数据域的长度,其取值范围为 46~1500。

接下来的 2B 是固定不变的十六进制数 0xFFFF,它标识此帧为 Novell 以太类型数据帧。

3. IEEE 802.3/802.2 SAP

IEEE 802.3 的 Frame Header 和 Ethernet Ⅱ的帧头有所不同，它把 Ethernet Ⅱ类型域变成了长度域（与 Novell Ethernet 相同）。其中又引入 802.2 协议（LLC）在 802.3 帧头后面添加了一个 LLC 首部，由 1B 的 DSAP（Destination Service Access Point），1B 的 SSAP（Source SAP），1B 的一个控制域组成。SAP 用于表示帧的上层协议，如图 2-4 所示。

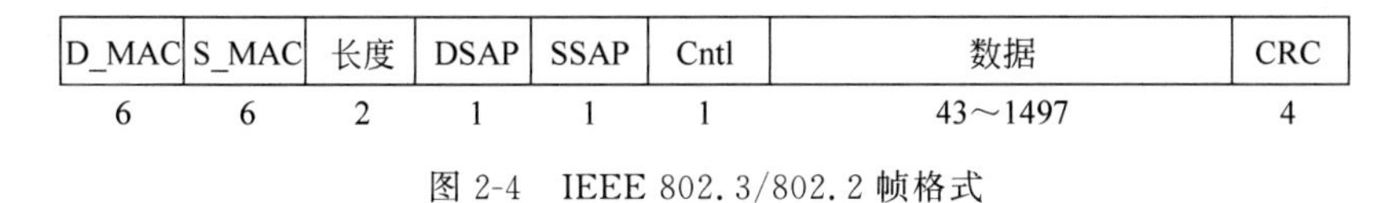

D_MAC	S_MAC	长度	DSAP	SSAP	Cntl	数据	CRC
6	6	2	1	1	1	43～1497	4

图 2-4　IEEE 802.3/802.2 帧格式

在 Ethernet 802.3 SAP 帧中，将原 Ethernet 802.3 raw 帧中 2B 的 0xFFFF 变为各 1B 的 DSAP 和 SSAP，同时增加了 1B 的"控制"字段，构成了 802.2 逻辑链路控制（LLC）的首部。LLC 提供了无连接（LLC 类型 1）和面向连接（LLC 类型 2）的网络服务。LLC1 是应用于以太网中，而 LLC2 应用在 IBM SNA 网络环境中。

新增的 802.2 LLC 首部包括两个服务访问点：源服务访问点（SSAP）和目标服务访问点（DSAP）。它们用于标识以太网帧所携带的上层数据类型，如十六进制数 0x06 代表 IP 数据，十六进制数 0xE0 代表 Novell 类型协议数据，十六进制数 0xF0 代表 IBM NetBIOS 类型协议数据等。

至于 1B 的"控制"字段，则基本不使用（一般被设为 0x03，指明采用无连接服务的 802.2 无编号数据格式）。

4. Ethernet SNAP

Ethernet SNAP Frame 与 802.3/802.2 Frame 的最大区别是增加了一个 5B 的 SNAP ID，其中，前 3B 通常与源 MAC 地址的前 3B 相同，为厂商代码，有时也可设为 0，后 2B 与 Ethernet Ⅱ的类型域相同，其帧格式如图 2-5 所示。

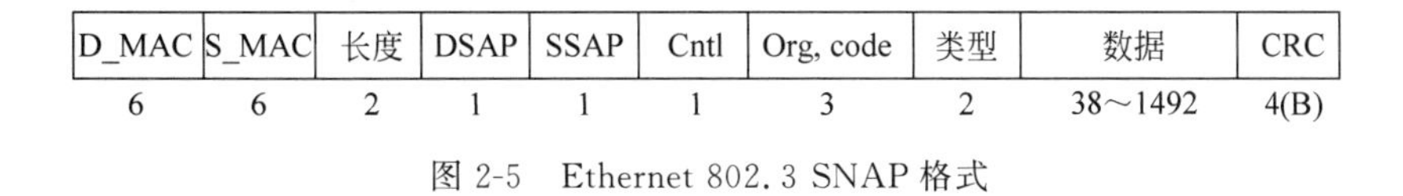

D_MAC	S_MAC	长度	DSAP	SSAP	Cntl	Org, code	类型	数据	CRC
6	6	2	1	1	1	3	2	38～1492	4(B)

图 2-5　Ethernet 802.3 SNAP 格式

Ethernet 802.3 SNAP 类型以太网帧格式和 Ethernet 802.3 SAP 类型以太网帧格式的主要区别如下。

（1）2B 的 DSAP 和 SSAP 字段内容被固定下来，其值为十六进制数 0xAA。

（2）1B 的"控制"字段内容被固定下来，其值为十六进制数 0x03。

（3）新增了 3B 的组织唯一标识符（Organizationally Unique Identifier，OUI ID）字段，其值通常等于 MAC 地址的前 3B，即网络适配器厂商代码。

（4）2B 的"类型"字段用来标识以太网帧所携带的上层数据类型。

Ethernet Ⅱ帧格式和 IEEE 802.3 帧格式是局域网里最常见的帧格式，Ethernet Ⅱ比 IEEE 802.3 SAP 和 SNAP 更适合于传输大量的数据，但 Ethernet Ⅱ缺乏对数据链路层的控制，不利于传输需要严格传输控制的数据。在实际中，大多数应用程序的以太网数据包都是 Ethernet Ⅱ帧格式，而交换机之间的桥协议数据单元 BPDU 采用的是 IEEE 802.3 SAP 帧，而 VLAN Trunk 协议 802.1Q 和 Cisco CDP 采用的都是 IEEE 802.3 SNAP 帧格式。

2.1.3 以太网的工作原理

以太网采用载波侦听多路访问/冲突检测(CSMA/CD)的机制，解决多个终端同时争用总线的机制，工作过程如下所述。

当以太网中的一台主机要传输数据时，它将按如下步骤进行。

(1) 监听信道上是否有信号在传输。如果有，表明信道处于忙状态，就继续监听，直到信道空闲为止。

(2) 若没有监听到任何信号，就传输数据。

(3) 传输的时候继续监听，如发现冲突则执行退避算法，随机等待一段时间后，重新执行步骤 1(当冲突发生时，涉及冲突的计算机会发送一个拥塞序列，以警告所有的节点)。

(4) 若未发现冲突则发送成功，所有计算机在试图再一次发送数据之前，必须在最近一次发送后等待 9.6μs(以 10Mb/s 运行)。

2.1.4 以太网标准

1. 10Mb/s 以太网标准

1) 10BASE-5

10BASE-5 是用粗同轴电缆作为传输媒体的以太网标准，10 代表 10Mb/s，BASE 代表基带传输方式，即直接在电缆上传输数字信号，5 代表单段电缆的长度为 500m。超过此限制时需要由中继器互连的两段电缆组成，此标准已被淘汰。

2) 10BASE-2

10BASE-2 是用细同轴电缆作为传输媒体的以太网标准。10 和 BASE 的含义和 10BASE-5 相同，2 代表单段电缆的长度限制为 200m，超过 200m 时需要由中继器互连的两段电缆组成，此标准也已被淘汰。

3) 10BASE-T

10BASE-T 是用双绞线作为传输媒体的以太网标准，它采用 4 对双绞线组成的双绞线电缆，用其中一对双绞线发送数据，另一对双绞线接收数据。因此可以实现全双工通信。10BASE-T 的出现是以太网发展史上的一个里程碑，它同时引发了一个新的行业：综合布线。综合布线作为计算机网络的基础设施，在计算机网络的实施过程中成为必不可少的一部分。

10BASE-T 用于以集线器或以太网交换机为组网设备的以太网中，网络设备之间、网络设备和终端之间的距离必须小于 100m。

2. 100Mb/s 以太网标准

1) 100BASE-TX

100BASE-TX 必须采用 5 类以上布线系统，和 10BASE-T 一样，它也只用于以集线器或以太网交换机为组网设备的以太网中，网络设备之间、网络设备和终端之间距离必须小于

100m。如果以集线器为组网设备，整个网络构成一个冲突域，冲突域直径必须小于216m，这样，整个网络中最多只能有两个集线器级联。如果以以太网交换机为组网设备，由于以太网交换机的互连级数不受限制，导致网络覆盖距离不受限制。如果以太网交换机之间、以太网交换机和终端之间均采用全双工通信方式，就可消除冲突域，无中继通信距离不再受冲突域直径限制。

支持100BASE-TX的以太网交换机接口或网卡一般都支持10BASE-T，在标明速率时，用100/10BASE-TX表示同时支持100BASE-TX和10BASE-T，而且能够根据对方接口或网卡的速率标准自动选择速率标准（如果对方支持100BASE-TX，则选择100BASE-TX，如果对方只支持10BASE-T，则选择10BASE-T）。

2）100BASE-FX

用双绞线作为传输媒体有一些限制：一是距离较短，不要说楼宇之间，就是同一楼层两端之间的距离都有可能超出100m；二是必须要避开强电和强磁设备；三是封闭性不够，不能用于室外。因此，室外通信或超过100m的室内通信均采用光缆，而且室外通信必须采用铠装光缆——一种封闭性很好又有金属支撑和保护的光缆，可直埋地下或架空。

100BASE-FX采用两根50/125μm或62.5/125μm的多模光纤，分别用于发送和接收数据，因此，支持全双工通信方式。如果两个100BASE-FX接口（通常情况下，一个是以太网交换机接口，另一个是以太网交换机接口或网卡）以全双工方式进行通信，它们之间的传输距离可达2km。但如果以半双工方式进行通信，传输距离在500m左右，这是由于一旦采用半双工通信方式，则两个100BASE-FX接口之间就构成一个冲突域，对于100BASE-FX而言，512位的最短帧长将冲突域直径限制为2.56ms，换算成物理距离，大约等于512m。因此，光纤连接的两个接口之间只有在采用全双工通信方式的情况下，才能真正体现光纤传输的远距离特点。

3. 1Gb/s以太网标准

1）1000BASE-T

1000BASE-T必须采用5e类以上的布线系统，支持1000BASE-T标准的接口通常也支持BASE-TX标准。因此，常常标记成1000/100/10BASE-TX，而且能够根据双绞线另一端连接的接口所持的速率标准，从高到低自动选择速率标准。

2）1000BASE-SX

1000BASE-SX在全双工通信方式（许多1Gb/s以太网光纤接口只支持全双工通信方式）下，如果采用62.5/125μm多模光纤，其传输距离可达225m，如果采用50/125μm多模光纤，其传输距离可达500m。

3）1000BASE-LX

1000BASE-LX在全双工通信方式下，采用9μm单模光纤，其最小传输距离为2km，不同1000BASE-LX接口，由于采用的激光强度不一样，其传输距离为2～70km。

4. 10Gb/s以太网标准

1）10GBASE-LR

10GBASE-LR只能工作在全双工通信方式，采用单模光纤作为传输媒体，传输距离为

10km。很显然，交换和全双工通信方式完全消除了冲突域直径问题，使得以太网无论在传输速率上，还是无中继传输距离上，都成为城域网(Metropolitan Area Network，MAN)的最佳选择之一。

2) 10GBASE-ER

10GBASE-ER 只能工作在全双工通信方式，采用单模光纤作为传输媒体，传输距离为 40km。

10Gb/s 以太网从 2004 年推向市场后，逐渐成为校园网主干网络所采用的技术。在城域网中也和同步数字体系(Synchronous Digital Hierarchy，SDH)并驾齐驱。随着 10Gb/s 以太网逐渐成为 LAN 和 MAN 的主流技术，10GBASE-T 标准与 7 类布线系统的出台，10Gb/s 以太网也会像 1Gb/s 以太网一样得到普及。

传统的共享式 10/100Mb/s 以太网采用广播式通信方式，每次只能在一对用户之间进行通信，如果发生碰撞还得重试。交换式以太网是以交换式集线器(Switching Hub)或交换机(Switch)为中心构成星状拓扑结构的高速网络，近年来得到广泛的应用。交换式以太网能够同时提供多个通道，比传统的共享式集线器提供更多的带宽，每次允许不同用户之间进行传送，因而以太网也从共享式以太网向交换式以太网发展。目前，交换式以太网中所用的交换机有二层交换机和三层交换机。

2.2 局域网交换机

交换式以太网有效地解决了共享式以太网的缺陷，大大减小了冲突域，在增加了终端主机之间带宽的同时，还过滤一部分不需要转发的报文。在局域网中，交换机是非常重要的网络互连设备，负责在主机之间快速转发数据帧。交换机与集线器的区别在于集线器工作于物理层，而交换机工作于数据链路层，能够根据数据帧中的 MAC 地址进行转发。

2.2.1 交换机的结构组成

1. 交换机的一般结构

交换机的一般结构如图 2-6 所示，主要由交换结构、输入接口和输出接口组成。输入接口完成信号格式转换、适配、排队等功能，如光信号/电信号转换，帧分解并提取 MAC 帧并进行

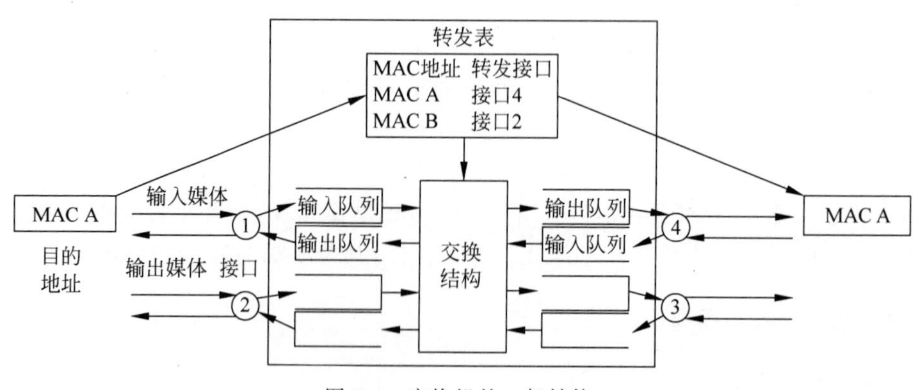

图 2-6 交换机的一般结构

存储排队，然后根据交换机内部的MAC转发表，通过交换结构将MAC帧从输入接口的输入队列交换到输出接口的输出队列中，输出接口完成的功能与输入接口完成的功能相反，即将输出队列中的MAC帧组装成适合于传输线路上的信号格式、完成电信号/光信号转换等。

目前常用的交换结构有共享总线和交叉矩阵两种形式。交叉矩阵的交换性能优于共享总线，但硬件结构也相对复杂。

2. 共享总线交换结构

共享总线交换结构如图2-7所示，由接口、三组总线(数据总线(DB)、控制总线(CB)、结果总线(RB))和管理器组成。管理器和所有接口都挂接在总线上，管理器负责总线仲裁和根据目的MAC地址和转发表(MAC地址表)输出接口的功能。

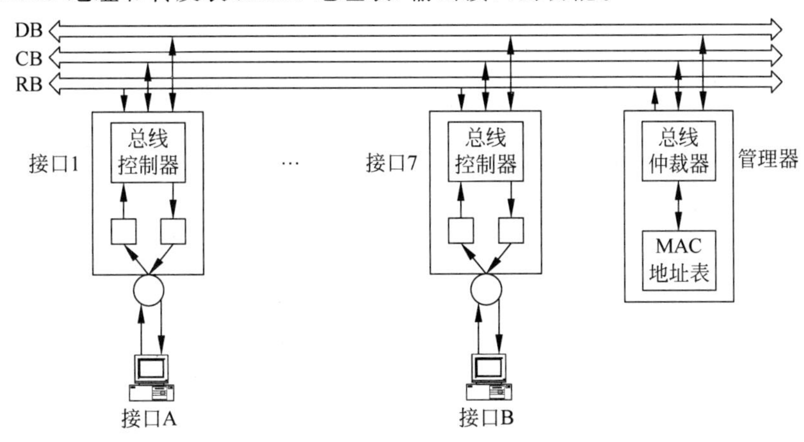

图2-7　共享总线交换结构

共享总线交换结构任何时候只能实现两个接口之间MAC帧的单向传输。

3. 交叉矩阵交换结构

交叉矩阵交换结构如图2-8所示，所有接口和交叉矩阵相连，交叉矩阵可以同时在不同接口对之间建立双向传输通路，以此实现交叉矩阵能够同时建立不同接口对之间的双向传输通路，以及不同接口对之间MAC帧的并行传输。

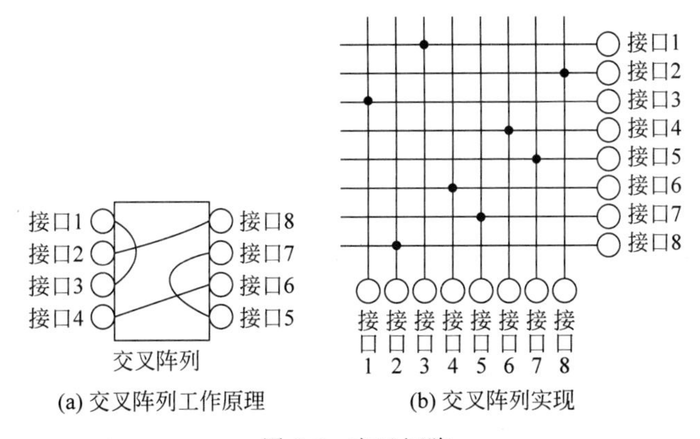

图2-8　交叉矩阵

交叉矩阵中，横线和竖线之间存在开关，一旦开关闭合，横线和竖线相连，一旦开关断开，横线和竖线断开，图中黑点标识闭合的横线和竖线之间的开关。

2.2.2 二层交换机工作原理

二层交换机结构如图 2-9 所示。二层交换机的多个接口挂接在具有交换结构的背板总线上，背板总线交换结构为每一个接口提供一个共享介质。

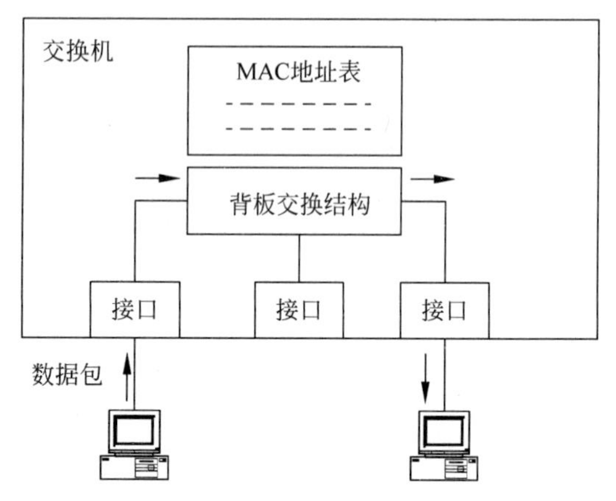

图 2-9 二层交换机结构示意图

二层交换机工作于第二层即数据链路层，交换机根据所接收帧的目的 MAC 地址对帧进行存储转发或者过滤，其工作的基本原理如下。

(1) 交换机可以在同一时刻实现多个接口之间的数据传输。为了保证交换机能够根据 MAC 地址确定将 MAC 帧发送到某个接口，需要在交换机内部创建目的 MAC 地址到接口的映射关系，即转发表。

(2) 交换机刚启动时，转发表为空。交换机每收到一个数据帧时，它首先会记录数据帧的源接口和源 MAC 地址的映射关系，并将其添加到转发表中，交换机采用逆向学习法逐步建立起转发表。只要有一个主机向网络中发送数据，交换机就可以自主学习到该主机的 MAC 地址，从而更新转发表中的项目。

(3) 交换机会读取数据帧的目的 MAC 地址，在转发表中查找该目的 MAC 地址对应的接口。

(4) 若转发表中有该目的 MAC 地址的表项，交换机就把帧从表项指明的接口发送出去。

(5) 若转发表中没有该目的 MAC 地址的表项，则交换机将该帧发送到除源接口以外的其他所有接口。

(6) 考虑到网络的拓扑结构会时常更新，为转发表的每个表项设置一个生存期。当一个表项的生存期到期后，则删除该表项；同样，转发表通过自主学习创建一个新表项时，也会为其设定一个生存期。

从上述二层交换机工作原理描述可知，为了转发数据，以太网交换机需要维护 MAC 地址表。MAC 地址表的表项中包含与本交换机相连的终端主机的 MAC 地址以及本交换机连接主机的接口的关联映射关系。

二层交换机的"自学习"功能(建立 MAC 转发表过程)可通过如下内容说明。

在交换机刚启动时，它的 MAC 地址表是空的，即没有表项，如图 2-10 所示。此时如果交换机的某个接口收到数据帧，它会把数据帧从接收接口之外的其他所有接口发送出去，这被称为泛洪。这样，交换机就能确保网络中其他所有的终端主机都能收到此数据帧。但是，这种广播式转发的效率低下，占用了太多的网络带宽，并不是理想的转发方式。

为了能够仅转发数据到目标主机，交换机需要知道终端主机的位置，也就是主机连接在

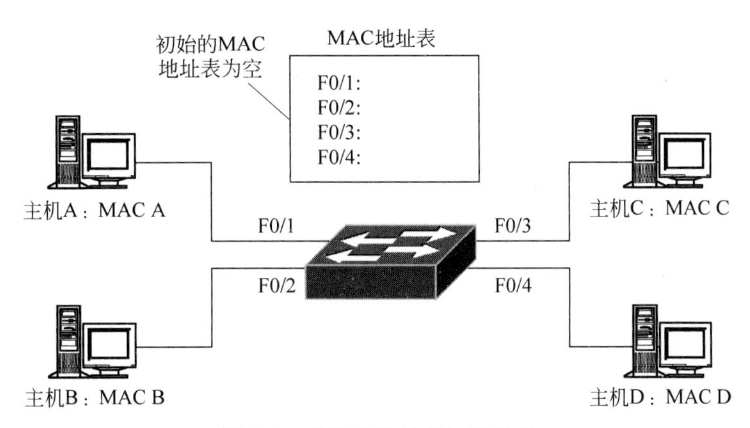

图 2-10 MAC 地址表初始状态

交换机的哪个接口上。这就需要交换机进行 MAC 地址表的正确学习。

交换机通过记录接口接收数据帧的源 MAC 地址和接口的对应关系来进行 MAC 地址表学习，并把 MAC 地址表存放在“内容寻址存储器(Content Addressable Memory,CAM)”中，如图 2-11 所示。

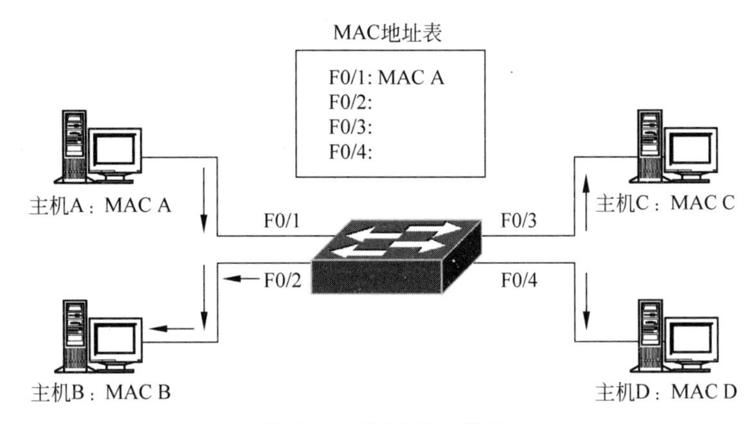

图 2-11 MAC 地址学习

在图 2-11 中，主机 A 发出数据帧，其源地址是自己的物理地址 MAC A，目的地址是主机 D 的物理地址 MAC D。交换机在 F0/1 接口收到该数据帧后，查看其中的源 MAC 地址，并将该地址与接收到此数据帧的接口关联起来添加到 MAC 地址表中，形成一条 MAC 地址表项。因为 MAC 地址表中没有 MAC D 的相关记录，所以交换机将此数据帧从除接收接口之外的所有接口转发出去。

交换机在学习 MAC 地址时，同时给每条表项设定一个老化时间，如果在老化时间到期之前一直没有刷新，则该表项会被清空。交换机的 MAC 地址表空间是有限的，设定表项老化时间有助于收回长久不用的 MAC 地址表空间。

同样，当网络中其他主机发出数据帧时，交换机就会记录其中的源 MAC 地址，并将其与接收到数据帧的接口相关联起来，形成 MAC 地址表项，当网络中所有主机的 MAC 地址在交换机中都有记录后，意味着 MAC 地址学习完成，也就是说交换机知道了所有主机的位置，这就是二层交换机的“自学习”功能，如图 2-12 所示。

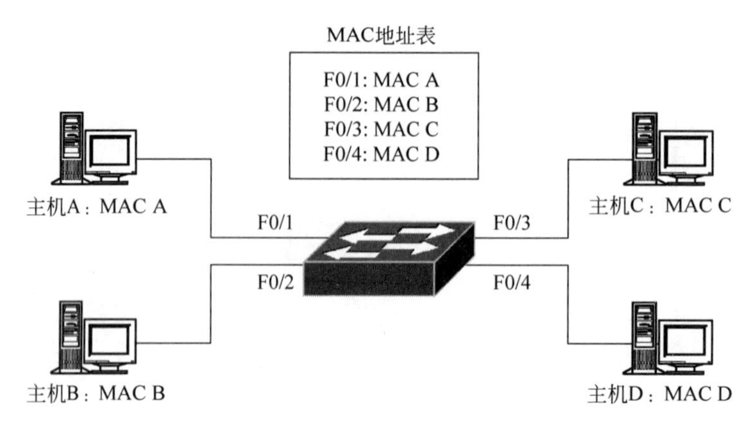

图 2-12 完整的 MAC 地址表

交换机在 MAC 地址学习时，遵循以下原则。

(1) 一个 MAC 地址只能被一个接口学习。

(2) 一个接口可以学习多个 MAC 地址。

如果一台主机从一个接口转移到另一个接口，交换机在新的接口学习到了此主机的 MAC 地址，则会删除原有的表项。

如果接口连接到另一台交换机，而该交换机上又连接了多台主机，则该接口会关联多个 MAC 地址，即一个接口上可以关联多个 MAC 地址。

数据帧的转发/过滤决策如下所述。

1. 数据帧的转发

MAC 地址表通过自学习建立完成后，交换机根据 MAC 地址表项进行数据帧的转发。在进行转发时，遵循以下规则。

(1) 对于目的 MAC 地址在交换机 MAC 地址表中有相应表项的帧，直接从帧目的 MAC 地址相对应的接口转发出去。

(2) 对于帧目的 MAC 地址在交换机 MAC 地址表中无相应表项的帧、组播帧和广播帧，则从除接收接口之外的所有接口转发出去。

2. 数据帧的过滤

为了杜绝不必要的帧转发，交换机对符合特定条件的帧进行过滤。无论是单播帧、组播帧还是广播帧，如果帧目的 MAC 地址在 MAC 地址表中表项存在，且表项所关联的接口与接收到帧的接口相同时，则交换机对此数据帧进行过滤，即不转发此数据帧。

如图 2-13 所示，主机 A 和主机 B 通过集线器 Hub 连到交换机的同一接口 F0/1 上。主机 A 发出数据帧，其目的地址是 MAC B，交换机在 F0/1 接口收到数据帧后，检查 MAC 地址表，发现 MAC B 所关联的接口也是 F0/1，此时交换机将该数据帧过滤。数据帧过滤通常发生在一个接口学习到多个 MAC 地址的情况下。

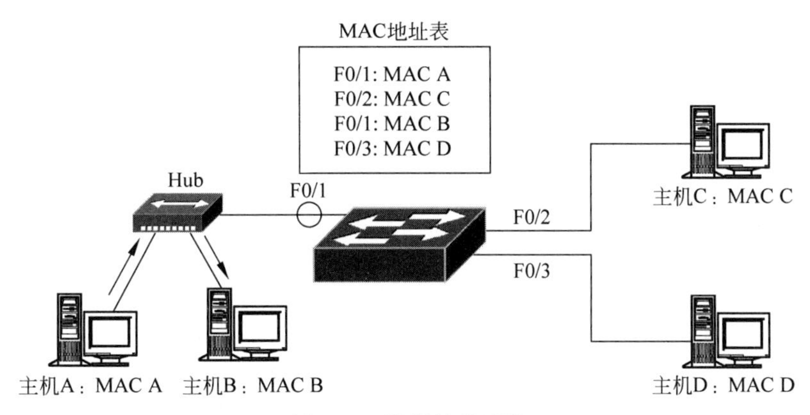

图 2-13　数据帧的过滤

2.2.3　三层交换机工作原理

传统路由器工作于 OSI 参考模型的第三层即网络层，但这种所谓的交换仅仅是存储转发的概念，实质是使用软件将分组从一个接口转移到另外一个接口，其转发速率较低。为了解决不同虚拟局域网之间的分组转发问题，引入了三层交换。而三层交换机是相当于一个带有第三层路由功能的二层交换机，它是二者的有机结合，并非是简单地将路由器的硬件和软件叠加到二层交换机上。其基本思想是在普通二层交换机中嵌入一个路由模块，以实现依据三层信息进行分组的快速转发。

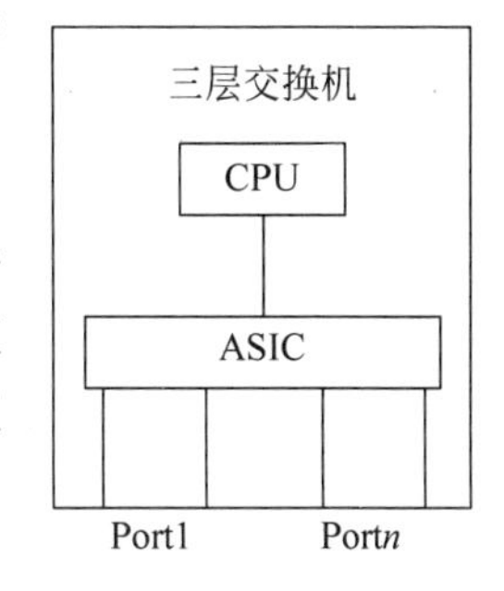

图 2-14　三层交换机硬件结构

三层交换机内部结构如图 2-14 所示。

三层交换机内部的两大部分是专用集成电路 ASIC 芯片和 CPU，它们的作用分别如下。

(1) ASIC：完成主要的二、三层转发功能，内部包含用于二层转发的 MAC 地址表以及用于 IP 转发的三层转发表。

(2) CPU：用于转发的控制，主要维护一些软件表项(包括软件路由表、软件 ARP 表等)，并根据软件表项的转发信息来配置 ASIC 的硬件三层转发表。当然，CPU 本身也可以完成软件三层转发。

从三层交换机的结构和各部分作用可以看出，真正决定高速交换转发的是 ASIC 中的二、三层硬件表项，而 ASIC 的硬件表项来源于 CPU 维护的软件表项。

为便于更好地理解三层交换机的工作原理，下面先介绍局域网中的两台主机之间相互访问时的一般过程。

(1) 源主机在发起通信之前，将主机的 IP 地址与目的主机的 IP 地址进行比较，如果两者位于同一个网段(用网络掩码计算后具有相同的网络号)，那么源主机直接向目的主机发送 ARP 请求，在收到目的主机的 ARP 应答后获得对方的物理层(MAC)地址，然后用对方 MAC 作为报文的目的 MAC 进行报文发送。位于同一虚拟局域网(网段)中的主机互访时属于这种情况，这时用于互连的交换机做二层交换转发。

（2）当源主机判断目的主机与源主机位于不同的网段时，它会通过网关（Gateway）来递交报文，即发送 ARP 请求来获取网关 IP 地址对应的 MAC，在得到网关的 ARP 应答后，用网关 MAC 作为报文的目的 MAC 进行报文发送。注意，发送报文的源 IP 是源主机的 IP，目的 IP 仍然是目的主机的 IP。位于不同 VLAN（网段）中的主机互访时属于这种情况，这时用于互连的交换机做三层交换转发。

下面结合图 2-15 的组网图，通过主机间的通信来解释三层交换机的转发原理。通信的源主机、目的主机连接在同一台三层交换机上，但它们位于不同 VLAN（网段）上。对于三层交换机来说，这两台主机都位于它的直连网段内，它们的 IP 对应的路由都是直连路由。

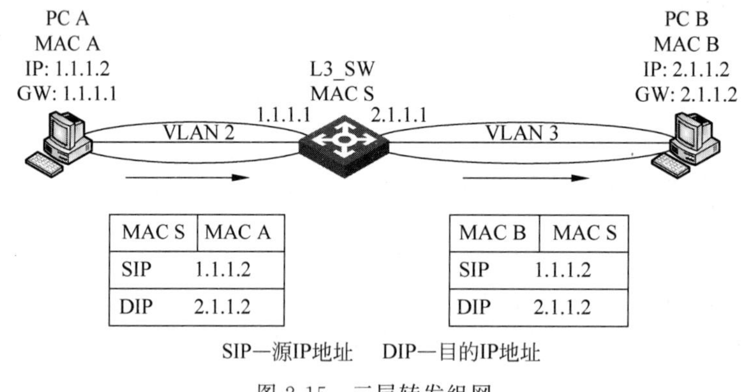

SIP—源IP地址　DIP—目的IP地址

图 2-15　三层转发组网

图 2-15 中标明了两台主机的 MAC、IP 地址、网关，以及三层交换机的 MAC、不同 VLAN 配置的三层接口 IP。当 PC A 向 PC B 发起 ICMP 请求时，过程如下（假设三层交换机上还未建立任何硬件转发表项）。

（1）PC A 首先检查出目的 IP 地址 2.1.1.2（PC B）与自己不在同一个网段，因此它发出请求网关地址 1.1.1.1 对应 MAC 的 ARP 请求。

（2）L3_SW 收到 PC A 的 ARP 请求后，检查请求报文，发现被请求 IP 是自己的三层接口 IP，因此发送 ARP 应答并将自己的三层接口 MAC（MAC S）包含在其中。同时它还会把 PC A 的 IP 地址与 MAC 地址对应起来（1.1.1.2 <==> MAC A）的关系记录到自己的 ARP 表项中去（因为 ARP 请求报文中包含发送者的 IP 和 MAC）。

（3）PC A 得到网关（L3_SW）的 ARP 应答后，组装 ICMP 请求报文并发送，报文的目的 MAC＝MAC S，源 MAC＝MAC A，源 IP＝1.1.1.2，目的 IP ＝ 2.1.1.2。

（4）L3_SW 收到报文后，首先根据报文的源 MAC＋VID（即 VLAN ID）更新 MAC 地址表。然后，根据报文的目的 MAC＋VID 查找 MAC 地址表，发现匹配了自己三层接口 MAC 的表项。注意，三层交换机为 VLAN 配置三层接口 IP 后，会在交换芯片的 MAC 地址表中添加三层接口 MAC＋VID 的表项，并且为表项的三层转发标志置位。当报文的目的 MAC 匹配这样的表项以后，说明需要做三层转发，于是继续查找交换芯片的三层表项。

（5）芯片根据报文的目的 IP 去查找其三层表项，由于之前未建立任何表项，因此查找失败，于是将报文送到 CPU 去进行软件处理。

（6）CPU 根据报文的目的 IP 去查找其软件路由表，发现匹配了一个直连网段（PC B 对应的网段），于是继续查找其软件 ARP 表，仍然查找失败。然后 L3_SW 会在目的网段对应的 VLAN 3 的所有接口发送请求地址 2.1.1.2 对应 MAC 的 ARP 请求。

(7) PCB 收到 L3_SW 发送的 ARP 请求后，检查发现被请求 IP 是自己的 IP，因此发送 ARP 应答并将自己的 MAC(MAC B)包含在其中。同时，将 L3_SW 的 IP 与 MAC 的对应关系(2.1.1.1 <==> MACS)记录到自己的 ARP 表中去。

(8) L3_SW 收到 PC B 的 ARP 应答后，将其 IP 和 MAC 对应关系(2.1.1.2 <==> MAC B)记录到自己的 ARP 表中去，并将 PC A 的 ICMP 请求报文发送给 PC B，报文的目的 MAC 修改为 PC B 的 MAC(MAC B)，源 MAC 修改为自己的 MAC(MAC S)。同时，在交换芯片的三层表项中根据刚才得到的三层转发信息添加表项(内容包括 IP、MAC、出口 VLAN、出接口等)，这样后续的 PC A 发送 PC B 的报文就可以通过该硬件三层表项直接转发了。

(9) PC B 收到 L3_SW 转发过来的 ICMP 请求报文以后，回应 ICMP 应答给 PC A。ICMP 应答报文的转发过程与前面类似，只是由于 L3_SW 在之前已经得到 PC A 的 IP 和 MAC 对应关系了，也同时在交换芯片中添加了相关的三层表项，因此这个报文直接由交换芯片硬件转发给 PC A。

这样，后续的往返报文都经过查 MAC 表→查三层转发表的过程由交换芯片直接进行硬件转发了。

三层交换正是充分利用了“一次路由(首包 CPU 转发并建立三层转发硬件表项)、多次交换(后续包芯片硬件转发)”的原理实现了转发性能与三层交换的完美统一。

2.3　生成树协议

仔细观察路边或小区里的树木，会发现每一棵树从树根到这棵树的每一树枝(叉)的枝头的通路都是唯一的，这种有趣的现象应用于网络时就是生成树，也即网络中通过生成树算法，可以将一个存在物理环路的网络变成无环路的网络。

2.3.1　分层网络中冗余拓扑存在的问题

现实网络中，往往将网络分为接入层、汇聚层和核心层，这样的组网层次结构清晰，也便于维护和实施。但是一旦出现单点故障，故障发生在不同的层次上，其影响范围程度不一样。

如果网络分层设计中的交换机之间使用多条线路进行物理冗余配置，一旦发生网络的单点故障，用户可以启用备份链路继续访问网络资源，这将大大地提高网络的可用性和可靠性。但是由于交换机自身的学习和转发功能，交换网络的冗余设计又会带来二层环路问题，如广播风暴、MAC 地址表不稳定和重复帧的复制。

实际组网中，往往需要综合考虑网络的总成本、网络的可用性和网络的安全性等，而其中可用性尤为重要。如果网络的可用性差、容错率低，其他方面的性能也将变得毫无意义。网络的高可靠性在很大程度上依赖于良好的网络设计和交换技术，可供选择、实现的方案众多，例如，实施链路级、模块级和设备级的冗余配置也即采用增加成本投入换取系统的可靠性等。但是，交换网络中的冗余配置又可能导致环路，数据流可能在环路内无限循环，带来负面问题，从而降低网络的可用性，庆幸的是生成树协议（Spanning Tree Protocol，STP）很好地解决了冗余网络中交换设备带来的二层环路问题。STP 能够确保交换网络中两个节点之间有且仅有一条转发路径，避免网络中的环路出现。而一旦网络中某条链路失效，原先处于阻塞状态的备份接口将转变为转发状态，最大限度地保障网络的正常运行。

1．广播风暴

从前述二层交换机的工作原理我们知道，交换机收到广播帧后，会从除了接收接口之外的其他所有接口转发出去，确保了同一广播域中所有设备都能收到这个广播帧，但如果网络出现环路，则会引起广播风暴问题，如图 2-16 所示。广播风暴是由于网络中的广播帧过多，导致网络带宽被耗尽，正常的数据流无法使用带宽，造成网络服务中断，对网络危害极大。

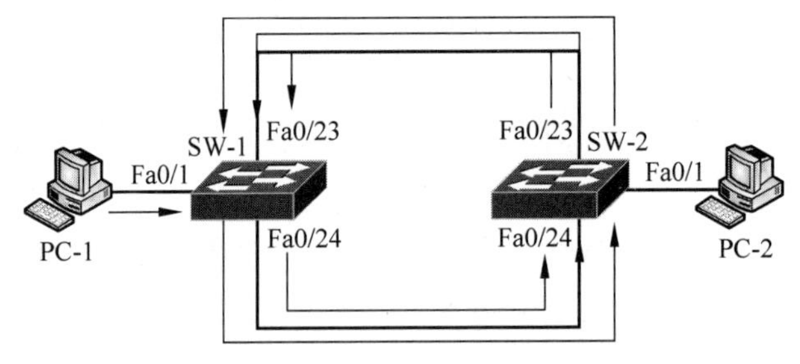

图 2-16　广播风暴的产生

2．MAC 地址表不稳定

交换机在进行 MAC 地址表更新时，默认使用最新收到的 MAC 地址条目替换表中原有的条目，而交换机的这一“自学习”功能特点在环路中却可能引起 MAC 地址表的不断更新，最终导致 MAC 地址表的不稳定。

3．多播帧复制

单播帧在环路网络中也会出现问题，使目的地设备同时收到多个相同的单播帧即多播帧复制，如图 2-17 所示。

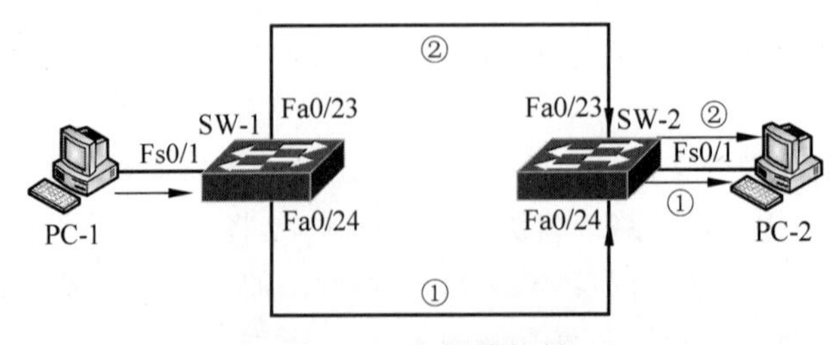

图 2-17　多播帧复制

交换机通过运行生成树协议，通过 STP 算法，选择其环路中之一的支路，而阻塞另一支路接口，消除交换机二层环路存在的上述广播风暴、MAC 地址表不稳定和多播帧复制问题。而一旦环路发生故障时，STP 监视生成树状态变化，重新计算，把原先的阻塞状态接口变为转发状态接口，等效于故障切换，启用冗余配置，维持网络的正常运行。

2.3.2　生成树协议的工作原理

生成树协议(Spanning Tree Protocol,STP)在 IEEE 802.1d 文档中定义。该协议的原理是按照树的结构来构造网络拓扑,消除网络中的环路,避免由于环路的存在而造成广播风暴、MAC 地址表不稳定和多播帧复制的问题。

生成树 STP 算法(STA):运行生成树 STP 的交换机相互之间传送桥协议数据单元(BPDU)报文协商、确定根网桥、根接口、指定接口、阻塞接口和接口之间状态的变化信息,帮助交换机完成如下任务。

(1) 选举根网桥;

(2) 选举根接口、指定接口;

(3) 选举阻塞接口避免环路;

(4) 监视生成树状态;

(5) 向阻塞接口通告拓扑变化。

协议数据单元(BPDU)有两种类型,分别是配置 BPDU 和拓扑变更通知 TCN BPDU。配置 BPDU 是在新建 STP 或 STP 稳定后,由根网桥周期性地发送给网络的,BPDU 中包含 STP 的主要参数。TCN BPDU 是当交换机的拓扑发生变化时产生的,主要作用是启用备份链路,最大限度地降低拓扑变化对网络运行的影响。

协议数据单元(BPDU)的报文格式较复杂,其中包括网桥 ID、协议 ID、消息类型、根 ID、路径开销、接口 ID 等字段。

网桥标识(BID)用于标识参与 STP 生成树的不同的交换机,由两部分组成:优先级值(2B)和 MAC 地址值(6B),如图 2-18 所示。

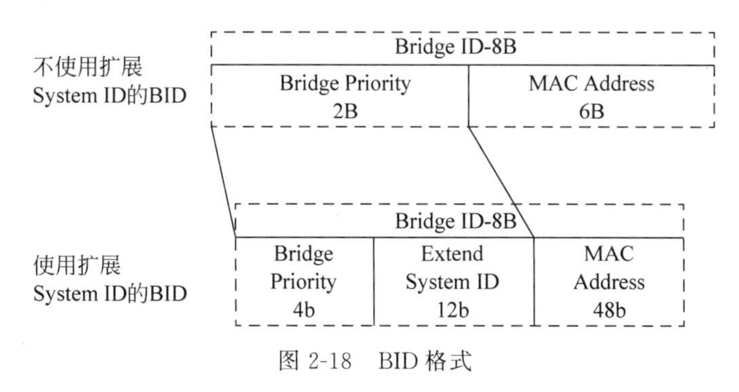

图 2-18　BID 格式

BID 一共 8B,其中,优先级占 2B,MAC 地址占 6B,在不使用 Extended System ID 的情况下,BID 由优先级和交换机的 MAC 地址组成,针对每个 VLAN,交换机的 MAC 地址都不一样,交换机的优先级取值为 0～65 535。在使用 Extended System ID 的情况下,每个 VLAN 的 MAC 地址可以相同。值得注意的是,现在的交换机普遍使用 Extended System ID,拥有最小 BID 的交换机被选举为根交换机。

BID 在 STP 选举根网桥交换机、根接口和指定接口等步骤中发挥着巨大的作用,根据 IEEE 802.1d 的规定,优先级的取值范围是 0～65 535,MAC 地址是交换机自身的 MAC 地址,因为 MAC 值是唯一的,所以 BID 值也是唯一的。

生成树算法需要考虑接口花费和路径花费，速度与花费或开销(Cost)的对应关系如图 2-19 所示，可见速度越快，花费即开销或成本越小。

根交换机被选举出来后，计算其他交换机到根交换机的花费，生成树算法考虑两种花费，即接口花费和路径花费。路径花费是从根交换机到最终交换机前进方向进入的接口花费总和。若一台交换机有多条路径到达根交换机，此台交换机会选择路径花费最小的那条。

速度	花费
10Gb/s	2
1Gb/s	4
100Mb/s	19
10Mb/s	100

图 2-19　速度与花费的关系

生成树的形成过程共分为四个步骤，最终达到逻辑无环回路的拓扑。

具体分述如下。

1. 选举根交换机

根交换机相当于一棵树的树根，是整个无环网络的中心。交换机之间通过发送 BPDU 来选举根交换机，具有最小桥标识 BID 值的交换机被选择为根交换机，每个广播域只能有一个根交换机。在 STP 启动后，网络中的交换机都假设自己是根交换机，并将自己发出的 BPDU 信息中的根标识 ROOT ID 设置为自己并发送给相邻的交换机。交换机彼此之间交换 BPDU 信息，网桥 ID 越低的交换机成为根交换机的概率越高。如果交换机收到的 BPDU 信息中 ROOT ID 比自己的网桥 ID 数值更低，那么它将不再发送 BPDU 信息。通过一段时间的交换，网络中只有唯一的一台交换机在持续发送 BPDU 信息，那么它将成为根交换机，其他交换机为非根交换机。

2. 选举根接口

每个非根交换机有且只有一个根接口，根接口的选择依照如下顺序。

首先，路径花费最低的接口将成为根接口；若花费相同，比较发送者的 BID，BID 小的成为根接口。

其次，若发送者的 BID 相同，则比较发送者的接口标识(PID)，发送者的 PID 较小的接口对应的本地交换机的接口成为根接口。

再次，如果发送者的 PID 相同，则接收者即本地交换机接口 PID 小的接口成为根接口。

如图 2-20 所示，若 SW1 已被选择为根交换机，则 SW2 的根接口为 Fa0/2，SW3 的根接口为 Fa0/1，SW4 的根接口为 Fa0/4。

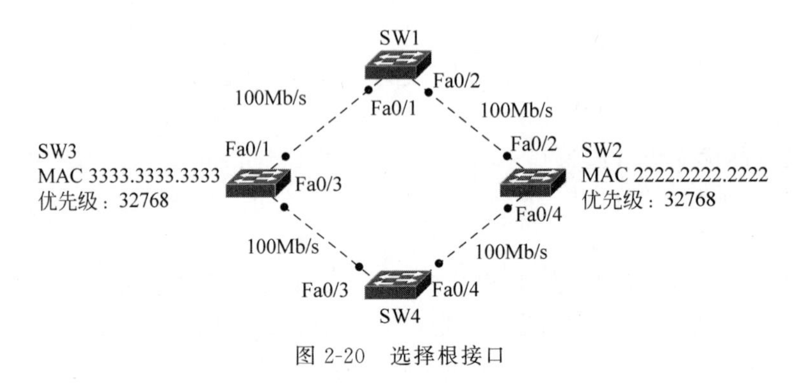

图 2-20　选择根接口

3. 选举指定接口

根交换机的所有接口都是指定接口。每个网段有且只有一个指定接口，网段通过该指定接口发送或接收信息。每个网段都有一个指定交换机，指定交换机上如果有多个接口，再从多个接口中选举出一个成为指定接口。

网段指定接口的选举按如下顺序。

首先，比较花费，花费较小的接口成为指定接口。

其次，若花费相同，则比较接收者的 BID，BID 小的交换机为指定交换机，其对应的接口为指定接口。

再次，若接收者的 BID 相同，则比较接收者的 PID，接口标识 PID 小的成为指定接口。

如图 2-21 所示，若 SW1 是根交换机，在 SW2 和 SW3 相连的网段上，SW2 和 SW3 到根交换机的花费相同，此时需要比较接收者的 BID，也即 SW2 和 SW3 的 BID，BID 小的成为指定交换机。从图 2-21 中可以看出，SW2 的 BID 小于 SW3 的 BID，所以 SW2 成为指定交换机，SW2 上的 Fa0/3 将成为指定接口。

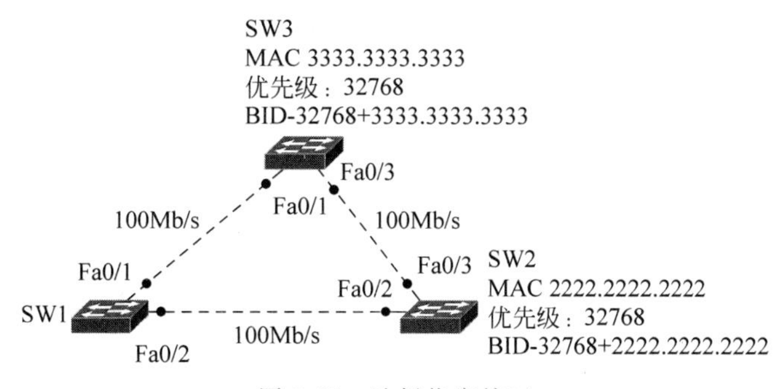

图 2-21　选择指定接口

4. 阻塞接口

将网络中既不是根接口，也不是指定接口的其余接口进行逻辑阻塞，成为阻塞接口（备份接口），一旦网络出现故障，这些备份接口将重新被启用，最大限度地保证网络的正常运行。

当网络达到稳定状态，即选举出了根交换机，并决定了所有接口的角色，排除所有的潜在环路时，STP 即收敛。

生成树协议实例如下。

如图 2-22 所示拓扑图，根据生成树算法，选出根交换机并确定所有接口的角色。

根据图 2-22 所给的拓扑图及标识的相关参数分析如下。

（1）选举根交换机：根据 SW1、SW2、SW3 的优先级和 MAC 参数，因为优先级相同（均为默认值 32 768），而 SW1 的 MAC 最小，所以最终 SW1 被选举为根交换机，其所有接口 Fa0/1、Fa0/2 均为指定接口。

（2）选举根接口：SW2 和 SW3 均为非根交换机，分别有且只有一个根接口，而 SW2 的 Fa0/1、SW3 的 Fa0/1 接口到根交换机 SW1 的花费最小，所以 SW2 的 Fa0/1、SW3 的 Fa0/1

接口为根接口。

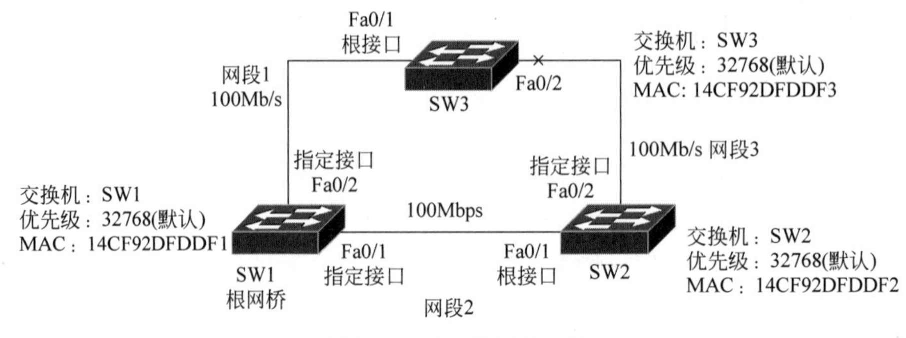

图 2-22　STP 实例拓扑图

(3) 选举指定接口：由于 SW2 的 Fa0/2 和 SW3 的 Fa0/2 到根交换机 SW1 的花费相同，所以看 SW2、SW3 的 BID，BID 小者为指定交换机，其相应接口为指定接口，由于 SW2 的 BID 小，所以 SW2 的 Fa0/2 为指定接口。

(4) SW3 的 Fa0/2 既不是根接口，也不是指定接口，所以将该接口阻塞。

当交换机检测到接口发生变化时，交换机将通知根交换机拓扑变化情况，根交换机再将这一情况扩散到整个网络。有三种特殊的 BPDU 用来完成这些工作：拓扑改变通知 TCN、拓扑改变确认 TCA 和拓扑改变 TC。如图 2-23 所示，说明了 STP 拓扑变化时的处理情况。

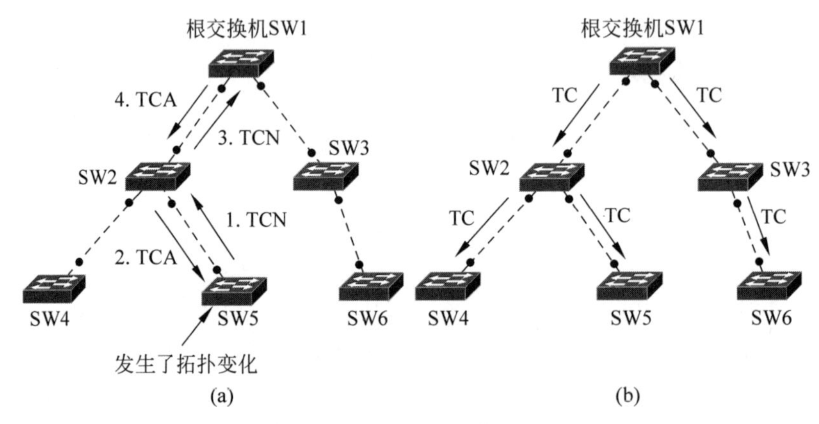

图 2-23　STP 拓扑变化处理

图 2-23(a)中的 SW5 首先检测到拓扑变化，它从根接口向 SW2 发送 TCN，SW2 回复 TCA 向 SW5 确认，然后 SW2 产生一个 TCN 从自己的根接口发送给 SW1 即根交换机。根交换机 SW1 收到 TCN 后，回复 TCA 向 SW2 确认。一旦根交换机知道了这一拓扑变化，它将向外广播发送 TC，如图 2-23(b)所示，最后整个广播域都知道了这一变化。

需要指出的是，交换机默认状态下自动运行生成树协议(STP)，因此网络拓扑一旦确定，可通过交换机配置相关命令查看 STP 的收敛情况。同时，也可以通过执行某些命令，如改变网络优先级、接口的开销值等参数，从而改变 STP 的收敛。

2.4 链路聚合

链路聚合(Link Aggregation)，也称接口聚合，是指将多个物理链路(或接口)捆绑在一起，成为一条(或个)具有高速带宽的逻辑链路(或接口)，以实现流量在各成员链路(或接口)中的负荷分担，交换机根据用户配置的接口负荷分担策略决定报文从哪一个成员接口发送到对端的交换机。当交换机检测到其中一个成员接口的链路发生故障时，就停止在此接口上发送报文，并根据负荷分担策略将故障链路的业务转移到其余的链路中，而当故障接口恢复后重新计算报文发送接口。因此，链路聚合在不改变现有网络设备和原有布线前提下，增加链路带宽，也保证了链路的冗余性。

将 n 条物理链路聚合在一起组合成一条逻辑链路，其带宽增加了($n-1$)倍。聚合可以看作"解复用"，因为通信中"复用"是指将多个低速信道的信号合并在一起后通过一个高速信道进行传输的技术，而"解复用"是"复用"的逆过程，即将高速信道传输的信号分解为多个低速信号的过程。

链路聚合具有如下优点。

(1) 增加网络链路的带宽。

链路聚合可以将多个链路捆绑成为一个逻辑链路，捆绑后的链路带宽是每个独立链路的带宽总和，如图 2-24 所示，链路聚合根据需要，可以设置在不同的局域网段，具有较大的灵活性。

(2) 提高网络连接的可靠性。

链路聚合中的多个链路互为备份，当有某些链路发生故障时，这些故障链路的流量会迅速转移到剩下的链路上，并继续保持负荷均衡，网络连接不会中断。实际中并非捆绑的链路数越多越好，因为这样不仅消耗掉较多的交换机接口资源，还给服务器带来难以承受的重荷。

可以根据报文的源 MAC 地址、目的 MAC 地址、源 MAC 地址＋目的 MAC 地址、源 IP 地址、目的 IP 地址、源 IP 地址＋目的 IP 地址等特征值把流量平均分配到聚合链路组的成员中。如图 2-25 所示负荷均衡示意图，两台交换机之间设置了链路聚合，服务器的 MAC 地址只有一个，为了让客户机与服务器的通信流量能被多条链路分担，连接服务的交换机设置为根据目的 MAC 地址进行负荷均衡，而连接客户机的交换机设置为根据源 MAC 地址进行负荷均衡。

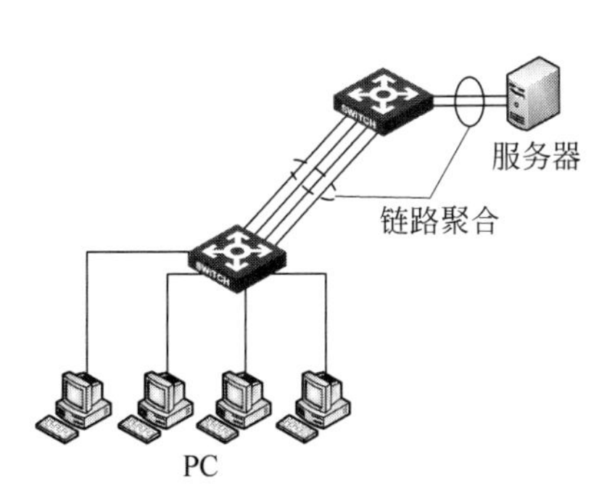

图 2-24　链路聚合示意图

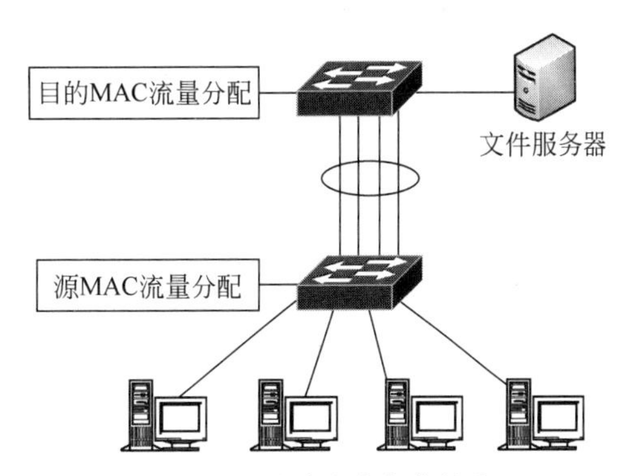

图 2-25　链路聚合负荷均衡

值得注意的是，链路聚合应满足如下条件。

(1) 成员接口必须处于相同的 VLAN 之中。

(2) 成员接口必须使用相同的传输介质。

(3) 成员接口必须都处于全双工工作模式。

(4) 成员接口必须具有相同的传输速率。

另外，不同型号的交换机支持的负荷均衡算法类型也不尽相同，配置前需要查阅相关型号交换机的配置手册。

链路聚合的方式主要有以下两种。

(1) 静态聚合。

静态聚合方式下，双方设备无须启用聚合协议，双方不进行聚合组中成员接口状态的交互。

(2) 动态聚合。

动态聚合方式下，双方系统使用链路聚合控制协议(Link Aggregation Control Protocol，LACP)来协商链路信息，交互聚合组中成员的接口状态。

目前主要的链路聚合技术的标准有私有协议如 Cisco 公司的接口汇聚协议(Port Aggregation Protocol，PAGP)和公有协议如 IEEE 802.3ad 的链路汇聚控制协议(Link Aggregation Control Protocol，LACP)。

在链路聚合的过程中，需要交换机之间通过 LACP 进行相互协商，LACP 通过链路汇聚控制协议数据单元(Link Aggregation Control Protocol Data Unit，LACPDU)与对端交互信息。当某接口的 LACP 启动后，该接口将通过发送 LACPDU 向对端通告自己的系统优先级、系统 MAC 地址、接口优先级、接口号和操作密钥等信息。对端接收到这些信息后，将这些信息与其他接口所保存的信息做比较，以选择能够汇聚的接口，从而双方可以对接口加入或退出某个汇聚组，最终达成一致。

2.5 交换机基本配置

2.5.1 交换机内存

1. 只读存储器(ROM)

用于存放交换机的启动代码，交换机加电启动时，由它引导交换机进行基本的启动过程，完成对硬件版本的识别和常用网络功能的启用等。在开机提示出现 10s 之内按 Ctrl+Break 组合键，可以进入交换机的 BOOTROM 模式，在此模式下可以执行部分优先级很高的操作，如遇到意外时进行紧急处理：交换机密码遗忘、交换机 IOS 故障等。

2. 同步动态随机存取存储器(SDRAM)

SDRAM 是交换机的运行内存，掉电后内容丢失，主要用于存放交换机的当前运行配置文件 running-config 和加载交换机操作系统 IOS。

3. 闪存(Flash)

Flash 的作用类似 PC 中的硬盘,是可读写的存储器,在交换机每次重新启动或关机之后仍能保持数据。用于存放交换机的 IOS 文件(统一调度网络设备各部分的运行),通常所说的交换机升级即是指将 Flash 中的交换机的 IOS 升级。

4. 非易失性随机存取存储器(NVRAM)

NVRAM 在断电时,其中所存储的信息不会丢失。用于存放交换机的启动配置文件即 startup-config。

2.5.2　交换机的启动过程

交换机的启动过程如图 2-26 所示。交换机加电后,执行 ROM 中的引导程序,完成对硬件版本的识别、常用网络功能的启用等;将存于 Flash 中的 IOS 文件即交换机软件加载到 SDRAM 中,实现统一调度网络设备各部分的运行,对文件的管理等;将存于 NVRAM 中的启动配置文件 startup-config 文件加载到 SDRAM 中,并将文件名更名为运行配置文件 running-config。

(1) 启动配置文件:startup-config 文件,存放于 NVRAM 中,在交换机每次启动后加载到内存 SDRAM 中,并将文件名更改为运行配置文件 running-config。

(2) 运行配置文件:running-config 文件,驻留在 SDRAM 中,当通过交换机的命令行接口(CLI)对交换机进行配置时,配置命令被实时添加到运行配置文件中并被立即执行,但是这些新添加的配置命令不会被自动保存到 NVRAM 中。因此,当对交换机进行重新配置或者修改配置后,应该将当前的运行配置文件保存到 NVRAM 中变成为启动配置文件,以便交换机重新启动后,配置内容不会丢失。

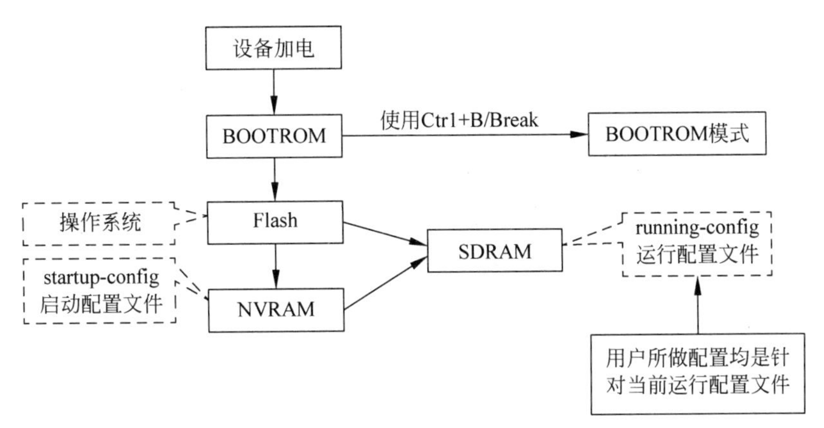

图 2-26　交换机的启动过程

2.5.3　交换机的配置连接方式

1. 交换机的本地配置方式

交换机的本地配置方式是采用专用配置连接线,如图 2-27(a)所示;通过计算机的串行通信接口与交换机的Console接口直接连接的方式，如图2-27(b)所示，配置时需要启用PC操作系统的“超级终端”进行设备登录。

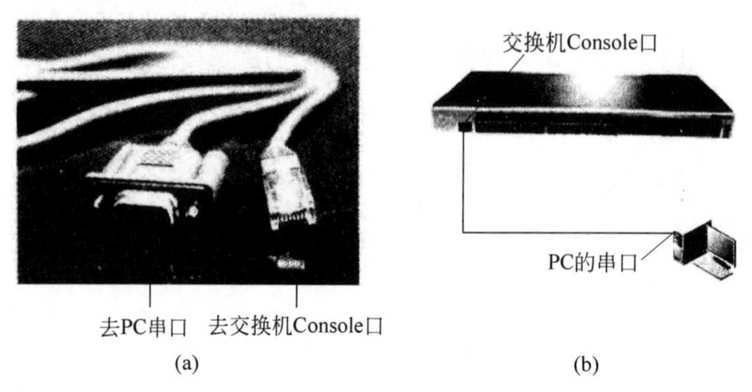

图2-27　交换机本地配置方式连接图

对Windows 7以上高版本的操作系统无“超级终端”附件，可以通过安装第三方软件如SecureCRT来实现。

2. 交换机的远程配置方式

交换机的远程配置方式使得连接到网络中的计算机具备管理交换机的能力，便于网络管理人员从远程登录到交换机上进行管理，当然得首先通过本地配置为交换机配置一个用于网络管理的IP地址。这种配置方式通过普通接口进行连接。

通常有如下几种情况。

(1) 通过TELNET客户软件使用TELNET协议登录到交换机进行管理。

(2) 通过SSH客户软件使用SSH协议登录到交换机进行管理。

(3) 通过Web浏览器使用HTTP登录到交换机进行管理。

(4) 通过网络管理软件(如Cisco Works)使用SNMP对交换机进行管理。

2.5.4　交换机接口的命名

交换机接口较多，为了较好地区分各个接口，需要对相应的接口命名。

一般情况下，交换机接口的命名规范为“接口类型 堆叠号/交换机模块号/模块上接口序号”，如果交换机不支持堆叠，则没有堆叠号，如fastethernet 0/0，serial 0/3/1。

2.5.5　交换机的命令配置操作模式

交换机的命令配置操作模式有如下几种。

(1) 用户模式。

(2) 特权模式。

(3) 全局配置模式。

(4) 接口配置模式。

(5) VLAN配置模式。

（6）线路配置模式。

交换机的上述各种不同配置操作模式相互之间的转换及转换条件如图 2-28 所示。

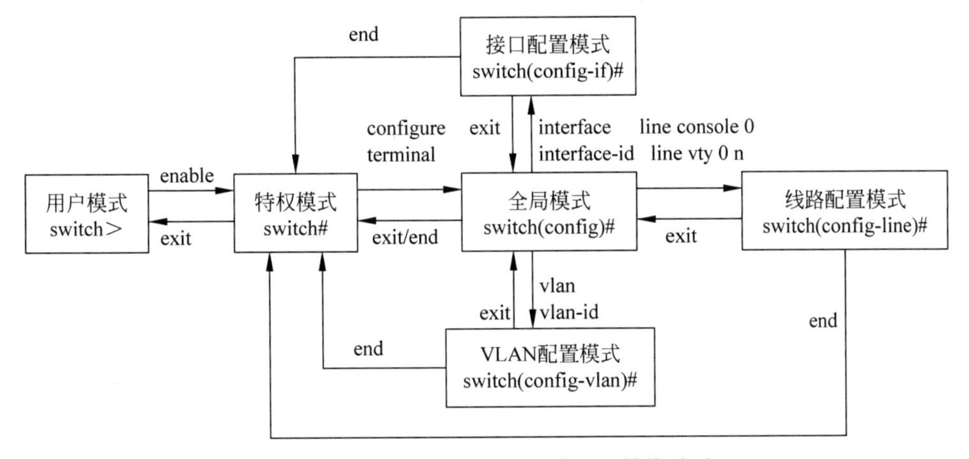

图 2-28　交换机配置模式及其相互转换关系

不同的配置模式的提示符及可执行的操作如表 2-1 所示。

表 2-1　交换机命令模式及其可执行的操作

命令模式	提示符	可执行的操作
用户模式	switch>	进行基本测试，显示系统信息
特权模式	switch#	验证设置命令的结果。该模式具有口令保护
全局配置模式	switch(config)#	配置影响整个交换机的全局参数
接口配置模式	switch(config-if)#	配置交换机的各种接口参数
VLAN 配置模式	switch(config-vlan)#	配置 VLAN 参数
线路配置模式	switch(config-line)#	配置访问交换机方式的线路参数

交换机还为用户提供了两种方式用于获取配置帮助信息，如表 2-2 所示。

表 2-2　获取交换机的配置"帮助"方式

帮助	使用方法及功能
help	在任一命令模式下输入"help"，可获取有关帮助系统的简单描述
?	在任一命令模式下，输入"?"获取该命令模式下的所有命令及简单描述； 在命令的关键字后，输入以空格分隔的"?"，若该位置是参数，会输出该参数的类型；若该位置是关键字，则列出关键字的集合及其简单描述；若输出< cr >，则此命令输入完成，在该处回车即可。 在字符串后紧接着输入"?"，会列出以该字符串开头的所有命令

2.5.6　交换机常用配置命令

1. 特权模式下的常用命令

特权模式（提示符为 switch#）下的常用命令及其简要说明如表 2-3 所示。

表 2-3　交换机特权模式下的常用命令

命令格式	说明
Show clock	查看系统日期和时钟
Clock set hh:mm:ss day month year	设置系统日期和时钟
Show version	显示交换机版本信息
Show mac-address-table	显示 MAC 地址表
Show interface f0/0	显示接口 f0/0 信息
Show running-config	显示当前运行状态下生效的交换机运行配置文件
Show startup-config	显示存储在交换机 NVRAM 中的启动配置文件
Copy running-config startup-config	将当前运行的配置文件保存至 NVRAM 作为启动时配置
Copy startup-config running-config	将当前运行时的配置恢复为启动时的配置
Ping IP address	用于测试设备之间的连通性
Show vlan brief	显示所有 VLAN 的摘要信息

2. 全局配置模式下的常用命令

全局配置模式(提示符为 switch(config)#)下的常用命令及其简要说明如表 2-4 所示。

表 2-4　交换机全局配置模式下的常用命令

命令格式	说明
Hostname host-name	将交换机的名字设置为 host-name
Enable password pw	将从用户模式进入特权模式时需要的密码设置为 pw
Ip host host-name IP address	设置主机名与 IP 地址的映射关系即设置 IP address 的主机名为 host-name

3. 接口配置模式下的常用命令

接口配置模式(提示符为 switch(config-if)#)下的常用命令及其简要说明如表 2-5 所示。

表 2-5　交换机接口配置模式下的常用命令

命令格式	说明
shutdown	临时将交换机的某个接口关闭
Duplex {half|full|auto}	设置交换机的通信方式：半双工|全双工|自动
Speed{10|100|auto}	设置交换机接口速率

2.5.7　交换机远程配置方式案例

若企业园区网络覆盖范围较广，交换机会被放置在不同地点，若每次配置交换机都要到交换机所在的地点进行配置，网管员四处奔跑，不仅工作量大，而且浪费时间，工作效率低。此时可以采用 TELNET 远程配置方式对交换机进行配置管理，如图 2-29 所示。

配置过程如下所述。

```
Switch>                          //交换机加电后自动进入用户模式
Switch> enable                   //从用户模式进入特权模式
```

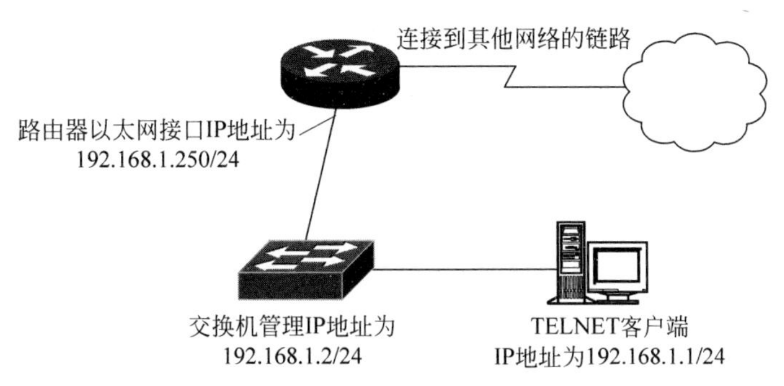

图 2-29　交换机 TELNET 远程配置

```
Switch#configure terminal                    //从特权模式进入全局配置模式
Switch(config)#hostname myswitch             //将交换机名称设置为 myswitch
myswitch(config)#enable password my12333
//设置 enable 密码为 my12333 即从用户模式进入特权模式时的密码
Myswitch(config)#interface vlan 1
//交换机默认管理 vlan 为 1,进入管理 vlan 1 虚拟接口配置模式
Myswitch(config-if)#ip address 192.168.1.2 255.255.255.0
//配置交换机的管理 IP 地址为 192.168.1.2,子网掩码为 255.255.255.0
Myswitch(config-if)#no shutdown              //启动接口
Myswitch(config-if)#exit                     //回退到全局配置模式
Myswitch(config)#ip default-gateway 192.168.1.250
//配置交换机的默认网关地址为 192.168.1.250,使网管员可以在不同的 IP 网段管理此交换机
Myswitch(config)#line vty 0 4
//进入虚拟终端线路接口的线路配置模式,允许最多 0~4 个用户通过 TELNET 访问交换机
Myswitch(config-line)#password my12315 //设置 TELNET 密码为 my12315
Myswitch(config-line)#login                  //在线路上启用口令校验功能
Myswitch(config-line)#exit                   //回退到全局配置模式
Myswitch(config)#
```

按上述完成交换机的配置后，配置 TELNET 客户端 IP 地址为 192.168.1.1，进入 Windows 命令提示符，输入命令 telnet 192.168.1.2，按提示输入密码 my12315 即可进入交换机的用户模式。同时要注意，交换机要设置特权密码(enable 密码)，否则 TELNET 方式无法进入特权模式，当然就更无法进入其他配置模式了。

习题

1. 局域网的拓扑结构主要有哪几种类型？
2. 如何理解二层交换机的“自学习”功能？
3. 什么是 MAC？如何查询计算机的 MAC 地址？
4. 实际组网中冗余链路的设计会带来哪些问题？
5. 开发 STP 的目的是什么？
6. STP 通过什么方法消除环路？
7. 交换机的配置模式有哪几种？上网查阅了解不同厂商的交换机产品在配置操作方式上的主要差异。

第3章 路由器及其配置

局域网交换机在一定程度上减少了网络冲突，提高了数据转发效率。但交换机并不能隔离广播域，通过交换机来组网仍然存在着广播风暴问题，难以满足大型网络的组网需要。采用路由器组网则可以很好地解决广播风暴的问题。路由器是一种用于互连不同类型网络(即异构网络)的通用连接设备，工作在OSI参考模型的第三层即网络层。它能够处理不同网络之间的差异，如编址方式、帧的最大长度、接口等方面的差异，功能远比网桥和交换机强而复杂。通过路由器互联的局域网被分割成不同的IP子网，每一个IP子网都是一个独立的广播域。路由器可以彻底隔离广播风暴，适应大型组网对性能、容量和安全性的要求。路由器具有路由选择功能，不但可以为跨越不同局域网的分组选择最佳路径，避开失效的节点或网段，而且可以进行不同类型网络协议的转换，实现网络的异构互联。通过路由器将分布在各地的计算机局域网互联起来便可构成广域网，实现更大范围的资源共享和信息传送。目前，最大的计算机广域网就是国际互联网(Internet)，因此，路由器是实际组网中不可缺少的重要组网设备之一，与交换机、服务器等其他设备一样，路由器属于网络的基础设施。

Internet结构示意图如图3-1所示，不同局域网之间的互联需要通过路由器实现，图中两端的局域网经过路由器接入广域网。

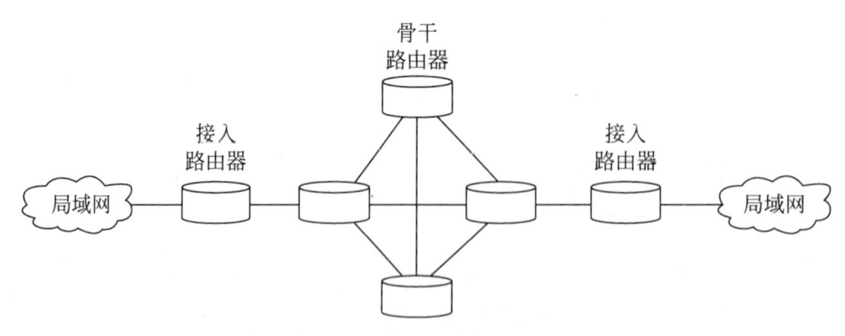

图3-1　Internet结构示意图

信息在网络中采用存储-转发方式进行传递，不同的网络可能使用不同的信息格式，它们之间互联时需要转换为通用的分组格式，而互联网协议IP就是网络互联协议的工业标准。

3.1 路由器的功能

路由是指信息从源点到达目的点所经过的路径，而路由器是实现 IP 分组数据转发和路由功能的硬件设备，是互联网络的枢纽。路由器的核心作用是实现网络互联，在不同网络之间转发数据分组信息。路由器有两个或两个以上的接口，每个接口分别连接不同的 IP 子网，每个接口都要配置一个 IP 地址，而且接口的 IP 地址要与该接口所连接的子网在同一网段上。

路由器的主要功能如下。

（1）路由（寻址）功能：包括路由表的建立、维护与查找。

（2）交换功能：路由器的交换功能不同于以太网交换机执行的交换功能，以太网交换机是依据通过“自学习”功能建立的 MAC 转发表，直接在交换机不同接口之间进行转发、交换；而路由器的交换功能是在网络之间转发分组数据的过程，涉及从接收接口收到数据帧后，经过解封装，对数据包做相应处理，然后根据目的网络地址查找路由表，决定转发接口，再做新的数据链路层封装等过程。

（3）分隔广播域。

（4）实现不同网络之间的互联：路由器支持不同的数据链路层协议，联接异种网络。

3.2 路由器的组成

路由器在第三层即网络层（IP 层）提供分组转发服务，多协议路由器可以互联使用不同协议的异构网络。路由器操作的 IP 分组头包含第三层协议信息，而工作在第二层即数据链路层的网桥或交换机无法解读这些信息，所以，路由器提供的服务更为完善。

路由器与网桥或交换机的另一个差别是：路由器了解整个网络的拓扑结构和工作状态，因而可使用最有效的路径转发分组。路由器可根据传输费用、传输时延、网络拥塞或信源和终点间的距离来选择最佳路径。

路由器的结构组成如图 3-2 所示，由该图可知，路由器可以划分为控制部分和数据转发两个部分。在控制部分，路由协议可以有不同的类型，路由器通过路由协议交换网络的拓扑信息，依照拓扑结构动态生成路由表。在数据转发部分，转发引擎从输入线路接收 IP 分组后，分析与修改分组头，使用转发表查找下一跳，把数据交换到输出线路上，向相应方向转发。转发表是根据路由表生成的，其表项和路由表项有直接对应关系，但转发表的格式和路由表的格式不同，它更适合实现快速查找。转发的主要流程包括线路输入、分组头分析、数据存储、分组头修改和线路输出。

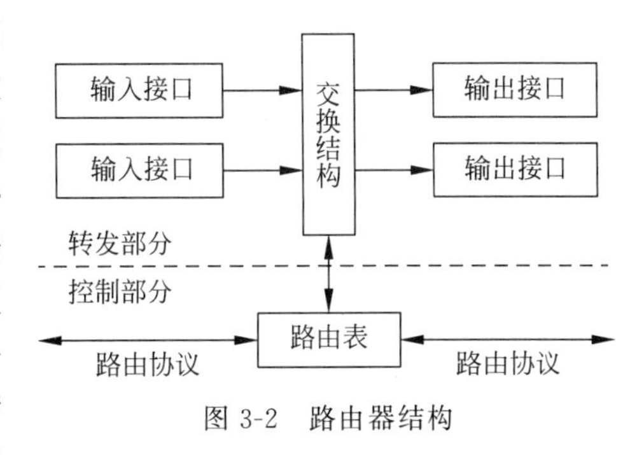

图 3-2 路由器结构

输入接口是物理链路的连接点，也是数据的接收点，它的设计遵守物理链路设计标准，完成如下的主要任务。

（1）数据链路层帧的封装和解封装。

（2）在一些路由器的设计中，转发表被下发到各个输入接口，输入接口根据转发表可以直接进行查表并将数据送往输出接口，从而减轻中央路由处理器的负担。

（3）为了提供服务质量（QoS）支持，输入接口可以根据预先指定的策略对接收的报文进行分类。

输出接口主要完成数据的排队、缓冲管理及调度输出。另外，输出接口也要执行数据的封装和支持链路层、物理层协议。

路由表中存储有关可能的目的网络及怎样到达目的网络的信息，路由表中一般包含目的地址、下一跳地址、转发接口等表项，如图 3-3 所示的网络拓扑，每台路由器都存储一张路由表，用于分组数据的转发。由于 IP 编址方式和分配方法的特点，使得路由表只包含网络前缀的信息而不需要整个 IP 地址。路由器并不知道到达目的网络的完整路径，这种方式使得选路效率较高，同时也可减小路由表的容量。为进一步减小路由表，可使用默认路由方式，对多种未说明路由的目的地使用默认路由。

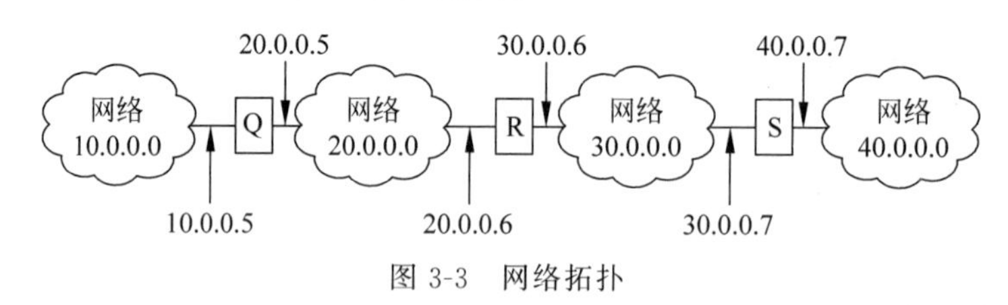

图 3-3　网络拓扑

如果两台路由器连接到同一个物理子网（例如同一个以太网或 ATM 之中），如图 3-3 所示的网络拓扑，与网络 20.0.0.0 相连的两台路由器 Q 和 R，就能进行直接交付，无须通过路由器的转发。这时需要通过地址解析协议（ARP）把 IP 地址转换成底层物理地址，在以太网中是向 MAC 地址转换，在 ATM 网中是向 ATM 地址转换。

正如上述，网络中每台路由器都保存一张路由表，用于分组数据的转发，例如图 3-3 中的路由器 R 的路由表如表 3-1 所示，其他路由器的路由表可进行类似的分析。

表 3-1　路由器 R 的路由表

目的网络前缀	下一跳地址	目的网络前缀	下一跳地址
20.0.0.0	直接交付	10.0.0.0	20.0.0.5
30.0.0.0	直接交付	40.0.0.0	30.0.0.7

转发表中包含到网络 N 的一个或多个路由的情况，是指转发表使用了可变长度的网络前缀。路由器在对 IP 包寻址时，采用最长的网络前缀匹配（Longest Prefix Matching，LPM）方式。例如，假设路由表中有两个表项“129.198.0.0，下一跳 1”和“129.198.16.0，下一跳 2”，如果有一个 IP 分组的目的地址为 129.198.16.5，那么这个分组应该向“下一跳 2”发送。传统的路由器执行最长网络前缀匹配的时间较长，致使转发表查找成为影响路由器速度的瓶颈。

一台路由器至少具有连接两个不同网络的逻辑接口。它可以简单到只是一台有两块或更多网络接口卡（俗称“网卡”）的微机，从一块网卡进来的数据分组，经过处理，转发到适当的网卡；也可以复杂到具有数十个 10Gb/s 的接口、物理高度达到 2m 的高速、大容量的 Tb 路由器。但是不论如何，路由器的基本功能是完成 IP 分组数据的路由和转发。

路由器可以根据交换结构和转发引擎的实现方式进行分类。交换结构完成输入接口和输出接口的连接，是影响路由器速度和容量的关键因素。根据路由器中使用的交换结构的不同，路由器可以分为共享总线、共享存储器、开关阵列等类型。

共享总线结构如图 3-4 所示，分组在路由器中通过共享总线传输。通常共享总线是时分复用的，即在共享介质上某一个模块的每个周期分享一个时间片传输它的数据。这种方式的不足在于，总线是共享的，一次只能处理一个分组，而且处理一个分组要经过两次总线传输（输入一次，输出一次），路由器的容量受限于总线的带宽。

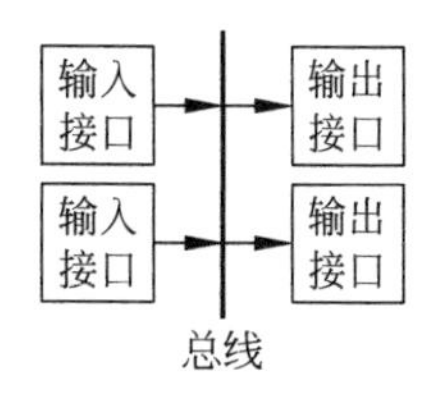

图 3-4 共享总线结构

共享存储器结构如图 3-5 所示。接收的分组数据顺序写入一个双接口的随机访问存储器中，它们的分组头和内部的路由标签传输给一个存储器的控制器，由控制器来决定读取哪个分组到输出接口。与共享总线结构类似，如果要实现输出排队，存储器的操作速度必须 N 倍于接口速度，这将受到物理条件限制而难以扩展。存储器的控制器控制分组头时也必须有很高的运行效率。多播和广播实现也很复杂：一个多播的分组要复制多份（消耗更多的内存），或者从内存中读取多次（分组必须保留在存储器中直到输出到所有的接口）。

在共享存储器结构的路由器中，使用了大量的高速 RAM 来存储输入数据，并可实现向输出端的转发。在这种体系结构中，由于数据首先从输入接口存入共享存储器，再从共享存储器传输到输出接口，因此它的交换带宽主要由存储器的带宽决定。数据从进入路由器到输出，只需要一次存储，提高了路由器的性能，但容量受限于存储器的带宽。

当规模较小时，这类结构还比较容易实现。但当系统升级扩展时，设备所需要的连线大量增加，控制也会变得越来越复杂。因此，这种结构的发展前景不乐观。

开关阵列结构如图 3-6 所示，与共享式存储器结构相比，基于开关阵列（Crossbar）的设计则有更好的可扩展性能，并且省去了控制大量存储模块的复杂性，降低了成本。

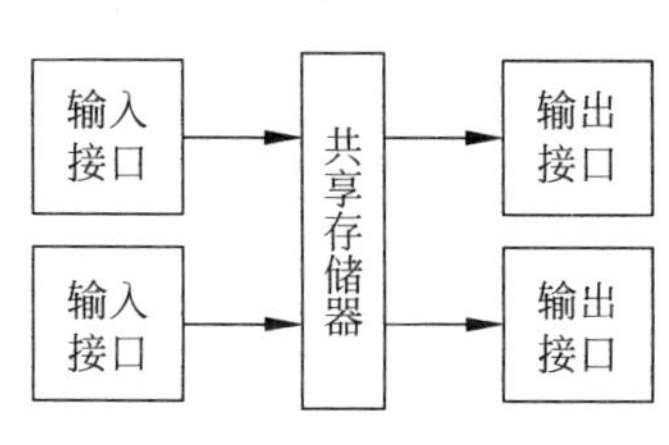

图 3-5 共享存储器结构

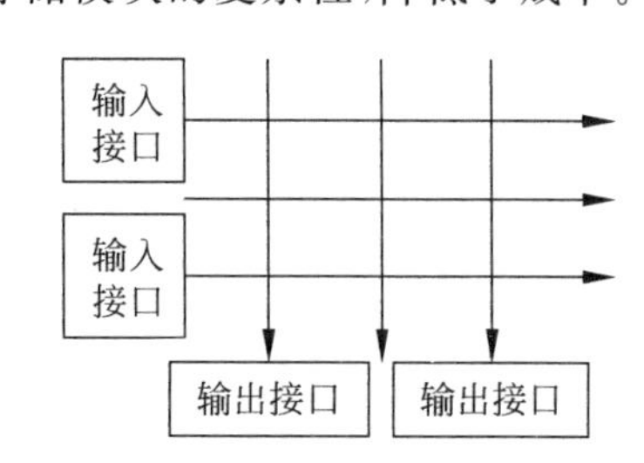

图 3-6 开关阵列结构

在开关阵列结构的路由器中，分组直接从输入端经过开关阵列流向输出端。它采用空分交换开关阵列代替共享总线，多个数据分组同时通过不同的线路进行传送，从而极大地提高了系统的吞吐量，使系统性能得到了显著提高。系统的最终交换带宽取决于空分交换开关阵列和各交换模块的能力，而不是取决于互连媒质。它具有高速的特点，是内部无阻塞的。

如果根据转发引擎的实现机理来区分，路由器可以分为软件转发和硬件转发两种类型。

软件转发路由器使用CPU运行软件实现数据转发，根据使用CPU的数目，进一步区分为单CPU的集中式和多CPU的分布式路由器。硬件转发路由器使用网络处理器等硬件技术实现数据转发，根据使用网络处理器的数目及网络处理器在设备中的位置，进一步细分为单网络处理器的集中式、多网络处理器的负荷分担式和中心交换分布式。

采用软件转发的路由器，与局域网交换机相比，路由器转发过程较慢，如果两个虚拟局域网通过路由器连接，则路由器可能成为通信瓶颈，为此，要使用交换式路由器，也即三层交换机。

三层交换机就是具有部分路由器功能的交换机。三层交换机的最重要目的是加快大型局域网内部的数据交换，能够做到一次路由，多次转发。对于数据包转发等规律性的过程由硬件高速实现，而像路由信息更新、路由表维护、路由计算、路由确定等功能，由软件实现。三层交换技术就是二层交换技术叠加三层转发技术。传统交换技术是在OSI参考模型第二层即数据链路层进行操作的，而三层交换技术是在参考模型中的第三层实现了数据包的高速转发，既可实现网络路由功能，又可根据不同网络状况做到网络性能最优。

出于安全和管理方面的考虑，为了减小广播风暴的危害，必须把大型局域网按功能或地域等因素划成一个个小的局域网，这就使VLAN技术在网络中得以大量应用，而各个不同VLAN间的通信都要经过路由器来完成转发。随着网间互访的不断增加，单纯使用路由器来实现网间访问，不但由于接口数量有限，而且路由速度较慢，从而限制了网络的规模和访问速度。基于这种情况，三层交换机便应运而生。三层交换机是为IP设计的，接口类型简单，拥有很强的二层包处理能力，非常适用于大型局域网内的数据路由与交换。它既可以工作在协议第三层替代部分完成传统路由器的功能，同时又具有几乎第二层交换的速度，且价格相对便宜。

三层交换机由于它的路由功能没有同一档次的专业路由器强，毕竟在安全、协议支持等方面还有许多欠缺，并不能完全取代路由器。

路由表是路由器实现其主要功能即将IP分组数据转发和交换的依据，而路由表主要来源于如下三种情况。

1. 直连路由

直连路由无须配置，当接口存在IP地址并且状态正常时，由路由进程自动生成。其特点是开销小，无须配置及人工维护，但只能发现本接口所属网段的路由。同一台路由器中不同网络接口所连接的网段，就是直连网络，对于直连网络，路由器对应的下一跳地址为“直接交付”，即无须经过任何路由器的转发。

2. 手工配置的静态路由

由管理员手工配置生成的路由称为静态路由。通过静态路由的配置可建立一个互通的网络。但这种配置的问题在于：当一个网络拓扑发生变化时，静态路由不会自动修正，必须有管理员的介入，维护麻烦；再者，当网络规模较大时，配置工作量较大且容易出错。因此静态路由无开销，配置简单，适合简单拓扑结构的网络。

3. 动态路由协议发现的路由

路由器自动运行动态路由协议（如RIP、OSPF等），自动发现和修改路由，无须人工干预。虽然动态路由协议开销大，配置复杂，但能自动适应网络拓扑变化，适合规模较大、复杂拓扑结构的网络。

3.3　路由器的工作原理

路由器是通过匹配路由表中的路由项来实现数据包的转发。下面通过如图 3-7 所示的简单网络拓扑说明路由器的工作原理，图中给出了每台路由器简化的路由表项。路由表中左边表项表示“目的网络”，意思是从该路由器开始，欲到达的最终网络；路由表中右边表项表示“下一跳”地址，意思是从该路由器开始，欲到达某“目的网络”，下一步该路由器首先应将 IP 分组数据转发到的地址。

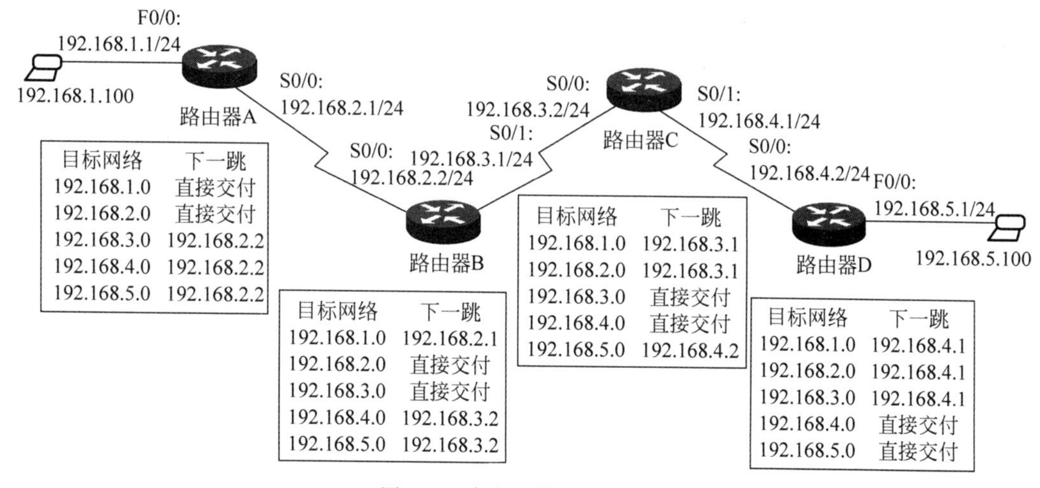

目标网络	下一跳
192.168.1.0	直接交付
192.168.2.0	直接交付
192.168.3.0	192.168.2.2
192.168.4.0	192.168.2.2
192.168.5.0	192.168.2.2

目标网络	下一跳
192.168.1.0	192.168.2.1
192.168.2.0	直接交付
192.168.3.0	直接交付
192.168.4.0	192.168.3.2
192.168.5.0	192.168.3.2

目标网络	下一跳
192.168.1.0	192.168.3.1
192.168.2.0	192.168.3.1
192.168.3.0	直接交付
192.168.4.0	直接交付
192.168.5.0	192.168.4.2

目标网络	下一跳
192.168.1.0	192.168.4.1
192.168.2.0	192.168.4.1
192.168.3.0	192.168.4.1
192.168.4.0	直接交付
192.168.5.0	直接交付

图 3-7　路由器转发数据例子

在图 3-7 中，如果路由器 A 收到一个源地址为 192.168.1.100、目标地址为 192.168.5.100 的数据包，路由表查询的结果是：目标地址的最优匹配是子网 192.168.5.0，可以从 S0/0 接口出站经下一跳地址 192.168.2.2 去往目的地。数据包被发送给路由器 B，路由器 B 查找自己的路由表后发现数据包应该从 S0/1 接口出站经下一跳地址 192.168.3.2 去往目标网络，此过程一直持续到数据包到达路由器 D。当路由器 D 在接口 S0/0 接收到数据包时，路由器 D 通过查找路由表，发现目的地是连接在 F0/0 接口的一个直连网络。最终结束路由选择过程，数据包被传递给以太网链路上的主机 192.168.5.100。

上面说明的路由选择过程是假设路由器可以将下一跳地址同它的接口进行匹配。例如，路由器 B 必须知道通过接口 S0/1 可以到达路由器 C 的地址 192.168.3.2。首先路由器 B 从分配给接口 S0/1 的 IP 地址和子网掩码可以知道子网 192.168.3.0 直接连接在接口 S0/1 上；那么路由器 B 就可以知道 192.168.3.2 是子网 192.168.3.0 的成员，而且一定被连接到该子网上。

为了正确地进行数据包交换，每台路由器都必须保持信息的一致性和准确性。例如，在图 3-7 中，路由器 B 的路由表中丢失了关于网络 192.168.1.0 的表项。从 192.168.1.100 到 192.168.5.100 的数据包将被传递，但是当 192.168.5.100 向 192.168.1.100 回复数据包时，数据包从路由器 D 到路由器 C 再到路由器 B。路由器 B 查找路由表后发现没有关于子网 192.168.1.0 的路由表项，因此丢弃此数据包，同时路由器 B 向主机 192.168.5.100 发送目标网络不可达的因特网控制信息协议(ICMP)信息。

3.4 路由器提供的接口类型

路由器具有强大的网络连接和路由功能，它可以与各种各样的不同网络进行物理连接，这就决定了路由器的接口技术非常复杂，路由器越高档，其接口种类就越多，因为它所能连接的网络类型越多。路由器的接口主要有局域网接口、广域网接口和配置接口三类，了解、熟悉路由器的这些接口，对工程网络的实施大有帮助。

3.4.1 局域网接口

常见的以太网接口主要有 AUI、BNC 和 RJ-45 接口，还有 FDDI、ATM、千兆以太网等都有相应的网络接口。

1. AUI 接口

AUI 接口如图 3-8 所示，AUI 接口是用于与粗同轴电缆连接的接口，采用"D"型 15 针接口，在令牌环网或总线型网络中是一种比较常见的接口。路由器可通过粗同轴电缆收发器实现与 10BASE-5 网的连接。但更多的则是借助于外接的收发转发器(AUI-to-RJ-45)，实现与 10BASE-T 以太网的连接。当然，也可借助于其他类型的收发转发器实现与细同轴电缆(10BASE-2)或光缆(10BASE-F)的连接。

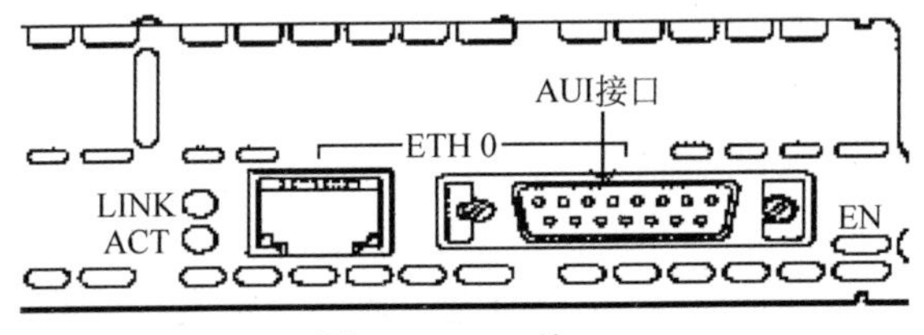

图 3-8 AUI 接口

2. RJ-45 接口

RJ-45 接口是最常见的接口，即双绞线以太网接口。因为在快速以太网中主要采用双绞线作为传输介质，所以根据接口的通信速率不同，RJ-45 接口又可分为 10BASE-T 网 RJ-45 接口和 100BASE-TX 网 RJ-45 接口两类。其中，10BASE-T 网的 RJ-45 接口在路由器中通常是标识为"ETH"，如图 3-9 所示；而 100BASE-TX 网的 RJ-45 接口则通常标识为"10/100bTX"，如图 3-10 所示。这两种 RJ-45 接口仅就接口本身而言是完全一样的，但接口对应的网络电路结构不同，所以不能随便连接。

3. SC 接口

SC 接口如图 3-11 所示。SC 接口就是常说的光纤接口，用于与光纤的连接。光纤接口

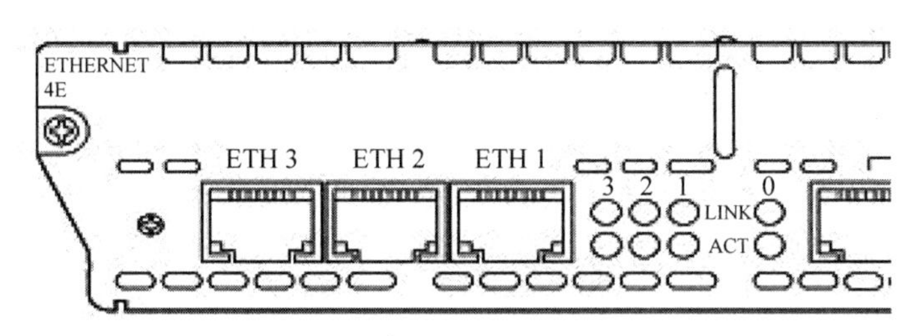

图 3-9　10BASE-T 网 RJ-45 接口

通常是不直接用光纤连接至工作站，而是通过光纤连接到快速以太网或千兆以太网等具有光纤接口的交换机。这种接口一般在高档路由器中才有，并以“100b FX”标注。

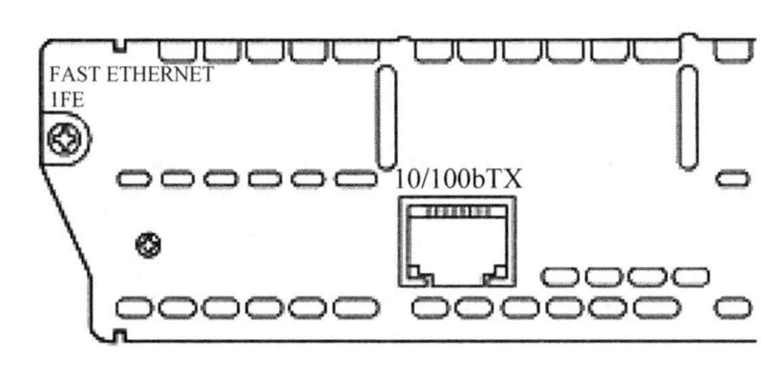

图 3-10　100BASE-TX 网 RJ-45 接口

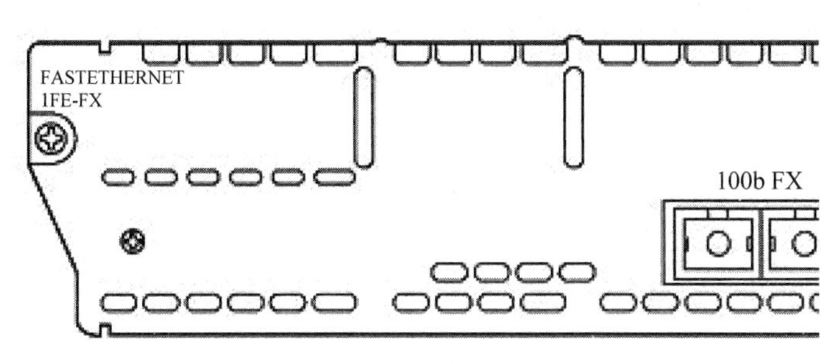

图 3-11　SC 接口

3.4.2　广域网接口

路由器不仅能实现局域网之间的联接，更重要的应用还在于局域网与广域网、广域网与广域网之间的联接。但是因为广域网规模大，网络环境复杂，所以路由器用于连接广域网的接口的速率要求非常高，在广域网中一般都要求在 100Mb/s 快速以太网以上。

1. RJ-45 接口

通过 RJ-45 接口也可以建立广域网与虚拟局域网之间，以及与远程网络或 Internet 的联接。如果采用路由器为不同 VLAN 之间提供路由时，可以直接利用双绞线连接至不同的 VLAN 接口。但要注意这里的 RJ-45 接口所连接的网络一般不采用 10BASE-T，而是 100Mb/s 快速以太网以上。如果必须通过光纤连接至远程网络，或连接的是其他类型的接口时，则需要借助于收发转发器才能实现彼此之间的连接。如图 3-12 所示为快速以太网

(Fast Ethernet)接口。

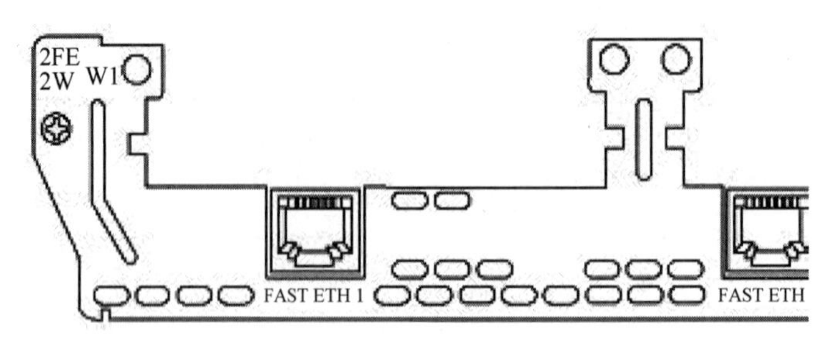

图 3-12 快速以太网接口

2. AUI 接口

AUI 接口不仅应用于粗同轴电缆连接，还被常用于与广域网的连接，但是这种接口类型在广域网中应用得比较少。在 Cisco 2600 系列路由器上，提供了 AUI 与 RJ-45 两个广域网连接接口，如图 3-13 所示，用户可以根据需要进行选择。

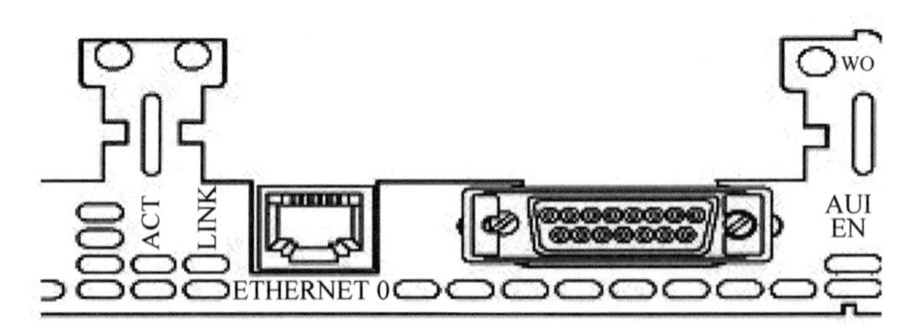

图 3-13 AUI 用于广域网的连接

3. 高速同步串口

在路由器的广域网连接中，应用最多的接口为"高速同步串口"(SERIAL)，如图 3-14 所示。这种接口主要应用于连接目前广泛应用的数字数据网(DDN)、帧中继(Frame Relay)、分组网 X.25、公众交换电话网(PSTN)等网络连接模式。在企业网之间有时也通过 DDN 或 X.25 等广域网进行专线连接。这种同步串行接口一般要求速率非常高，因为通过这种接口所连接的网络的两端都要求实时同步。

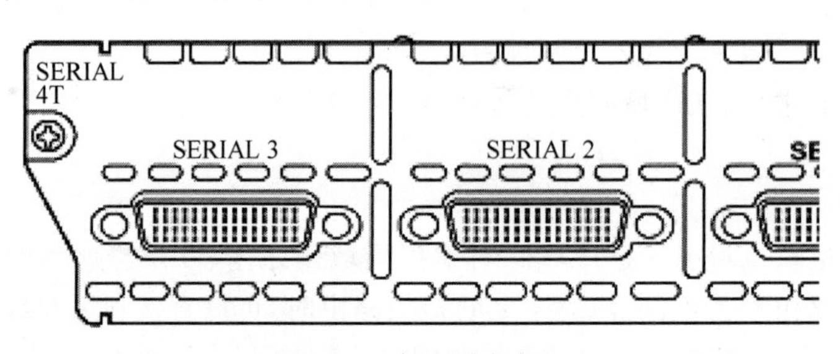

图 3-14 高速同步串口

4. 异步串口

异步串口(ASYNC)主要应用于 Modem 或 Modem 池的连接,如图 3-15 所示。主要用于实现远程计算机通过公用电话网拨入网络。这种异步接口相对于上述的同步串口来说在速率上要求就松许多,因为它并不要求网络的两端保持实时同步,只要求能连续即可,因为这种接口所连接的通信方式速率较低。

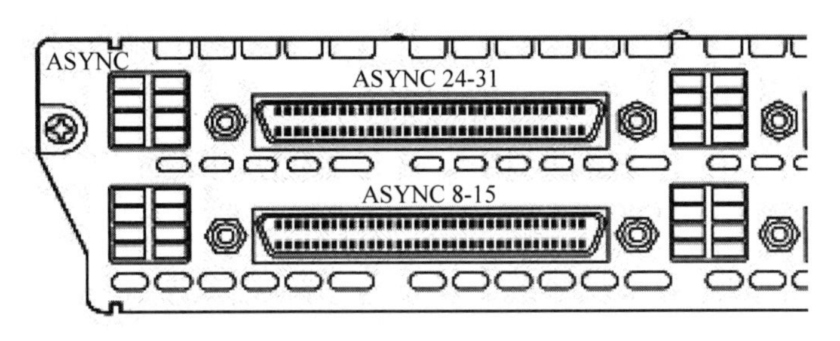

图 3-15　异步串口

5. ISDN BRI 接口

ISDN 即综合业务数字网络。ISDN 有两种速率连接接口,一种是 ISDN BRI(基本速率接口),另一种是 ISDN PRI(基群速率接口)。ISDN BRI 接口用于 ISDN 线路通过路由器实现与 Internet 或其他远程网络的连接,可实现 128kb/s 的通信速率。ISDN BRI 接口是采用 RJ-45 标准,与 ISDN NT1 的连接使用 RJ-45-to-RJ-45 直通线。如图 3-16 所示的 BRI 为 ISDN BRI 接口。

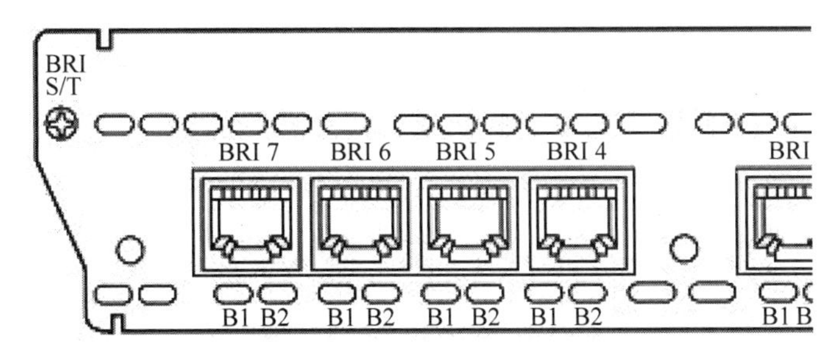

图 3-16　ISDN BRI 接口

3.4.3　路由器配置接口

1. Console 接口

Console 接口通过配置专用连线直接连接至计算机的串口,采用终端仿真程序(如 Windows 下的“超级终端”)进行路由器本地配置。路由器的 Console 接口多为 RJ-45 接口,如图 3-17 所示。

图 3-17　Console 接口

2. AUX 接口

AUX 接口为异步接口，主要用于远程配置，也可用于拨号连接，还可通过收发器与 MODEM 进行连接。AUX 接口与 Console 接口通常同时提供，因为它们各自的用途不一样，如图 3-18 所示。

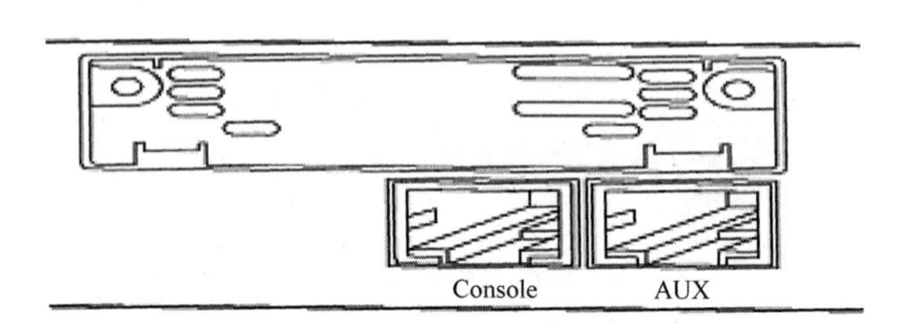

图 3-18　AUX 接口

3.4.4　Loopback 接口

路由器除了上述局域网接口、广域网接口和配置接口外，还有一种称为 Loopback 接口。Loopback 接口是本地环回接口，也称回送地址，是一种应用较为广泛的虚拟接口，几乎每台路由器都会使用。

系统管理员完成网络规划之后，为了方便管理，会为每一台路由器创建一个 Loopback 接口，并在该接口上单独指定一个 IP 地址作为管理地址，管理员会使用该地址对路由器远程登录(TELNET)，该地址实际上起到了类似设备名称一类的功能。但是通常每台路由器上有众多的接口和地址，为何不从中随便挑选一个呢？原因在于 TELNET 命令使用 TCP 报文，会存在如下情况：路由器的某一个接口由于故障 down 掉了，但是其他的接口却仍旧可以 TELNET，也就是说，到达这台路由器的 TCP 连接依旧存在。所以选择的 TELNET 地址必须是永远也不会 down 掉的，而虚拟接口恰好满足此类要求。由于此类接口没有与对端互连互通的需求，所以为了节约地址资源，Loopback 接口的地址通常指定为 32 位掩码。

3.5　路由器基本配置

路由器的配置连接方式和命令配置操作模式与交换机的操作极其相似，只是将提示符中的默认“switch”改为“router”，可参阅交换机基本配置部分。

3.5.1　路由器的配置模式

路由器配置模式主要有用户模式、特权模式、全局配置模式、路由配置模式、接口配置模式等，它们之间的相互转换关系如图 3-19 所示。

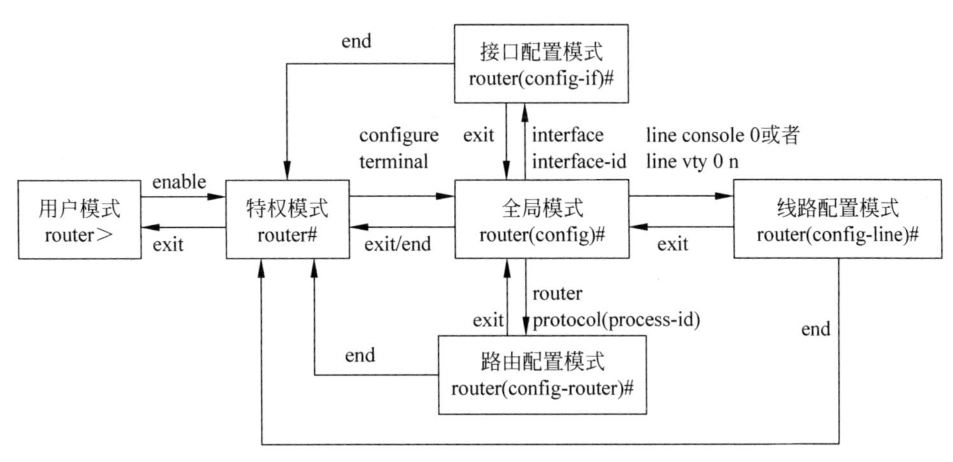

图 3-19　路由器配置模式及之间的转换关系

3.5.2　路由器不同配置模式下的提示符及其操作简述

路由器的不同配置模式下的提示符及可执行的操作简述如表 3-2 所示。

表 3-2　路由器命令模式及其可执行的操作

命令模式	提　示　符	可执行的操作
用户模式	router>	路由器加电后自动进入的模式。执行基本测试、显示系统信息、改变终端设置等
特权模式	router#	查看所有的系统信息和路由器状态信息，执行如 debug 等特权命令
全局配置模式	router(config)#	对路由器进行整体配置
接口配置模式	router(config-if)#	对路由器的具体接口参数进行配置
路由配置模式	router(config-router)#	针对具体路由协议进行配置，是路由器最常用的配置模式之一
线路配置模式	router(config-line)#	配置控制台和虚拟终端参数

3.5.3　路由器常用配置命令

1. 特权模式下的常用命令

路由器在特权模式(提示符为 router#)下的常用命令及简要说明如表 3-3 所示。

表 3-3　路由器特权模式下的常用命令

命令格式	说　明
Show ip interface fastEthernet 0/0	查看接口三层信息
Show ip interface brief	查看所有三层接口简要信息
Show version	显示路由器版本信息
Show controllers serial 0/0/0	查看串行接口信息
Show interfaces fastEthernet 0/0	查看接口信息

续表

命令格式	说　明
Show running-config	显示当前运行状态下生效的路由器运行配置文件
Show startup-config	显示存储在路由器 NVRAM 中的启动配置文件
Copy running-config startup-config	将当前运行的配置文件保存至 NVRAM 作为启动时配置
Copy startup-config running-config	将当前运行时的配置恢复为启动时的配置
Copy running-config tftp	运行文件保存至 TFTP
Copy tftp running-config	从 TFTP 中恢复路由器配置文件
Copy flash tftp	备份 Flash 中的 IOS 文件到 TFTP 服务器中
Copy tftp flash	将 TFTP 中的 IOS 文件复制到 Flash 版本升级

2. 全局配置模式下的常用命令

路由器在全局配置模式(提示符为 router(config)#)下的常用命令如表 3-4 所示。

表 3-4　路由器全局配置模式下的常用命令

命令格式	说　明
Hostname host-name	将路由器的名字设置为 host-name
Enable password pw1	将从用户模式进入特权模式时需要的密码设置为 pw1
Enable secret pw2	设置特权模式密码为 pw2,此密码加密,优先级比 enable password 高

3. 接口配置模式下的常用命令

路由器在接口配置模式(提示符为 router(config-if)#)下的常用命令如表 3-5 所示。

表 3-5　路由器接口配置模式下的常用命令

命令格式	说　明
Ip address ip-address sub-mask	设置路由器接口的 IP 地址和子网掩码
Description link to LAN	接口描述为"link to LAN"
No shutdown	路由器接口默认情况下是关闭的,需手动开启

4. 线路配置模式下的常用命令

路由器在线路配置模式(提示符为 router(config-line)#)下的常用命令如表 3-6 所示。

表 3-6　路由器线路配置模式下的常用命令

命令格式	说　明
Password pw	设置路由器控制台密码为 pw
Logging synchronous	控制台消息回显
Exec-timeout 0 0	配置控制台永不超时
Login	启用登录进程,否则密码不生效

3.5.4　静态路由配置

1. 静态路由及其配置

静态路由是由网络管理员手工配置在路由器的路由表里的路由，适用于网络规模较小、路由表也相对简单的网络环境。

配置静态路由的命令如下，命令中各参数如表 3-7 所示。

```
Router(config)# ip route network network-mask {ip-address|interface-id} [distance]
```

表 3-7　ip route 命令参数

参　数	含　义
network	目标网络地址
network-mask	目标网络地址掩码
ip-address	下一跳 IP 地址
interface-id	本路由器的出站接口序号
distance	管理距离，是一种优先级度量值

2. 静态路由配置案例

某网络拓扑如图 3-20 所示，其中，routerB 和 routerC 的配置分述如下，routerA 和 routerD 的配置可参考如下 routerB 和 routerC 的配置。

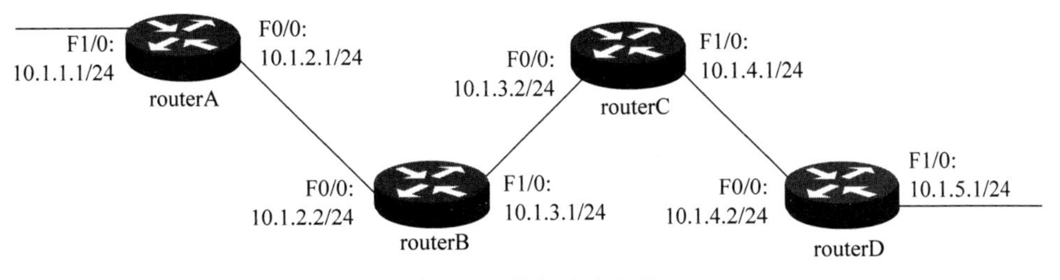

图 3-20　静态路由拓扑

1）配置路由器

（1）routerB 的配置。

```
Router>                                    //路由器加电后自动进入"用户配置模式"
Router>enable                              //进入"用户特权模式"
Router#
Router#configure terminal                  //进入"全局配置模式"
Router(config)#
Router(config)#hostname routerB            //将路由器的名字设置为 routerB
RouterB(config)#
RouterB(config)#interface fastethernet 0/0
//从"全局配置模式"进入"接口配置模式"
RouterB(config-if)#ip address 10.1.2.2 255.255.255.0
//配置 routerB 接口 F0/0 的 IP 地址
```

```
RouterB(config-if)#no shutdown          //手动开启路由器接口,接口默认情况下关闭
RouterB(config-if)#exit                 //回退至"全局配置模式"
RouterB(config)#
RouterB(config)#interface fastethernet 1/0
//从"全局配置模式"进入"接口配置模式"
RouterB(config-if)#ip address 10.1.3.1 255.255.255.0
//配置 routerB 接口 F1/0 的 IP 地址
RouterB(config-if)#no shutdown          //手动开启路由器接口,接口默认情况下关闭
RouterB(config-if)#exit                 //回退至"全局配置模式"
RouterB(config)#
RouterB(config)#ip route 10.1.1.0 255.255.255.0 10.1.2.1
//目的网络 10.1.1.0 的下一跳地址 10.1.2.1
RouterB(config)#ip route 10.1.4.0 255.255.255.0 10.1.3.2
//目的网络 10.1.4.0 的下一跳地址 10.1.3.2
RouterB(config)#ip route 10.1.5.0 255.255.255.0 10.1.3.2
//目的网络 10.1.5.0 的下一跳地址 10.1.3.2
```

(2) RouterC 的配置。

```
Router>                                 //路由器加电后自动进入"用户配置模式"
Router>enable                           //进入"用户特权模式"
Router#
Router#configure terminal               //进入"全局配置模式"
Router(config)#
Router(config)#hostname routerC         //将路由器的名字设置为 routerC
RouterC(config)#
RouterC(config)#interface fastethernet 0/0
//从"全局配置模式"进入"接口配置模式"
RouterC(config-if)#ip address 10.1.3.2 255.255.255.0
//配置 routerC 接口 F0/0 的 IP 地址
RouterC(config-if)#no shutdown          //手动开启路由器接口,接口默认情况下关闭
RouterC(config-if)#exit                 //回退至"全局配置模式"
RouterC(config)#
RouterC(config)#interface fastethernet 1/0
//从"全局配置模式"进入"接口配置模式"
RouterC(config-if)#ip address 10.1.4.1 255.255.255.0
//配置 routerC 接口 F1/0 的 IP 地址
RouterC(config-if)#no shutdown          //手动开启路由器接口,接口默认情况下关闭
RouterC(config-if)#exit                 //回退至"全局配置模式"
RouterC(config)#
RouterC(config)#ip route 10.1.1.0 255.255.255.0 10.1.3.1
//目的网络 10.1.1.0 的下一跳地址 10.1.3.1
RouterC(config)#ip route 10.1.2.0 255.255.255.0 10.1.3.1
//目的网络 10.1.2.0 的下一跳地址 10.1.3.1
RouterC(config)#ip route 10.1.5.0 255.255.255.0 10.1.4.2
//目的网络 10.1.5.0 的下一跳地址 10.1.4.2
```

routerA 和 routerD 的配置读者可参阅上述配置进行分析。

2) 查看路由器的路由表

在"特权模式"配置方式下,通过"show ip route"命令可查看路由器的路由表。

```
RouterB#show ip route                   //查看 RouterB 的路由表
RouterC#show ip route                   //查看 RouterC 的路由表
```

3.5.5 默认路由的配置

默认路由是一种特殊的静态路由，目的地址(0.0.0.0)和掩码(0.0.0.0)配置为全零，用于在不明确的情况下，指明数据包的下一跳的方向。路由器如果配置了默认路由，则所有未明确指明目标网络的数据包都按默认路由进行转发。

默认路由与静态路由相似，但 IP 地址和子网掩码全部是零，子网掩码 0.0.0.0 代表匹配所有网络，配置默认路由使用如下命令。

```
Router(config)# ip route 0.0.0.0 0.0.0.0 {ip-address|interface-id}[distance]
```

默认路由一般使用在 stub 网络(末梢网络)中，stub 网络是只有一条出口路径的网络。如图 3-21 所示的网络拓扑，末端网络中的流量都通过 RouterA 到达 Internet，RouterA 是一个边缘路由器，在 RouterA 上配置默认路由如下。

```
Router>                                  //路由器加电后自动进入"用户配置模式"
Router> enable                           //进入"用户特权模式"
Router#
Router# configure terminal               //进入"全局配置模式"
Router(config)#
Router(config)# hostname routerA         //将路由器的名字设置为 routerA
RouterA(config)#
RouterA(config)# interface S1/2          //从"全局配置模式"进入"接口配置模式"
RouterA(config-if)# ip address 172.16.2.2 255.255.255.0
//配置 routerA 接口 S1/2 的 IP 地址
RouterA(config-if)# no shutdown
//手动开启路由器接口,接口默认情况下关闭
RouterA(config-if)# exit                 //回退至"全局配置模式"
RouterA(config)#
RouterA(config)# ip route 0.0.0.0 0.0.0.0 S1/2
//默认路由,采用"本路由器的出站接口序号"参数,最后一条语句也可采用如下另一种形式
RouterA(config)# ip route 0.0.0.0 0.0.0.0 172.16.2.1
//默认路由,采用"下一跳地址"参数的另一种配置
```

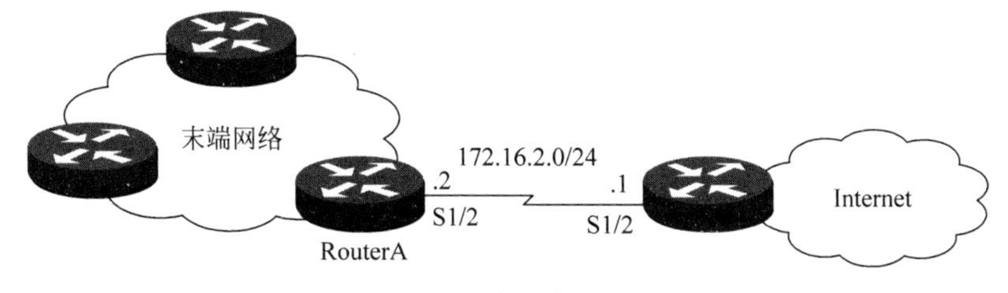

图 3-21　默认路由配置

习题

1. 路由器的主要功能是什么？
2. 根据路由器中使用的交换结构的不同，路由器可以分为哪几种类型？

3. 路由表来源有哪几种方式?

4. 路由器根据 IP 报文中的(　　)进行路由表项查找,并选择其中(　　)的路由项用于指导报文转发。

A. 目的 IP 地址;掩码最短　　B. 源 IP 地址;掩码最短

C. 目的 IP 地址;掩码最长　　D. 源 IP 地址;掩码最长

5. 查阅相关资料或对照路由器实物,了解路由器提供的各种接口及其用途。

6. 路由器配置操作模式有哪几种?上网查阅、了解不同厂商路由器产品配置操作上的主要差别。

第4章 虚拟局域网

如果将传输介质资源占用冲突的范围定义为冲突域，而将广播域定义为以目的地址为广播地址的广播帧在网络中的传播范围，那么，使用集线器连接的以太网，采用带有冲突检测的载波侦听多路访问（CSMA/CD）的介质访问控制方式，即同一时刻只允许一个站点使用介质，而当该站点发送数据时，其他站点都可以收到发送站点所发送的数据，因此采用集线器连接的共享式以太网中所有站点处于同一个冲突域和同一个广播域中。而采用交换机组成的局域网，由于交换机的接口相互独立，每个接口都实现全双工转发，即交换机的各接口在同一时刻可以同时工作或站点独享带宽；另一方面，交换机对目的地址为广播的数据帧或MAC转发表中没有该MAC地址时做洪泛法操作，因此采用交换机连接的交换式以太网中，每个接口站点都是一个冲突域，而所有接口站点都处于同一个广播域中。

传统局域网中，连在一个集线器/交换机上的计算机组成一个物理网段，不同的物理网段之间再通过交换机互连，这样的传统局域网对广播帧和未知MAC帧都采用洪泛法向其他网段转发，使得任何一个网段上的广播帧都出现在其他网段上，降低了网络带宽的利用率，容易造成广播风暴和网络拥塞；另一方面，任何一个站点，只要知道别的网段上的MAC地址，就可以与它通信，网络的安全性较差。为克服传统交换机的局限性，需要对局域网之间的互联做适当限制，本章介绍的虚拟局域网（VLAN）既可以保持交换机接口的冲突域特性，也能分隔、隔离广播域。

4.1 虚拟局域网技术简介

交换机的每个接口即是一个冲突域，接口站点独享带宽，虽然采用交换机组成的局域网效率大大提高，但交换机的所有接口处于同一个广播域中，广播风暴致使局域网中的有限资源被无用的广播信息所占用，造成带宽资源的浪费和网络拥塞，所以二层交换机无法隔离广播域。路由器虽然能隔离不同交换机之间的广播域，但用路由器进行局域网部署时，性价比低，软件转发效率不高。

虚拟局域网技术实现了在二层交换机上进行广播域的划分，同时克服了采用路由器划分广播域时存在的缺陷。

虚拟局域网是将分布在全网上的、具有相同属性或特征的某些设备在逻辑上（而不是根据它们的物理位置)划分成一个工作组,组内成员好像接在一个局域网上(它们的广播包只在组内传播);组间通信则有一定的控制,一个站点即使知道另一个网段上的 MAC 地址,也不能把 MAC 帧发给该站点,这样的工作组就称为一个虚拟局域网。根据 IEEE 802.1Q 标准规定,不同的 VLAN 采用标记即 VLAN 标记(VLAN ID)进行区分,广播帧被限制在一个 VLAN 内,即每个 VLAN 是一个广播域,不同 VLAN 之间不能直接互通,若要实现不同 VLAN 之间的互通,必须经过三层设备(三层交换机或路由器)来完成。

VLAN 是一种工作于二层的技术,其允许网络管理员基于组织构架或功能进行逻辑组合,而不受地理位置的限制。如图 4-1 所示,从网络体系结构而言,采用了分层结构的方式即分为接入层、汇聚层和核心层。而最后网络的规划按照组织构架即职能部门如研发部、市场部、人事部、工程部、财务部等不同部门进行 VLAN 的划分管理。

使用 VLAN 技术的主要优点如下。

(1) 有效控制网络广播域范围。

交换机在默认情况下,分隔冲突域即连接到交换机各个接口的设备之间发送和接收数据不会产生冲突,但交换机不能分隔广播域,即一台设备发送的广播报文发送给所有广播域中的其他设备,占用、浪费网络带宽。如图 4-2 所示,将网络划分为多个 VLAN 之后,可以有效地减小广播域的范围。

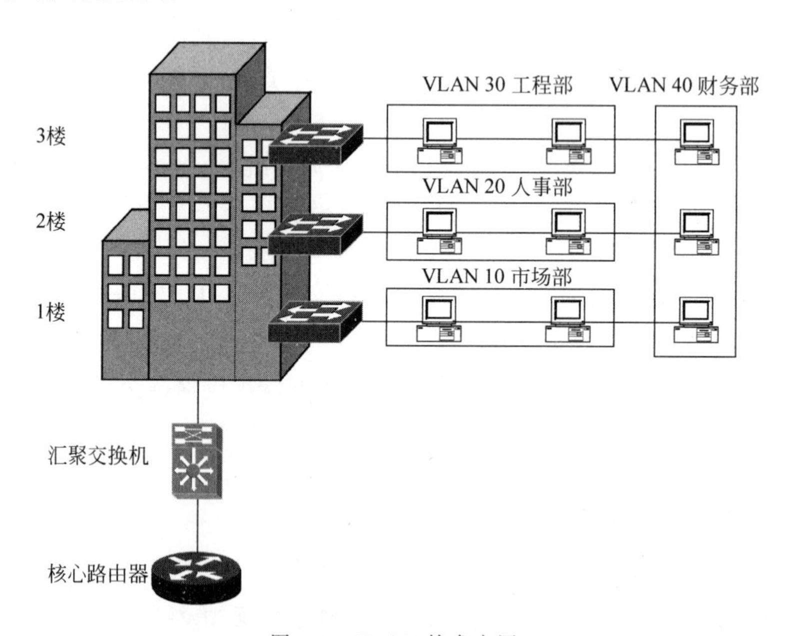

图 4-1 VLAN 技术应用

在图 4-2 中将原有的全部成员组成的一个广播域划分为三个小的广播域后,VLAN 内部成员发送的广播帧只在同一个 VLAN 内部的成员可以接收,其他 VLAN 的成员都不会收到,这就有效地减小了广播域的范围,提高了数据转发效率。

(2) 增强了网络的安全性。

不同 VLAN 之间是隔离的,一个 VLAN 内的用户不能和其他 VLAN 内的用户直接通

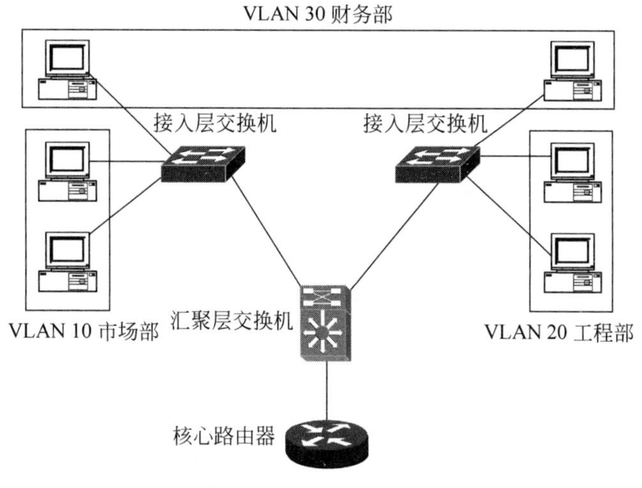

图 4-2　VLAN 的优点

信，既保证了独立性也保证了安全性，若要进行不同 VLAN 之间用户的通信，则要经过路由器或具有路由功能的三层交换机。

(3) 方便了网络管理。

VLAN 的组网设置，不受物理位置的限制，将组织中的人和物通过逻辑方式进行分组，提高了管理效率，当有人员或设备发生变化时，网络管理员只需通过很少的操作便可实现新的部署而无须重新布线，降低了维护成本。

(4) 增强了网络的健壮性。

若某个 VLAN 内发生了故障，故障只限制在该 VLAN 内，对其他 VLAN 没有影响。

4.2　虚拟局域网(VLAN)的分类

VLAN 技术的主要特点是分隔广播域，目前广播域的划分方法有根据接口、MAC 地址、协议、子网、组播等不同方式进行划分，不同的划分方法有各自不同的特点。综合各种 VLAN 划分的优、缺点，目前最普遍的 VLAN 划分方式是基于接口的划分方式。

4.2.1　基于接口的 VLAN 划分

基于接口的 VLAN 划分方法是最简单、最有效的 VLAN 划分方法，它按照设备接口来定义 VLAN 的成员，如图 4-3 所示。图中交换机接口 Fa0/1 和 Fa0/2 被划分到 VLAN 10 中，接口 Fa0/3 和 Fa0/4 被划分到 VLAN 20 中，则 PC A 和 PC B 处于 VLAN 10 中，可以互通；PC C 和 PC D 处于 VLAN 20 中，可以互通，但 PC A 和 PC C 处于不同 VLAN，它们之间不能互通。

基于接口的 VLAN 划分方法的优点是配置相对简单，对交换机转发性能几乎没有影响，其缺点是需要为每个交换机接口配置所属的 VLAN，一旦用户移动位置可能需要网络管理员对交换机相应接口进行重新设置。

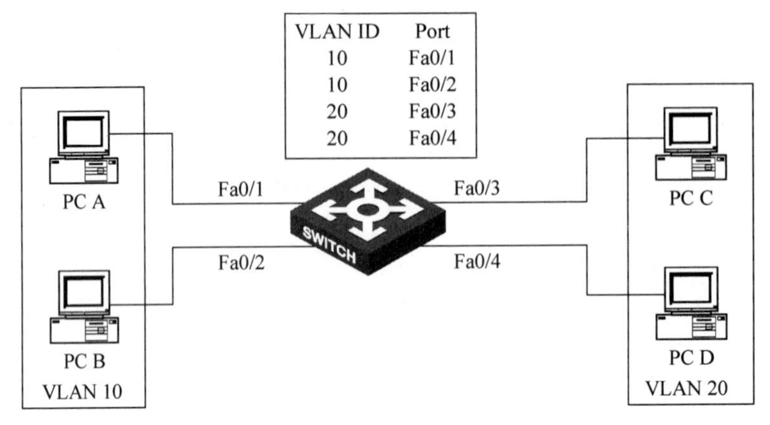

图 4-3　基于接口的划分

4.2.2　基于协议的 VLAN 划分

基于协议的 VLAN 划分是将物理网络划分为基于协议的逻辑 VLAN。在接口接收帧时，它的 VLAN 由该信息包的协议决定。例如，IP，IPX 和 Appletalk 可能有各自独立的 VLAN。IP 广播帧只被广播到 IP VLAN 中的所有接口接收，如图 4-4 所示。

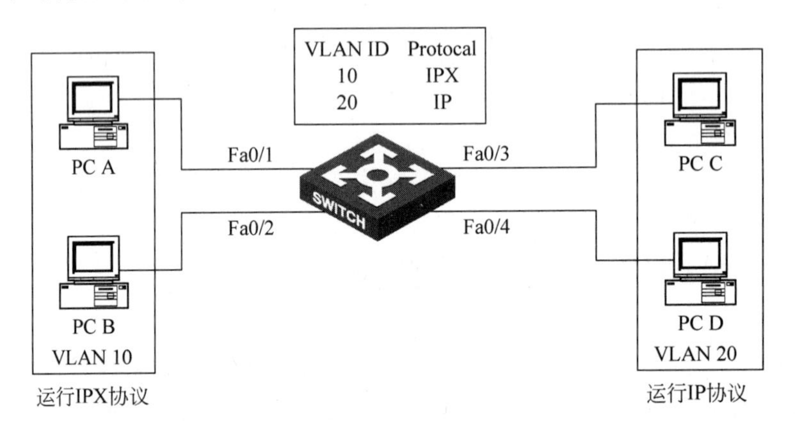

图 4-4　基于协议的划分

基于协议的划分是将网络中提供的协议类型与 VLAN 进行绑定，方便管理和维护。由于目前网络中绝大多数主机都运行 IP，运行其他协议的主机很少，所以实际中应用比较少。

4.2.3　基于子网的 VLAN 划分

基于子网的 VLAN 是基于协议的 VLAN 的一个子集，根据帧所属的子网决定一个帧所属的 VLAN，实际上与路由器相似，把不同的子网分成不同的广播域，如图 4-5 所示。设备从接口接收到报文后，根据报文中的源 IP 地址，找到与现有 VLAN 的对应关系，然后自动划分到指定 VLAN 中转发。

基于子网的划分方法优点是管理配置灵活，用户可以自由移动位置而无须重新配置主

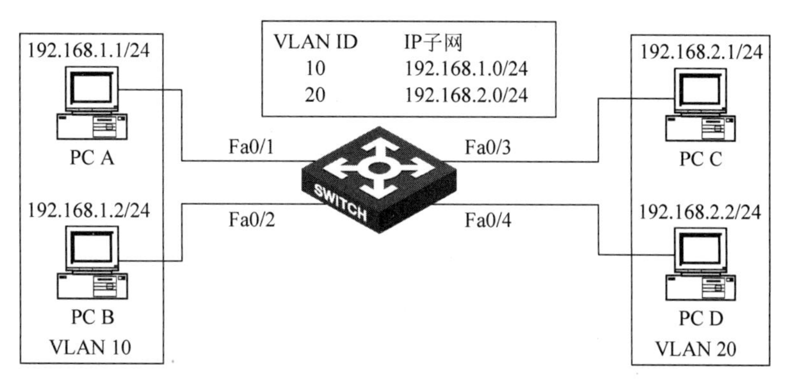

图 4-5 基于子网的划分

机或交换机，并且可以按照传输协议进行子网划分，从而实现针对具体应用服务来组织网络用户。其缺点是，查看每一个数据包的网络层地址，需要耗费交换机较多的资源；并且同一个接口可能存在多个 VLAN 用户，对广播的抑制效率有所下降。

4.2.4 基于 MAC 地址的 VLAN 划分

每个交换设备保持追踪网络中的所有 MAC 地址，根据网络管理员配置的信息将它们映射到相应的 VLAN 上。在接口接收帧时，根据目的 MAC 地址查询 VLAN 数据库。VLAN 数据库将该帧所属 VLAN 的名字返回。

基于 MAC 地址的 VLAN 划分方法的优点是当网络上某些设备如打印机在不需要重新配置的情况下在网络内部任意移动。缺点是由于网络上的所有 MAC 地址需要掌握和配置，所以管理任务较重。

4.2.5 基于组播的 VLAN 划分

基于组播的 VLAN 是为组播分组动态创建的。如每个组播分组都与一个不同 VLAN 对应。这就保证了组播帧只被相应的组播分组成员的那些接口接收。

4.3 VLAN 的工作原理

正如前述，二层交换机的每一个接口都是一个冲突域，二层交换机无法隔离广播域，而 VLAN 技术既保持了二层交换机的某些特性如接口带宽的独享性，又能隔离广播域，即把广播域限制在各个 VLAN 组内，与采用路由器分隔广播域相比，性价比比较高。二层交换机通过“自学习”功能建立 MAC 转发表，然后根据 MAC 转发表进行转发；而 VLAN 技术中，交换机先对主机发来的以太网帧进行再封装，即对接收到的以太网帧附加一个标签（Tag，标签是一个 4B 长的字段，插在以太网帧的“源地址”字段和“类型”字段之间），用于标识该以太网帧可以在哪个 VLAN 中传播。因此，交换机在转发数据帧时，不仅要查找 MAC 地址，也要查找该接口所对应的 VLAN 标签，只有相同 VLAN 标签的接口之间才互相转发数据帧，不同 VLAN 标签的接口之间不会转发数据帧。

IEEE 802.1Q 协议标准规定了 VLAN 技术,定义了在同一条物理链路上承载多个子网的数据流的方法,严格规定了统一的 VLAN 帧格式以及其他重要参数。基于 IEEE 802.1Q 协议标准的 VLAN 帧格式如图 4-6 所示。它是在传统以太网帧的“源地址(SA)”字段和“类型(Type)”字段之间插入了 4B 长的字段,其中又包含 4 个子字段,分别为 TPID、Priority、CFI 和 VLAN ID 子字段。

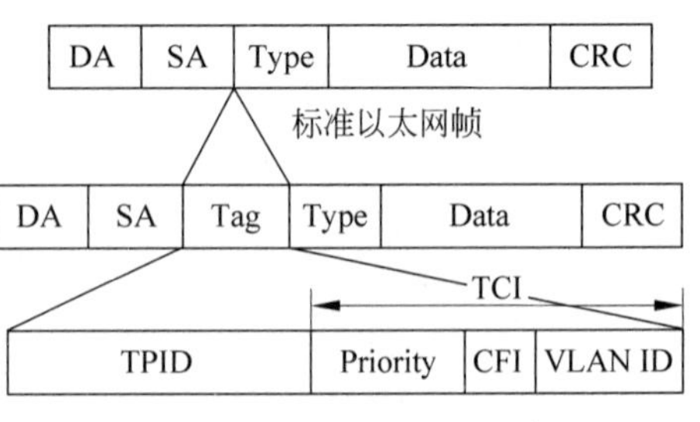

图 4-6　带标签的以太网帧

各子字段含义如下。

(1) TPID 子字段:Tag 协议标识(区分 ISL 或 802.1Q),占 16 位,为一固定值 0x8100,以标识该帧为 IEEE 802.1Q 标记帧;ISL 为思科专有协议。

(2) Priority 子字段:用户优先级,占 3 位,引用 IEEE 802.1P 优先级,指该帧在通信过程中的优先级水平,取值范围为 0~7。

(3) CFI 子字段:正规格式指示器,占 1 位。如果值为 1,表示数据包中的 MAC 地址是非正规格式(可能是厂商自定义格式,如 4 段,12 位十六进制格式,或 48 位二进制格式),为 0 时表示数据包中的 MAC 地址为正规格式(即为 6 段,12 位十六进制格式)。

(4) VID 字段:VLAN 标识,占 12 位,标识帧属于哪个 VLAN,取值范围为 0~4095。

IEEE 802.1Q 帧封装大小为 4B,因此最大的 802.1Q 封装以太网帧可达到 1522(1518+4)B,最小的 802.1Q 封装以太网帧为 68(64+4)B。

下面通过如图 4-7 所示的单交换机的 VLAN 划分阐述 VLAN 的工作原理。

交换机在没有划分 VLAN 前,所有的接口都处在同一个广播域中,交换机内只有一张 MAC 转发表。采用 VLAN 技术,划分为分别包含接口 1、接口 2 的 VLAN 3 和接口 3、接口 4 的 VLAN 4 后,一个物理交换机可以看作是内部含有两个逻辑交换机 VLAN 3 和 VLAN 4,默认情况下,VLAN 3 和 VLAN 4 之间相互隔离,也即分隔为两个广播域。相应地,交换机内部有两张分别与两个逻辑交换机关联的 MAC 转发表,或者说分别在 VLAN 3 和 VLAN 4 名下的两张 MAC 转发表,且在交换机加电启动时这两张 MAC 转发表都是空的,正如图 4-7 中所示的那样。

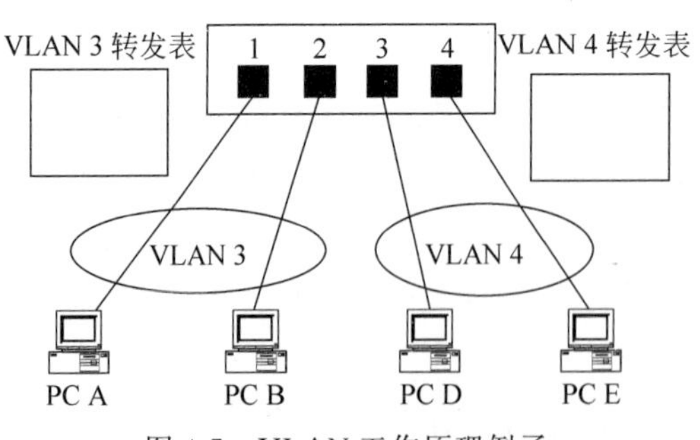

图 4-7　VLAN 工作原理例子

当 PC A 发信息给 PC B 时,VLAN 3 对应的逻辑交换机在接口 1 对源 MAC 帧加入标签(Tag)的封装操作,该逻辑交换机一方面从源 MAC 帧中“学习”到源 MAC 地址(MAC A)与接口 1 的对应关系并记录到 VLAN 3 转发表中,另一方面将数据帧向该逻辑交换机除接口 1 外的其余接口进行转发,而当 PC A 向该逻辑交换机以外的其他主机发送信息时,该逻辑交换机不向任何接口转发。同理,当 PC E 向 PC D 发送信息时,其对应的逻辑交换机“学习”到源 MAC 地址(MAC E)与接口 4 的对应关系并记录到 VLAN 4 转发表中;且将数据帧向该逻辑交换机除接口 4 外的其余接口之间进行转发,此时如图 4-8 所示。

当 VLAN 3 和 VLAN 4 中所有的主机都发送过信息时，它们对应的逻辑交换机就“学习”到了完整的 MAC 转发表了，如图 4-9 所示，以后 VLAN 内部之间通信时，根据各自的转发表在接口之间直接转发，默认情况下，不同 VLAN 之间是不能通信的。若要实现不同 VLAN 用户之间的通信，必须通过路由器或具有路由功能的三层交换机。

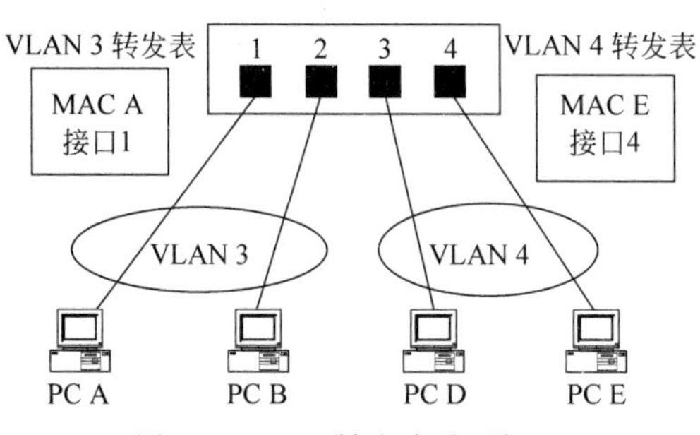

图 4-8　MAC 转发表的“学习”

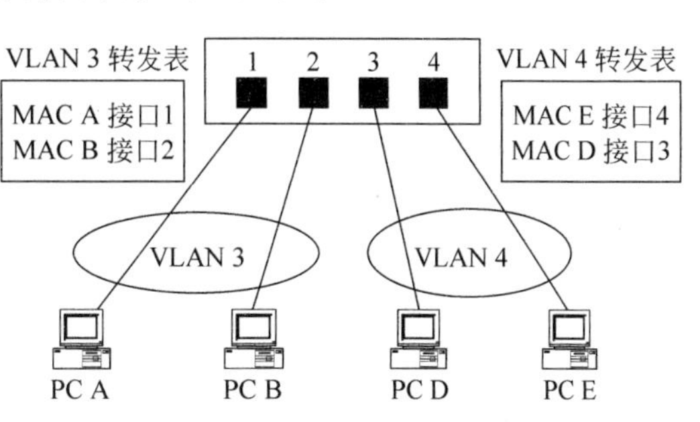

图 4-9　完整的 MAC 地址表

从上述 VLAN 工作原理的描述可知，VLAN 既保持了二层交换机的基本特性，又把广播域分隔、限制在各个 VLAN 的范围内。

4.4　多交换机环境下的 VLAN

按照 VLAN 的定义，VLAN 的设置比较灵活，VLAN 组内成员的划分是按照逻辑上而不是按照物理位置分布进行划分的，也即不受物理位置的限制。这样 VLAN 的划分就涉及跨交换机即多台交换机的问题，设想如图 4-10 所示的简单例子，需要将位于不同楼层上的交换机的 A 和 C 放入同一个 VLAN，把 B 和 D 放入另一个 VLAN，该如何连接实现？

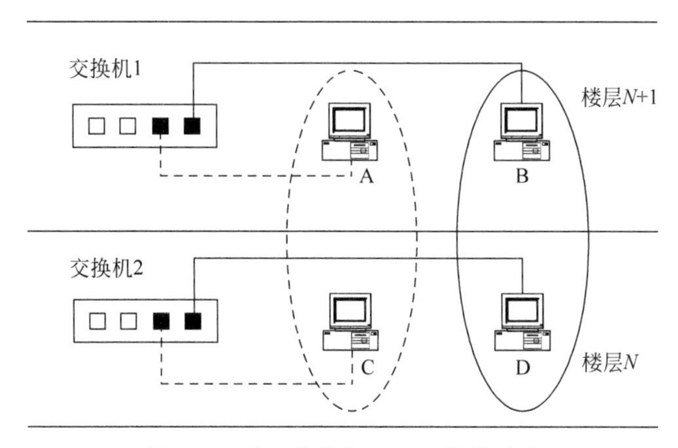

图 4-10　跨交换机的 VLAN 设置需求

自然容易想到的方法是分别从交换机 1 和交换机 2 选出一个接口，用网线相连，并加入包含 A、C 的 VLAN 中；再分别从交换机 1 和交换机 2 选出另一个接口，用网线相连，加入包含 B、D 组成的另一个 VLAN 中，如图 4-11 所示。显然是可以这样考虑的，但是对这样的实现方案，当 VLAN 数为 n 时，用于交换机之间的连接接口数为 $2n$，这大大占用了交换机的宝贵接口资源，提高了成本，降低了维护性。

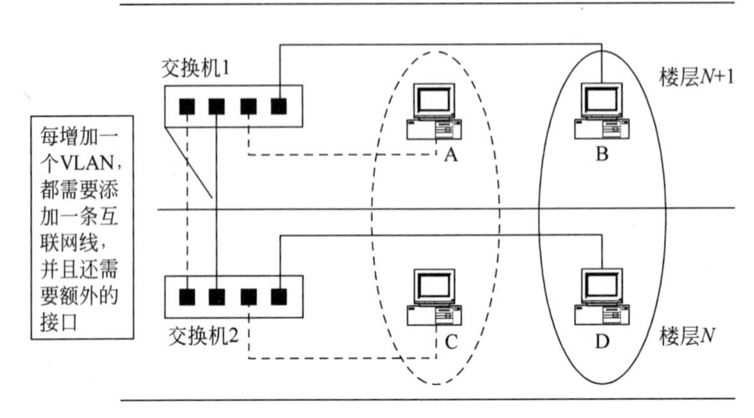

图 4-11 跨交换机的 VLAN 实现方案

为了提高交换机的性价比，对交换机的接口定义了三种不同的接口类型，分别为 Access 接口、Trunk 接口和 Hybrid 接口。

Access 类型的接口只能属于一个 VLAN，这类接口一般用于连接计算机。

Trunk 类型的接口可以允许多个 VLAN 通过，可以接收和发送多个报文，一般用于交换机之间的连接。

Hybrid 类型的接口与 Trunk 接口相似，也可以允许多个 VLAN 通过，可以接收和发送多个报文，可以用于交换机之间的连接，也可以用于连接计算机。区别之处在于发送数据时，Hybrid 类型的接口可以允许多个 VLAN 的报文发送时不打标签，而 Trunk 类型的接口只允许默认 VLAN 的报文发送时不打标签。

这样采用 Trunk 接口的跨交换机 VLAN 实现方案如图 4-12 所示。

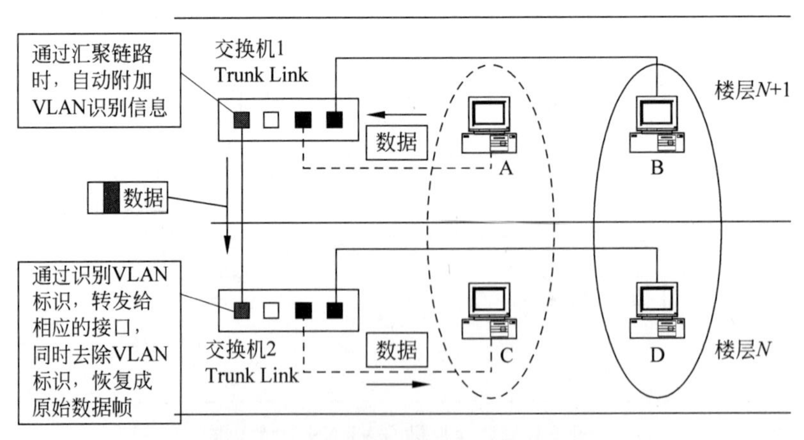

图 4-12 跨交换机的 Trunk 接口实现

当 A 发给 C 的报文到达交换机 1 时，交换机 1 会将报文从 Trunk 接口转发出去，交换机 2 收到报文后，需要判断出是同一个 VLAN 的报文，并转发给 C。因此在 Trunk 接口接收到的报文需要添加 VLAN 标识，以此来表示报文属于哪一个 VLAN。

多交换机之间 VLAN 的实现分析。如图 4-13 所示的网络拓扑、VLAN 的划分及加电启动时各交换机内部对应的 VLAN 转发表。

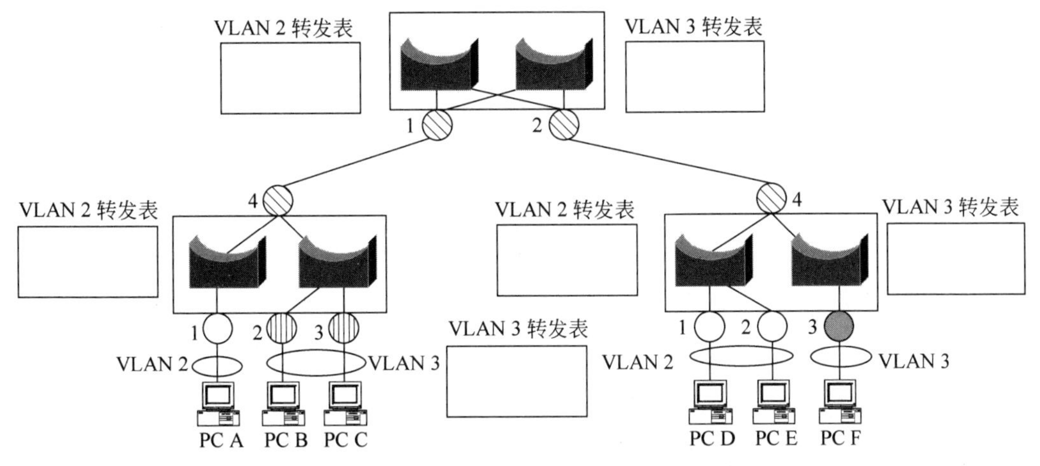

图 4-13 多交换机的 VLAN 拓扑及其划分

从所给拓扑结构及 VLAN 划分可知，这是跨越三个交换机的 VLAN 设置，且 VLAN 2 包括左交换机的接口 1、右交换机的接口 1 和接口 2；VLAN 3 包括左交换机的接口 2、接口 3 和右交换机的接口 3；左交换机的接口 4、右交换机的接口 4 和上面交换机的接口 1、接口 2 作为 Trunk 接口用于传输多个 VLAN 的链路。与前述单交换机的多 VLAN 分析相似，每台物理交换机都可以看作是两台逻辑交换机，每台逻辑交换机对应一个 VLAN，且都有其相应的 VLAN 转发表，这样每台物理交换机都有两张 VLAN 转发表，分别是 VLAN 2 转发表和 VLAN 3 转发表，且加电启动时，转发表项均为空。

当 PC B 向 PC C 发送信息时，左交换机从其接口 2 学习 MAC B 转发项并记录于 VLAN 3 转发表中，同时向除了左交换机接口 2 外涉及 VLAN 3 的所有其他接口进行广播，如图 4-14 中粗体线所示，其他交换机的 VLAN 3 转发表也学到了 MAC B 的转发项。

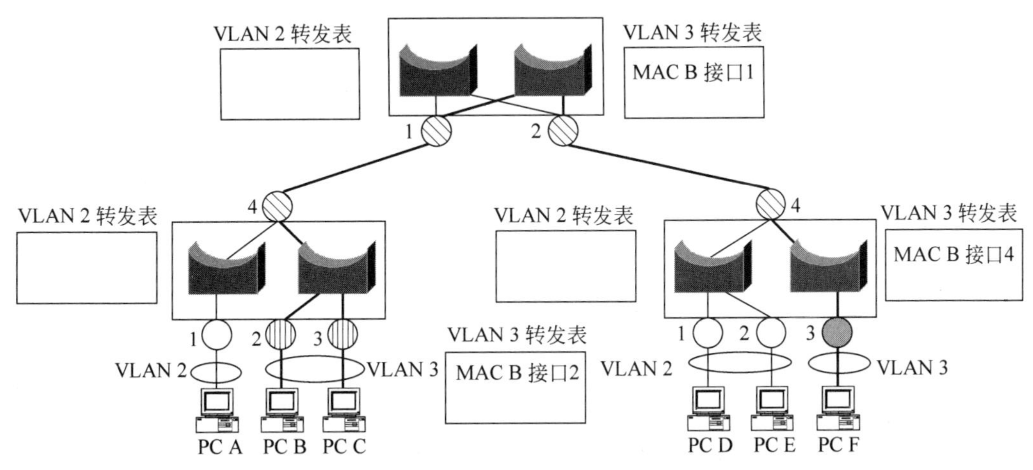

图 4-14 PC B 向 PC C 传输过程

当 PC A 向 PC D 发送信息时，左交换机从其接口 1 学习到 MAC A 转发项并记录于 VLAN 2 转发表中，同时向除了左交换机接口 1 外涉及 VLAN 2 的所有其他接口进行广播，如图 4-15 中粗体线所示，其他交换机的 VLAN 2 转发表也学到了 MAC A 的转发项。

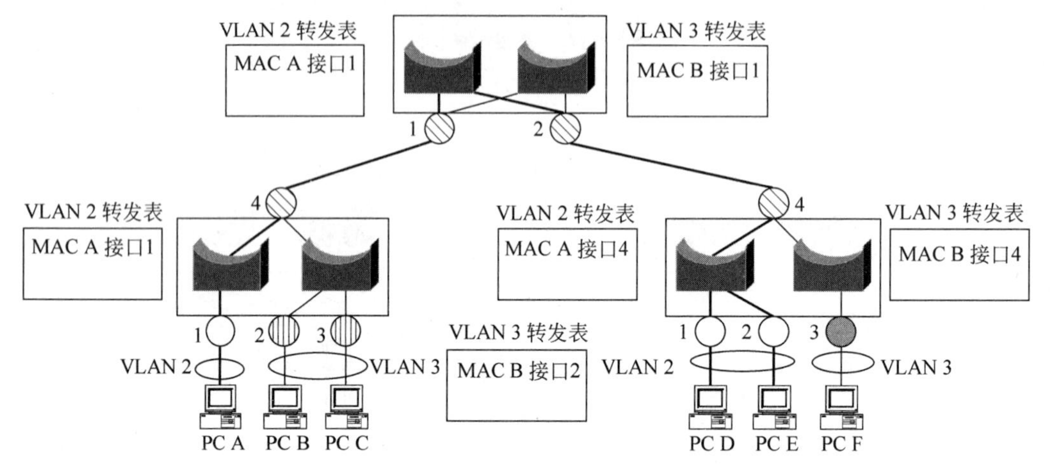

图 4-15　PC A 向 PC D 传输过程

当所有的终端都发送过信息后，所有的 VLAN 转发表就完整“学习”到了，结果如图 4-16 所示。

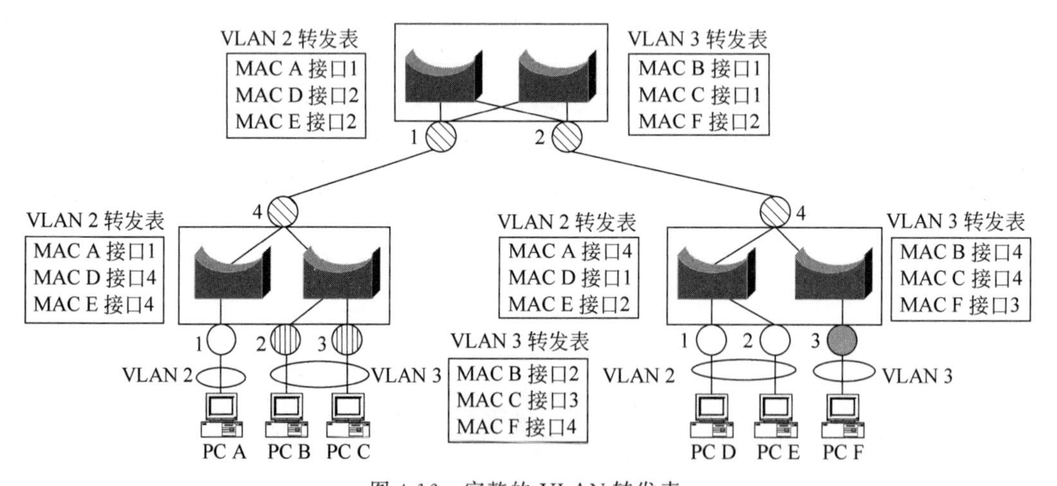

图 4-16　完整的 VLAN 转发表

4.5 VLAN 间路由

VLAN 能隔离广播域，即 VLAN 把广播域限制在 VLAN 内部，提高了安全性，VLAN 的划分不受地理位置的限制，通过 Trunk 实现跨交换机的 VLAN 配置，灵活性较大，方便管理维护。例如某单位，其 VLAN 的组织构架按照职能部门进行规划，分为人力资源部、财务部、销售部、工程部、售后服务部、后勤部等不同部门，这些不同部门对应不同的 VLAN。这些部门之间需要共享、交流的信息较多，例如，财务部要根据人力资源部提供的信息，制定工资的发放；工程部根据销售部情况做好工程规划、工程安装实施；不同部门员工的入职、退职又要及时反馈到人力资源部等。网络的重要意义在于能实现资源共享，信息的快速交流、传播，如果 VLAN 之间不能互通，网络便失去其意义。VLAN 技术在默认情况下，VLAN 内部成员之间访问畅通无阻，而 VLAN 之间是不能互通的。若要实现 VLAN 之间的互通，必须通过路由器或具有路由功能的三层交换机，这种实现不同 VLAN 之间的互连互通的技术就是 VLAN 之间的路由。

要实现 VLAN 间的互连互通，归纳起来有如下几种方法，不同的实现方法有其不同的特点。

（1）采用传统路由器实现的 VLAN 间路由。

（2）采用具有支持子接口功能的路由器（单臂路由器）实现的 VLAN 间路由。

（3）采用三层交换机（支持 SVI 功能）实现的 VLAN 间路由。

4.5.1　采用传统路由器实现的 VLAN 间路由

VLAN 将广播域进行分隔，每一个 VLAN 都是一个独立的广播域，对应一个 IP 子网，不同的 VLAN 就对应不同的 IP 子网，要实现不同 VLAN 之间的通信，就是要实现不同的 IP 子网之间的通信，很自然地可以通过路由器来实现，如图 4-17 所示。

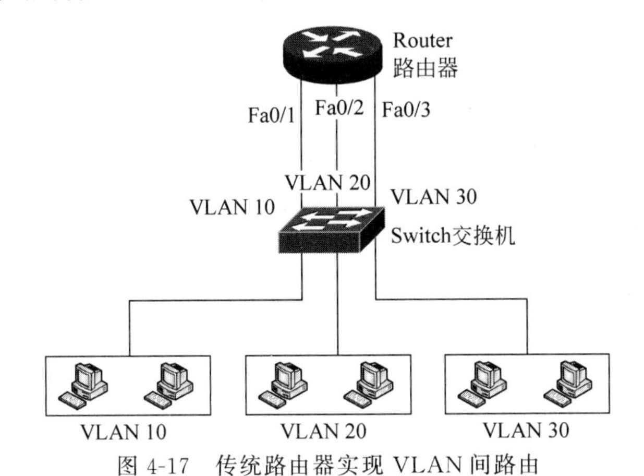

图 4-17　传统路由器实现 VLAN 间路由

采用传统路由器实现 VLAN 间路由的方法，需要占用较多的路由器接口资源，网络中存在一个 VLAN 就需要占用一个路由器接口，交换机连接到路由器的每个接口都处于 Access 模式，并且每个接口属于不同的 VLAN，这样路由器可以接收所有 VLAN 的数据流，数据流也可以通过路由器进行转发。

采用传统路由器实现 VLAN 间路由的方法特点是配置简单，操作容易。在实际组网中，当 VLAN 数量非常少时可以考虑采用，但当 VLAN 数量较多时不宜采用，因为如果要实现 N 个 VLAN 间通信，就需要占用路由器的 N 个以太网接口，而路由器与交换机不同，路由器每个接口的成本比交换机接口成本高得多。

4.5.2　采用具有支持子接口功能的路由器实现的 VLAN 间路由

交换机接口可以配置为三种不同模式，其中，Trunk 模式用于解决多 VLAN 跨越交换机的通信问题，采用 Trunk 模式后，交换机之间只需要一根网线就能实现多个 VLAN 跨交换机之间的通信，具有支持子接口功能的路由器即单臂路由器 VLAN 间路由正是利用 Trunk 这个特性，提供了解决采用传统路由器实现 VLAN 间路由时需要占用多个路由接口的问题。使用单臂路由技术即把一个物理链路（或接口）划分成多条逻辑链路（或接口）后，路由器只需要提供一个以太网接口与交换机相连就可以实现 VLAN 间的路由，如图 4-18 所示，路由器 R1 和交换机 SW1 之间仅通过一根网线连接，实现 VLAN 之间的路由。

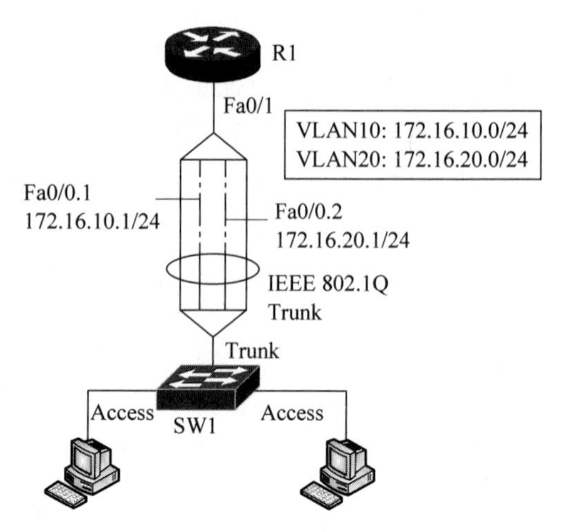

图 4-18　单臂路由实现 VLAN 之间路由

图 4-18 中交换机和路由器连接的接口设置为 Trunk 接口模式；路由器的物理接口 Fa0/0 划分为 Fa0/0.1 和 Fa0/0.2 两个逻辑子接口，网络中有多少个需要进行互相通信的 VLAN，就设置多少个逻辑子接口，逻辑子接口的 IP 地址作为相应 VLAN 的网关地址，最终实现单臂路由的 VLAN 间通信。

采用单臂路由器实现的 VLAN 间路由时，数据帧需要在链路上往返发送，引入了一定的转发延时；由于采用路由器的单臂路由功能，而路由器本身是通过软件转发 IP 报文的，如果 VLAN 之间数据量较大，会消耗掉路由器大量的 CPU 和内存资源，造成转发性能的瓶颈。

4.5.3　采用三层交换机（支持 SVI 功能）实现的 VLAN 间路由

采用单臂路由器实现 VLAN 间路由是把一个物理接口划分为多个逻辑子接口，与采用传统的路由器实现 VLAN 间路由相比，节省了路由器的以太网接口，但还需要单独的路由器，软件转发方式效率不高，所以在现实组网中应用也比较少。

二层交换机是根据 MAC 地址表进行转发的，转发速度较快、效率高，而三层交换机是在二层交换机的基础上，增加了路由模块实现高速路由，将二层交换机和路由器二者优势有机结合，因此，现实组网中，一般采用三层交换机来实现 VLAN 间的路由，如图 4-19 所示。

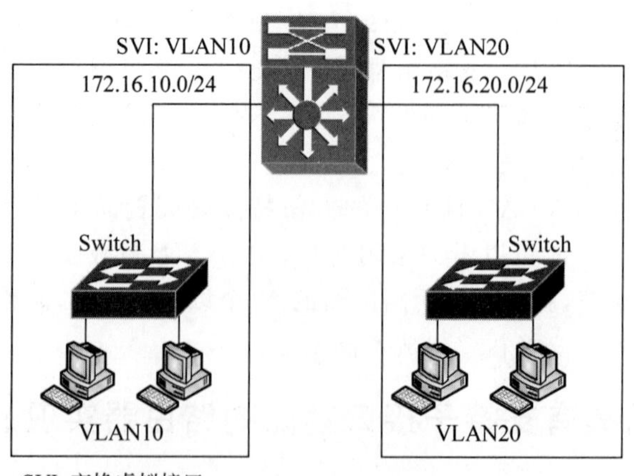

图 4-19　三层交换机实现 VLAN 间路由

三层交换机替代传统路由器后,传统路由器上的物理接口转变成了多层交换上的虚拟接口即 SVI。三层交换机可以为任何 VLAN 创建 SVI,它们可以像路由器的接口一样执行相同的功能,然后给 SVI 分配一个 IP 地址,此 IP 地址就是这个 VLAN 中所有主机的默认网关,从而建立 VLAN 之间的路由。

4.6 VLAN 的基本配置

4.6.1 涉及 VLAN 配置的基本操作命令

下面对有关 VLAN 配置的基本操作命令做简单的阐述。

1. VLAN 命令格式及其描述

VLAN 命令格式及其简要描述如表 4-1 所示。

表 4-1 VLAN 命令格式及描述

命令格式	描述
Switch# configure terminal	从特权模式进入全局配置模式
Switch(config)# vlan vlan-id	创建 VLAN,vlan-id 是要创建的 VLAN 号,进入 VLAN 配置模式创建 VLAN 的 vlan-id
Switch(config-vlan)# name vlan-name	(可选)指定唯一的 VLAN 名称来识别 VLAN。若没有输入名称,则默认为在 VLAN 后面添加多个零,再加上 VLAN 号如 vlan0020
Switch(config-vlan)# end	回退到特权模式。必须结束配置会话,使配置保存在 vlan.dat 文件中,并使配置生效

2. 分配接口命令格式及其描述

分配接口命令格式及其简要描述如表 4-2 所示。

表 4-2 分配接口命令及其描述

命令格式	描述
Switch# configure terminal	从特权模式进入全局配置模式
Switch(config)# interface interface-id	进入相应接口以分配 VLAN
Switch(config-if)# switchport mode access	定义接口的 VLAN 成员资格模式
Switch(config-if)# switchport access vlan vlan-id	将接口分配给所创建的 vlan-id
Switch(config-if)# end	返回"特权模式"

3. 删除接口所属 VLAN 命令格式及其描述

删除接口所属 VLAN 命令格式及其简要描述如表 4-3 所示。

表 4-3　删除接口所属 VLAN 命令格式及其描述

命令格式	描　述
Switch# configure terminal	从特权模式进入全局配置模式
Switch(config)# interface interface-id	进入接口配置模式，以便配置接口
Switch(config-if)# no switchport access vlan	删除交换机接口上分配的 VLAN，并还原为默认的 VLAN 即 VLAN1
Switch(config-if)# end	回退到特权模式

4. 删除 VLAN 命令格式及其描述

删除 VLAN 命令格式及其简要描述如表 4-4 所示。

表 4-4　删除 VLAN 命令格式及其描述

命令格式	描　述
Switch# configure terminal	从特权模式进入全局配置模式
Switch(config)# no vlan vlan-id	删除所创建的 VLAN 的 vlan-id
Switch(config)# end	返回到特权模式
Switch# delete flash: vlan.dat	删除 VLAN 信息文件

4.6.2　VLAN 的基本配置案例

VLAN 的基本配置案例拓扑结构如图 4-20 所示。

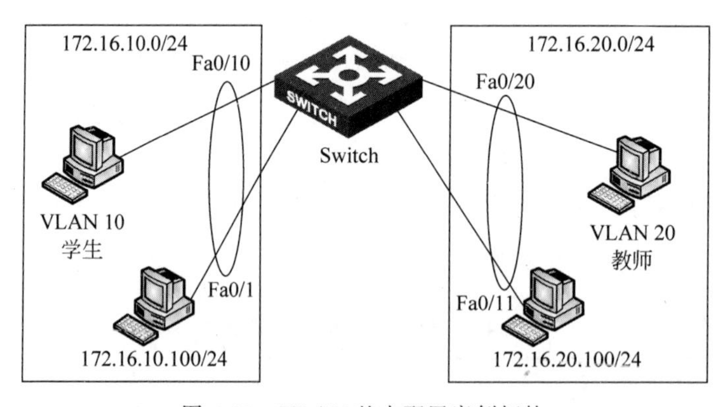

图 4-20　VLAN 基本配置案例拓扑

配置过程如下。

(1) 创建单个 VLAN。

```
Switch(config)#vlan 10                  //创建 vlan 10
Switch(config-vlan)#name student        //设置 vlan 10 名称为 student
Switch(config-vlan)#exit                //回退到全局配置模式
Switch(config)vlan 20                   //创建 vlan 20
Switch(config-vlan)name teacher         //设置 vlan 20 名称为 teacher
```

（2）将交换机接口划分到新创建的 VLAN 中。

```
Switch(config)# interface range fastethernet 0/1 - 10
//同时进入接口 Fa0/1～Fa0/10
Switch(config-if-range)# switchport mode access
//将上述范围的接口属性设为"access"
Switch(config-if-range)# switchport access vlan 10
//将上述范围接口同时加入 vlan 10 中
Switch(config-if-range)# exit                //返回全局配置模式
Switch(config)interface range fastethernet 0/11 - 20
//同时进入接口 Fa0/11～Fa0/20
Switch(config-if-range)# switchport mode access
//将上述范围的接口属性设为"access"
Switch(config-if-range)# switchport access vlan 20
//将上述范围接口同时加入 vlan 20 中
Switch(config-if-range)# exit                //返回到全局配置模式
Switch(config)#
```

（3）VLAN 配置信息的查看。

```
Switch(config)# exit                         //返回到特权模式
Switch# show vlan brief                      //查看 VLAN 的摘要信息
```

（4）在交换机上创建交换虚拟接口 SVI，对交换机进行管理或实现三层交换跨 VLAN 间路由。

```
Switch(config)# interface vlan 10            //进入 vlan 10 的虚拟接口
Switch(config-if)# ip address 172.16.10.1 255.255.255.0
 //给虚拟接口配置 IP 地址，同时此 IP 地址也是 vlan 10 中成员的网关地址
Switch(config-if)# exit                      //返回全局配置模式
Switch(config)# interface vlan 20            //进入 vlan 20 的虚拟接口
Switch(config-if)# ip address 172.16.20.1 255.255.255.0
 //给虚拟接口配置 IP 地址，同时此 IP 地址也是 vlan 20 中成员的网关地址
 Switch(config-if)# exit                     //返回全局配置模式
Switch(config)#
```

（5）配置虚拟接口 SVI 后，通过 ping 命令便可测试交换机的连通性。

```
Switch# ping 172.16.10.100
```

或

```
Switch# ping 172.16.20.100
```

如果交换机配置了 TELNET 或者 SSH，那么从 vlan 10 中的任一成员就可以远程登录交换机，实现对交换机的管理功能。

（6）设置 TELNET 密码。

```
Switch(config)# line vty 0 - 10
//最多有 0～10 个用户可以通过 TELNET 访问 switch，总计 11 个用户
Switch(config)# password myswitch123         //设置 Telnet 密码为 myswitch123
Switch(config)# login                        //在该线路上启用口令校验功能
Switch(config)# exit                         //返回特权模式
```

习题

1. 什么是 VLAN？VLAN 有什么优点？
2. VLAN 的划分主要有哪些方法？
3. 目前 VLAN 之间的通信主要有哪些方式？
4. VLAN 是一种逻辑网络，工作于 OSI 参考模型的哪一层？
5. 选择题

(1) VLAN 技术的优点是(　　)。

A. 限制广播域范围　　B. 建立虚拟工作组
C. 增强网络的健壮性　　D. 增强通信的安全性

(2) VLAN 编号最大是(　　)。

A. 2048　　B. 1024　　C. 无限制　　D. 4095

(3) 默认情况下，交换机上所有接口属于 VLAN(　　)。

A. 1024　　B. 4096　　C. 0　　D. 1

第5章 广域网

5.1 广域网的基本概念

计算机网络按照其地理分布范围的不同，分为局域网(LAN)、城域网(MAN)和广域网(WAN)。广域网也称远程网，所覆盖的范围从几十千米到几千千米，由两个以上的LAN组成，大型的WAN可以由各大洲的许多局域网和城域网组成，达到资源共享的目的，Internet便是为人熟知的世界上最大的WAN，它由全球成千上万的LAN和WAN组成。

广域网与局域网相比，有如下特点。

(1) 覆盖范围广、通信距离远。

(2) 局域网具有相对固定的拓扑结构，而广域网没有固定的拓扑结构。

(3) 主要提供面向通信的服务，支持用户使用计算机进行远距离的信息交换。

(4) 局域网通常作为广域网的终端用户与广域网相连。

(5) 相对局域网而言，广域网的管理和维护较为困难。

(6) 广域网的组建、管理和维护一般由电信部门或公司负责，并向全社会提供面向通信的有偿服务、流量统计和计费问题。

广域网与局域网相比，除了具有上述特点外，广域网也有其自身的特点，如广域网具有适应大容量与突发性通信的要求；具有适应综合业务服务的要求；具有开放的设备接口与规范化的协议；具有完善的通信服务与网络管理。

常用的广域网连接方式包括专线方式、电路交换方式和分组交换方式，如图5-1所示，不同的连接方式有不同的特点。

(1) 专线方式：即点对点的速率固定的专用线路，是一种永久性的连接方式，用户独占线路带宽；传输时延固定不变，线路利用率低。

(2) 电路交换方式：即基于运营商的公众交换电话网络PSTN/综合业务数字网络ISDN的连接方式。采用面向连接的工作方式，即用户在传输信息之前，先建立主叫与被叫之间的通信链路，然后才进行信息传送，信息传送完毕，拆除链路。电路交换方式通信线路建立时间长；链路一经建立，即便主叫与被叫之间无信息传输，线路也被主叫与被叫独享。

(3) 分组交换方式：即基于运营商的分组交换网络如帧中继(FR)网、异步转移模式

(ATM)网的交换方式。分组交换采用面向无连接的工作方式,通过存储转发技术,线路利用率高,但信息传输时延大。

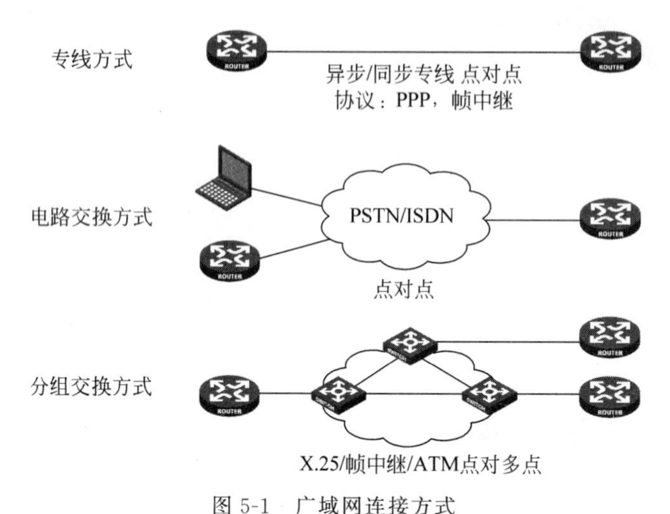

图 5-1　广域网连接方式

广域网技术主要对应于 OSI 参考模型的物理层和数据链路层,与 OSI 参考模型的对应关系如图 5-2 所示。

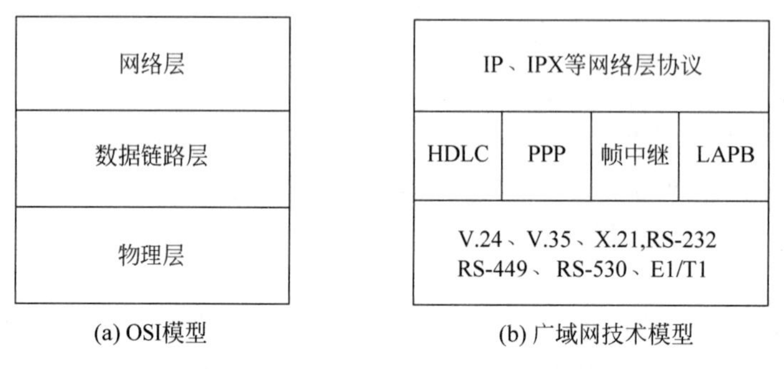

图 5-2　广域网模型与 OSI 参考模型

广域网的物理层规定了向广域网提供服务的设备、线缆和接口的物理特性、电气特性、机械特性和功能特性。常见的此类标准如下。

(1) 支持同步/异步通信方式的 V.24 规程接口和支持同步方式的 V.35 规程接口。

(2) 支持 E1/T1 线路的 G703 接口即中继接口。

(3) 用于提供同步数字线路上串行通信的 X.21。

广域网常用的数据链路层协议如下。

(1) HDLC (High-level Data Link Control,高级数据链路控制规程):用于点到点的连接,其特点是面向比特,对任何一种比特流均可实现透明传输,只能工作在同步方式下。

(2) PPP(Point-to-Point Protocol,点对点协议):提供了在点到点链路上封装、传递数据包的能力。PPP 易于扩展,能支持多种网络层协议,支持认证,既可工作在同步方式下,也可工作在异步方式下。

(3) LAPB(Link Access Procedure Balanced,采用平衡的链路接入规程):LAPB 是 X.25

中的数据链路层协议。LAPB是HDLC的一个子集。虽然LAPB是作为X.25的数据链路层被定义的，但作为独立的链路层协议，它可以直接承载非X.25的上层协议进行数据传输。

(4) 帧中继(Frame Relay，FR)：帧中继技术是对X.25协议的数据链路层用简化的方法传递和交换的快速分组交换技术，把原来数据链路层的差错纠正功能移到终端上实现。

5.2 HDLC与PPP

5.2.1 HDLC概述

HDLC(High-level Data Link Control，高级数据链路控制规程)是最重要的数据链路层协议，不仅应用最广泛而且还是其他许多重要数据链路控制协议的基础，由国际标准化组织(ISO)在IBM公司开发的同步数据链路控制(Synchronous Data Link Control，SDLC)协议基础上扩展而成。HDLC以帧为单位进行传送，其帧中的“信息字段”可以是任意的二进制序列，长度不受限制，且帧的起始、结束标志是依据约定的位组合模式而不是依据特定的字符，因此称HDLC为“面向比特”的数据链路层协议。

HDLC协议具有如下特点。

(1) 数据无须是规定字符集：协议不依赖于任何一种字符编码集。

(2) 实现数据报文透明传输：用于透明传输的“0比特插入法”易于硬件实现。

(3) 较高的数据链路传输效率：全双工通信，不必等待确认，可连续发送数据。

(4) 传输可靠性高：所有帧均采用CRC校验，对信息帧进行顺序编号，可防止漏收或重收。

(5) 灵活性大、控制功能完善：传输控制功能与处理功能分离。

HDLC工作在OSI参考模型的第二层即数据链路层，它以帧为单位进行传送，其帧格式如图5-3所示。HDLC的完整的帧包括标志字段(F)、地址字段(A)、控制字段(C)、信息字段(I)和帧校验序列字段(FCS)。

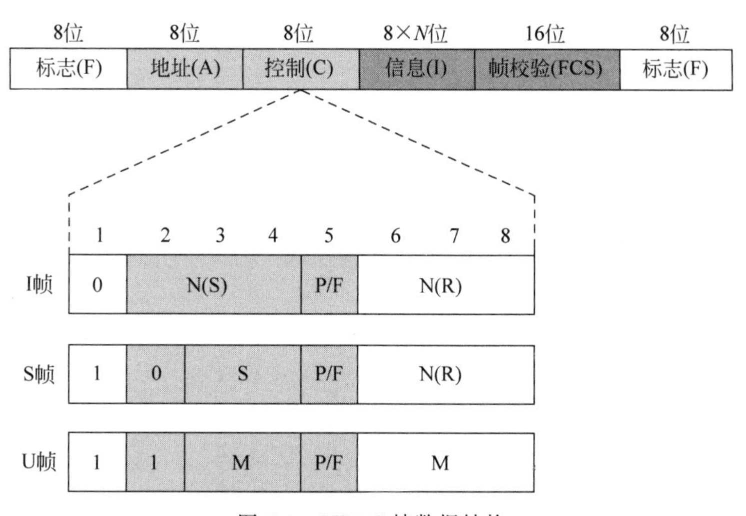

图5-3　HDLC帧数据结构

各字段含义如下。

(1) 标志字段(F)。

编码为01111110,所有的帧都应以F开始和结束。一个标志可作为一帧的结束标志,也可以作为下一帧的开始标志;F还可以作为帧之间的填充字符,当数据终端设备(DTE)或数据通信设备(DCE)没有信息要发送时,可连续发送F。如果发送方想要放弃正在发送的帧,则发送7～15个连1(包括7,而不包括15)来表示。即当接收端检测到大于或等于7但小于15个连1之后,就放弃收到的帧,而如果出现15个以上的连1,则表示该链路进入空闲状态。

采用"0比特插入法"可以实现数据的透明传输。发送端在两个标志字段之间的比特序列中,如果检查出连续的5个1,不管它后面的比特位是0或1,都增加1个0;在接收端,在两个标志字段之间的比特序列中检查出连续的5个1之后就删除1个0。

(2) 地址字段(A)。

地址字段由8位组成。在HDLC的点到多点配置中,该字段表示发送响应消息的从站地址。HDLC中,链路两端的通信设备有三种站点类型,即主站点、从站点和复合站点。每个从站与复合站都被分配一个唯一的地址,命令帧中的地址字段携带的是对方站点的地址,而响应帧中的地址字段所携带的地址是本站点的地址。某一地址也可分配给不止一个站点,这种地址称为组地址,利用一个组地址传输的帧能被组内所有拥有该地址的站点接收。但当一个站点或复合站点发送响应时,它仍应当用它唯一的地址。还可以用全1地址来表示包含所有站点的地址,称为广播地址,含有广播地址的帧传送给链路上所有的站点。另外,还规定全0的地址为无站点地址,不分配给任何站点,仅作为测试用。

(3) 控制字段(C)。

控制字段由8位组成,用于指示帧的类型。LAPB控制字段的分类格式如图5-4所示。

控制字段(位)	8	7	6	5	4	3	2	1
信息帧(I帧)	N(R)			P	N(S)			0
监控帧(S帧)	N(R)			P/F	S	S	0	1
无编号帧(U帧)	M	M	M	P/F	M	M	1	1

图5-4 HDLC帧类型

① 信息帧I(Information frame):由帧头、信息字段I和帧尾组成。I帧用于传输高层用户信息。I帧C字段的第1位为"0",这是识别I帧的唯一标志,第2～8位用于提供I帧的控制信息,其中包括发送顺序号N(S),接收顺序号N(R),探寻位P。其中,N(S)是所发送帧的编号,以供双方核对有无遗漏及重复。N(R)是下一个期望接收帧的编号,发送N(R)的站用它表示已正确接收编号为N(R)以前的帧,即编号到N(R)－1的全部帧已被正确接收。I帧可以是命令帧,也可以是响应帧。

② 监控帧S(Supervisory frame):没有信息字段,它的作用是用来保护信息帧的正确传送。监控帧的标志是C字段的第1、2位为"01"。SS用来进一步区分监控帧的类型,监控帧有三种:接收准备好(RR),接收未准备好(RNR)和拒绝帧(REJ)。RR用于在没有I帧发送时向对端发送肯定证实,REJ用于重发请求,RNR用于流量控制,通知对端暂停发送I帧。监控帧带有N(R),但没有N(S)。第5位为探寻/最终位P/F。S帧既可以是命令帧,也可以是响应帧。

③ 无编号帧U(Unnumbered frame),用于对链路的建立和断开过程实施控制。识别无编号帧的标志是C字段的第1、2位为"11",第5位为P/F位。M用于区分不同的无编号

帧，包括分别用于建立链路和断开链路的命令帧和响应帧。

所有的帧都包含探寻/最终比特(P/F)位。在命令帧中，P/F 位解释为探寻(P)，如 P=1，就是向对方请求响应帧；在响应帧中，P/F 位解释为终了(F)，如 F=1，表示本帧是对命令帧的最终响应。

(4) 信息字段(I)。

信息字段是为了传输用户信息而设置的，它用来装载上层的数据信息，可以是任意的二进制比特串，长度未受限定，其上限由 FCS 字段或通信节点的缓冲容量来决定，目前国际上用得较多的是 1000～2000b，而下限可以是 0，即无信息字段。监控帧中不含信息字段。

(5) 帧校验序列(Frame Check Sequence，FCS)字段。

每个帧的尾部都包含一个 16b 的帧校验序列 (FCS)，用来检测帧在传送过程中是否出错。FCS 采用循环冗余码(CRC)算法，可以用移位寄存器实现。

5.2.2　PPP 概述

PPP(Point-to-Point Protocol，点对点协议)是在串行线路网际协议(SLIP)的基础上发展而来的。因 SLIP 只支持异步传输方式，又无协商过程，已逐渐被 PPP 所替代。PPP 处于 OSI 参考模型的第二层即数据链路层，提供在点对点链路上传输网络层的数据包信息，支持全双工的同步/异步通信。PPP 具有如下的特点。

(1) PPP 处于 OSI 模型的第二层即数据链路层。

(2) 支持点到点的连接。

(3) 物理层可以是同步方式或异步方式。

(4) 支持各种网络控制协议，如 IPCP、IPXCP。

(5) 网络安全性得到保证：具有验证协议 PAP/CHAP。

PPP 可以应用于多种不同特性的点对点串行传输系统中，是一种常用于连接各种类型主机、路由器的方法。其主要包括两类协议，分别是链路控制协议(LCP)和网络控制协议(NCP)。链路控制协议用于建立、配置和测试 PPP 数据链路的连接；网络控制协议用于建立、配置不同的网络层协议。

PPP 协议栈如图 5-5 所示，其协议栈采用分层结构的形式。在底层即物理层，PPP 可以使用同步方式，也可以使用异步方式。

在数据链路层，PPP 以链路控制协议协商方式提供建立、配置链路的服务，并以协商选项的形式提供丰富的服务；在网络层，PPP 通过网络控制协议提供对多种网络协议的支持，针对不同的网络层协议，PPP 对其报文封装格式不同。

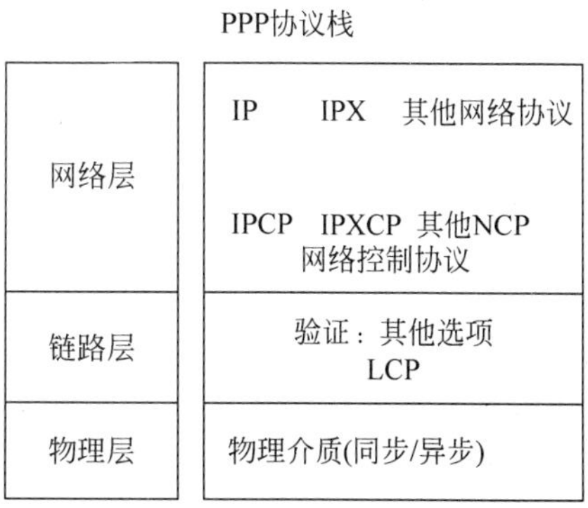

PPP 与 HDLC 类似，处于 OSI 参考模型的第二层即数据链路层，PPP 也是以帧为单位进行数据信息的传送，其帧结构如图 5-6 所示。

其中首尾两个标志字段 F 为帧定界标志，取值为 0x7E 即 01111110；地址字段 A 取值为 0xFF，因为点对点链路的端点唯一性；控制字段 C 取值为 0x03，包含帧类型(信息帧、监督帧、无编号帧)

	PPP协议栈
网络层	IP　IPX　其他网络协议 IPCP　IPXCP　其他NCP 网络控制协议
链路层	验证：其他选项 LCP
物理层	物理介质(同步/异步)

图 5-5　PPP 协议栈

和序号等信息；“协议”字段指明了封装的协议数据类型，其取值含义如图 5-7 所示；“信息部分”字段是与“协议”字段相应的数据，如当“协议”字段取值为 0x0021 时，“信息部分”字段即是 IP 数据报，其长度可变，但最长不超过 1500B；帧校验字段 FCS 采用循环冗余校验码(CRC)，用于检验帧传输是否发生了差错。

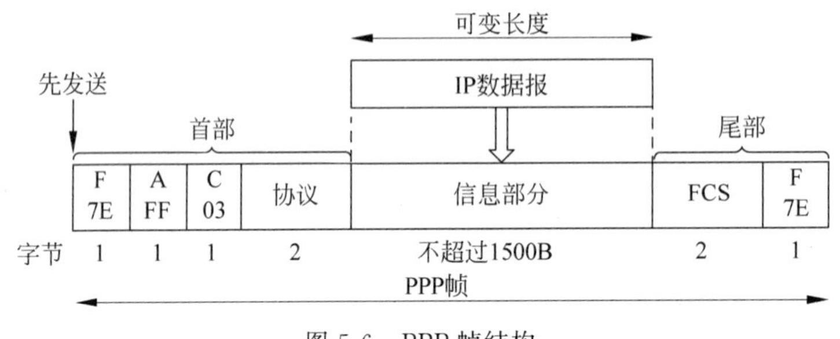

图 5-6 PPP 帧结构

取值	0x0021	0xC021	0xC223	0xC023	0x8021	0xC025
协议	IP	LCP	CHAP	PAP	IPCP	LQR

图 5-7 PPP 帧结构中“协议”字段取值含义

PPP 通过验证协议，为网络提供安全性保证。PPP 的验证方式有两种，分别是口令认证协议(PAP)和挑战握手认证协议(CHAP)。

PAP 是一种二次握手协议，如图 5-8 所示，完成对等实体之间身份相互确认的方法，其只是在链路刚建立时使用，在链路存在期间，不能重复用 PAP 对对等实体之间身份进行认证。在数据链路处于打开状态时，需要认证的一方反复向对方(认证者)传送用户标识符和口令，直到认证者回送一个确认信息或者数据链路被终止。

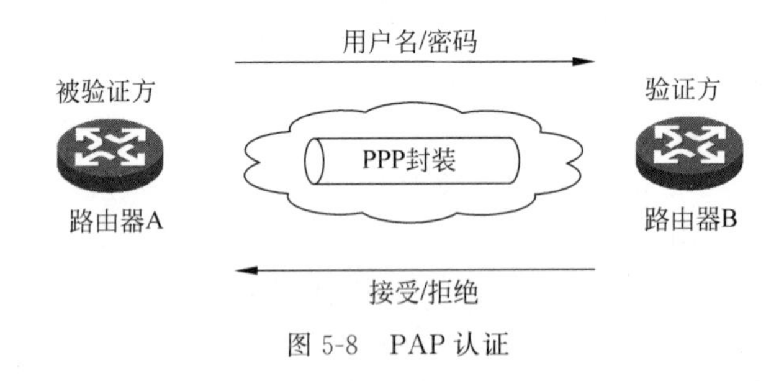

图 5-8 PAP 认证

PAP 是一种最简单的、安全性最差的鉴别方法，其用户标识符和口令以明码的方式在串行线路上传输，只适用于类似远程登录等允许以明码方式传输用户标识符和口令的应用场合。

CHAP 是一种三次握手协议，如图 5-9 所示，周期性地验证对方身份的方法，在数据链路刚建立时使用，在整个数据链路存在期间可以重复使用。在数据链路处于打开状态时，认证者给需要认证的 PPP 实体发送一个挑战信息，需要认证的 PPP 实体按照事先给定的算法对挑战信息进行计算，将计算结果返回给认证者，认证者将返回的计算结果和自己在本地计算后得到的结果进行比较，若二者一致，表示认证通过，给需要认证的 PPP 实体发送认证确认帧；否则，终止数据链路。

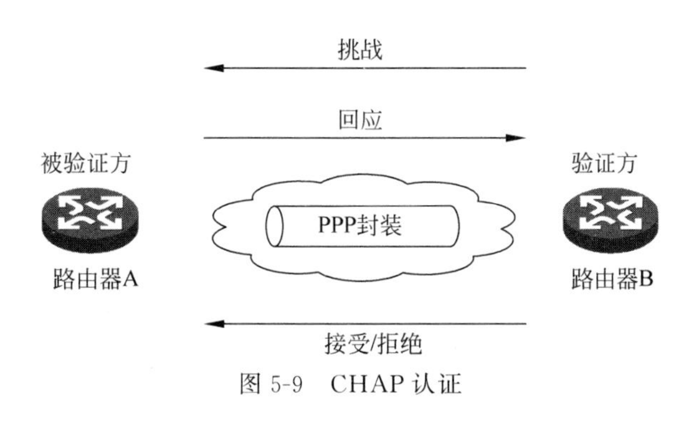

图 5-9　CHAP 认证

CHAP 是较 PAP 更安全的认证协议，与 PAP 一样，都是依赖于一个双方都知道的“共同密钥”，但与 PAP 不同，该密钥不在线上传输，而是传递一对质询值/响应值来保证秘密不被窃取，从而提高安全性，适用于数据链路两端都能访问到共同密钥的情况。

5.3　帧中继技术

5.3.1　帧中继概念及其特点

帧中继(Frame Relay)是一种用于连接计算机系统的基于分组交换技术的通信方法，主要应用于公用或专用网上的局域网互联以及广域网联接。大多数电信网络运营商都提供帧中继服务，把它作为建立高性能的虚拟广域网联接的一种途径。

分组交换与电路交换相比，具有差错控制、流量控制、由于采用存储转发技术线路利用率高、通信环境灵活(不同速率和不同协议终端互通)等特点，比较适合用于数据业务的传输。传统的分组交换网络是基于 X.25 协议的，X.25 协议分为三层，即物理层、数据链路层和分组层，对应于 OSI 参考模型的下三层。分组交换网已应用于银行、证券营业厅、公安户籍管理等系统中，并提供其他如电子邮箱等增值业务服务。

由于传统 X.25 分组网最多能提供中、低速率的数据业务，满足不了数据业务的快速发展要求；另一方面，随着光通信技术的发展，光纤已成为通信网络的主要传输媒体，光纤具有传输容量大、不受电磁干扰、传输质量高的特点，在这样的通信环境下，运行分组协议，没有必要像 X.25 协议那样再做许多烦琐的控制，帧中继交换技术便产生了。

帧中继交换也称快速分组交换，是在数据链路层上以帧为单位进行复用、交换的技术，其对 X.25 的协议进行了简化，只有物理层和数据链路层，没有分组层，而且在数据链路层只保留 X.25 核心功能部分如帧的定界、同步、差错检测等。帧中继将逐段链路上的差错控制功能推到了网络的边沿，由终端负责完成。网络只进行差错检测，不进行差错纠正，将错误帧丢弃，不再重发，这样帧中继减少了节点的处理时间，提高了网络的吞吐量。帧中继如此处理是基于两个方面的考虑，一方面是采用了光纤传输，数据传输的误码率很低，链路上出现差错的概率大大减小，传输中不必要每段链路都进行差错控制；另一方面，随着终端智能化程度的提高和处理能力的增强，原本由网络完成的部分功能可以推到网络边沿，在终端可以完全实现。

帧中继具有如下特点。

(1) 数据传输协议大大简化：FR 协议只包含 OSI 参考模型的下两层，且第二层只保留其核心功能即数据链路核心协议。

(2) 使用光纤作为传输介质,误码率极低,提高了网络的吞吐量。

(3) 采用了基于变长帧的异步多路复用技术,主要用于数据传输,不适合对时延敏感的信息传输如语音、视频信息。

(4) FR 是一个虚电路网络,仅提供面向连接的虚电路服务,不提供无连接服务。

(5) FR 网络只检错,不纠错,对错误帧采用丢弃的处理方法。

(6) 帧中继是一种宽带分组交换,使用复用技术时,其传输速率可高达 44.6Mb/s。

5.3.2 帧中继的帧格式

帧中继是在第二层即数据链路层上以帧为单位进行交换,其帧格式如图 5-10 所示。

标志	地址	信息	帧校验序列	标志
F	A	I	FCS	F

图 5-10　FR 的帧格式

其中各字段含义如下。

(1) 标志字段(F)。

标志字段 F 是一个特殊的比特组即 01111110,标志一帧的开始和结束。

(2) 地址字段(A)。

地址字段 A 主要用于标志同一通路上的不同数据链路连接。它的长度默认为 2B,可以扩展到 3～4B,其格式如图 5-11 所示。

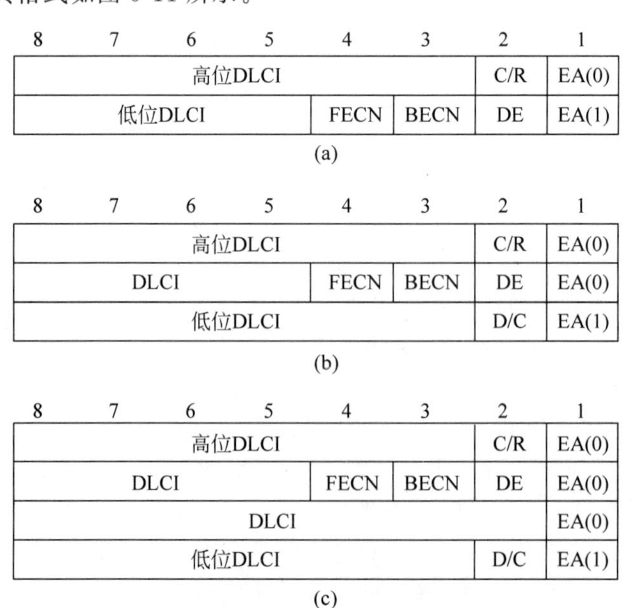

8	7	6	5	4	3	2	1
高位DLCI						C/R	EA(0)
低位DLCI				FECN	BECN	DE	EA(1)

(a)

8	7	6	5	4	3	2	1
高位DLCI						C/R	EA(0)
DLCI				FECN	BECN	DE	EA(0)
低位DLCI						D/C	EA(1)

(b)

8	7	6	5	4	3	2	1
高位DLCI						C/R	EA(0)
DLCI				FECN	BECN	DE	EA(0)
DLCI							EA(0)
低位DLCI						D/C	EA(1)

(c)

图 5-11　FR 地址字段格式

地址字段 A 中的子字段含义如下。

① DLCI(数据链路连接标识符):类似于 X.25 分组网中的逻辑信道号 LCN,用于目标设备的寻址。

② C/R：命令/响应，FR 中未用。

③ EA：扩展地址表示，取值 0 表示地址字段未结束，取值 1 表示地址字段结束。

④ FECN(前向显示拥塞通告)：此信息告诉路由器接收的帧在所经通路上发生过拥塞。

⑤ BECN(后向显示拥塞通告)：这个信息设置在遇到拥塞的帧上，而这些帧将沿着与拥塞帧相反的方向发送。这个信息用于帮助高层协议在提供流控时采取适当的操作。

⑥ DE：此信息为帧设置了一个丢弃优先级指示，当拥塞发生时，一个帧能否被丢弃。DE=1 表示此帧可优先舍弃。

⑦ D/C：扩展/控制指示比特。

(3) 信息字段(I)。

信息字段(I)包含用户数据，可以是任意的比特序列，但其长度必须是整数字节。

(4) 帧校验序列(FCS)字段。

FCS 是一个 16b 的序列，用以检测数据传输过程中的差错。

帧中继的帧结构和 HDLC 的区别在于：帧不带序号，因为帧中继不要求接收证实，也就没有链路层的纠错和流量控制功能；没有监视帧(S)，因为帧中继的控制信令使用专用通道(DLCI=0)传送。

5.3.3　帧中继交换原理

实际中帧中继网络是一个虚电路网络，提供面向连接服务，不提供无连接服务，所以它不用物理地址来定义与网络连接的终端(DTE)。像其他虚电路网络一样，使用虚电路标识符。帧中继的虚电路标识符是在数据链路层操作的，而在 X.25 中虚电路标识符是网络层(分组层)操作的。

帧中继的虚电路是用 DLCI 来定义的，且 DLCI 只具有本地含义。当网络建立了一条虚电路时，就给 DTE 一个 DLCI 编号，该编号可用于访问远端的 DTE。本地 DTE 用这个 DLCI 发送帧到远端的 DTE。帧中继网中，由多段 DLCI 的级联构成端到端的虚电路，可分为交换虚电路(SVC)和永久虚电路(PVC)。目前的帧中继网络只提供永久虚电路，类似于专线。

图 5-12 给出了几条 PVC 及它们的 DLCI。虽然图中有两个 DLC1 均为 33，但由于它们定义了来源于不同 DTE 的虚电路，因而两者都有效。

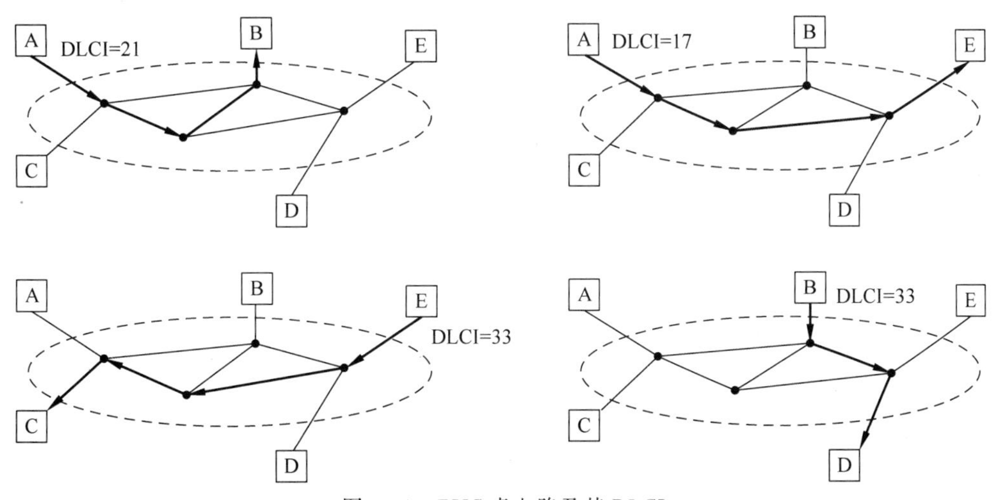

图 5-12　PVC 虚电路及其 DLCI

永久虚电路(PVC)连接是网络运营商在两个 DTE 之间建立的连接。两个 DTE 通过一条 PVC 连接。两个 DLCI 在连接的两端给用户网络接口赋值。

在帧中继网络中,每台交换机都保存有一张帧转发表,该表将进入接口号和 DLCI 的组合与输出接口号和 DLCI 的组合进行匹配,如图 5-13 所示。两个帧到达交换机的接口 1,第一个的 DLCI=121,另一个的 DLCI=124。第一个在交换机接口 2 输出,新的 DLCI = 041(见表中第一行),第二个在交换机接口 3 输出,新的 DLCI=112(见表中第二行)。

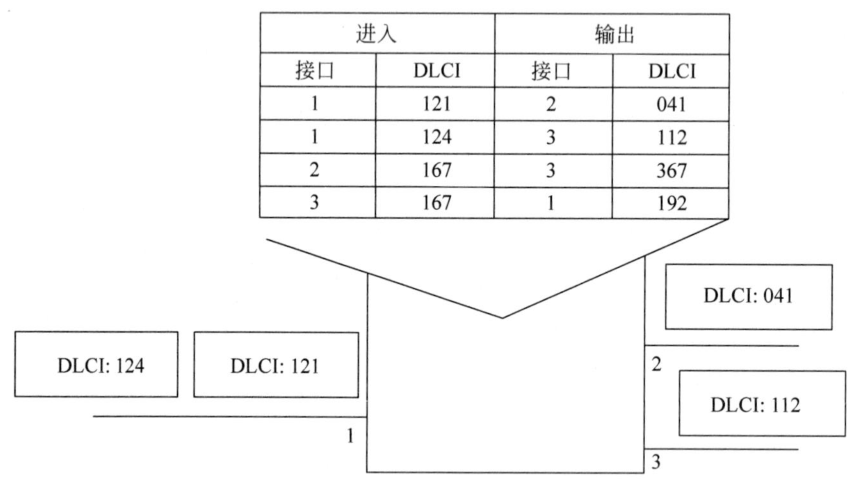

进入		输出	
接口	DLCI	接口	DLCI
1	121	2	041
1	124	3	112
2	167	3	367
3	167	1	192

图 5-13　帧中继交换示意图

帧中继应用于局域网间的互联示意图如图 5-14 所示,这是通过帧中继网络连接多个局域网的示意图,图中各局域网通过路由器分别连接到帧中继网中的帧中继交换机上。

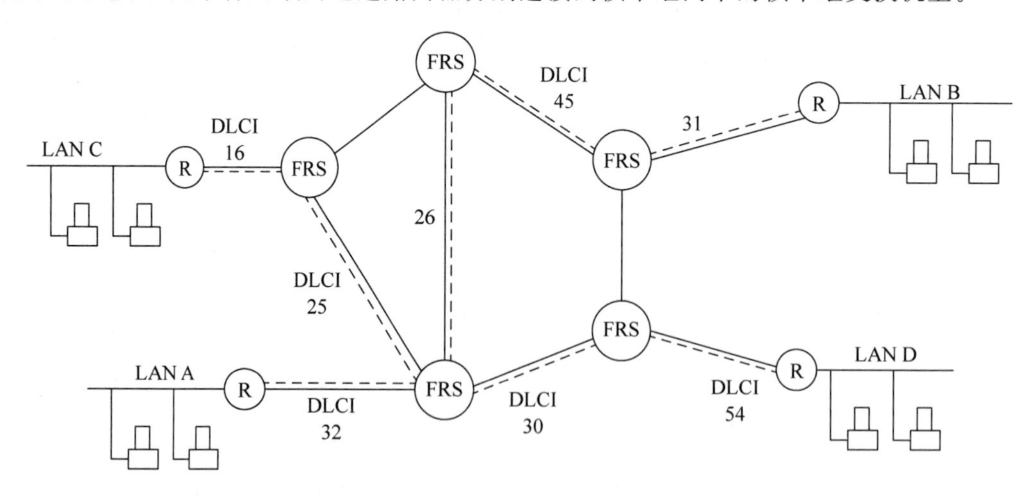

FRS——帧中继交换机　　　R——路由器
从LAN C到LAN D: DLCI为16, 25, 30, 54
从LAN A到LAN B: DLCI为32, 26, 45, 31

图 5-14　帧中继应用于局域网间的互联

采用帧中继技术，通过帧中继交换机建立局域网之间的联接，不需要那么多的专用线路，节省了费用。局域网将数据以帧格式而不是分组格式交到帧中继网中传输，帧中继网不负责差错控制，就相当于专用线路实现局域网的互联。

5.3.4　帧中继的带宽管理和拥塞控制

帧中继的带宽管理技术是通过 CIR（承诺的信息速率）、B_c（承诺的突发信息量）和 B_e（超量突发信息量）三个参数设定完成。T_c（承诺时间间隔）和 EIR（超过的信息速率）与此三个参数的关系是：$T_c = B_c/\text{CIR}$；$\text{EIR} = B_e/T_c$。

在传统的数据通信业务中，用户申请了一条 64kb 的电路，那么该用户只能以 64kb/s 的速率来传送数据；而在帧中继技术中，用户向帧中继业务运营商申请的是承诺的信息速率（CIR），在实际使用过程中，用户可以以高于 CIR 的速率发送数据，却无须承担额外的费用。

当在 T_c 内，用户速率小于或等于 B_c，网络确保数据帧的传送；$B_c \leqslant$ 用户速率 $\leqslant B_c + B_e$，网络将丢弃超过 B_e 部分中 DE=1 的帧；用户速率 $\geqslant B_c + B_e$，网络将丢弃超过 $B_c + B_e$ 部分的帧，如图 5-15 所示。

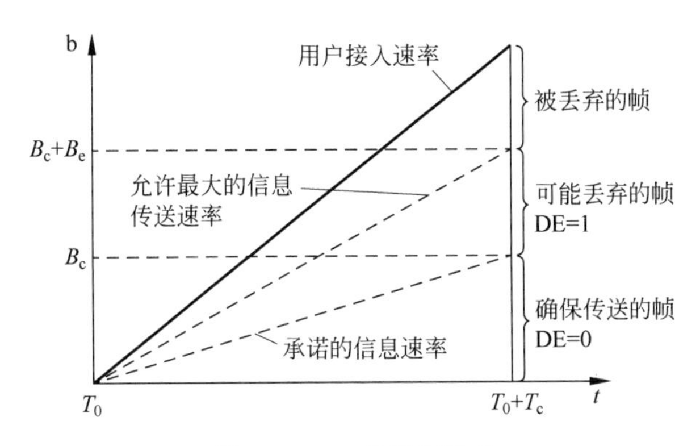

图 5-15　FR 的带宽管理

FR 的拥塞控制是通过帧格式中的 FECN 和 BECN 的两个比特位来显式地告知发送方和接收方拥塞出现的情况，发送者据此可调整发送的速率以避免拥塞。

高吞吐量和低时延是帧中继的主要目标。帧中继没有网络层，即使在数据链路层，帧中继也没有流量控制。另外，帧中继允许用户传输突发性数据。也就是说，帧中继具有潜在的通信拥塞，因此要求进行拥塞控制。帧中继的拥塞控制采用拥塞回避和丢弃两种办法。

1. 拥塞回避

在轻微拥塞的情况下，帧中继可以利用拥塞指示比特 FECN、BECN 来显式地告知收、发双方，以使其调整发送速率。

后向显式拥塞通知（BECN）比特警告发送方网络出现拥塞。发送方在收到拥塞信息后，原则上应降低数据传送速率，以减少因拥塞造成的帧丢失。

前向显式拥塞通知（FECN）比特警告接收方网络出现拥塞。可能会出现接收方对减轻拥塞无所作为的情况。但是，帧中继假定发送方与接收方彼此正在通信，并且在高层使用某种流量控制。例如，如果在高层存在一个确认机制，接收方就可以延时确认，迫使发送方降低速率，以达到缓解拥塞的目的。

2. 丢弃 DE=1 的帧

如果用户不响应拥塞警告，帧中继除继续采用 FECN、BECN 通知用户外，网络就会丢弃 DE = 1 的帧来对自身进行保护。这样做增加了网络的反应时间，降低了吞吐量，但可以防止网络性能的进一步恶化，使网络从拥塞中恢复过来。

5.4 ATM 技术

随着互联网的发展，数据业务的发展极为迅速，分组交换技术利用存储转发技术，根据其特点，比较适合突发性的数据业务。但早期的基于 X.25 协议的传统分组网，最多能提供中、低速率的业务，满足不了快速发展的数据业务需求，虽然后来出现了快速分组交换即帧中继，对 X.25 协议进行简化，将差错控制功能由终端负责完成，网络只进行差错检测，不进行差错纠正，减少了节点的处理时间，提高了网络的吞吐量，但是对带宽进一步需求较大的场合如电视会议(2Mb/s)、广播电视(34～140Mb/s)、高清晰电视 HDTV(140Mb/s)等，局域网高速互联、N-ISDN 无法提供与实现。现有的通信网是和其所提供的业务相互依存的，因此需要对现有交换技术进行变革，在需求市场的驱动下，异步转移模式即 ATM 便应运而生。

ATM 即异步转移模式，是一种采用异步时分复用方式、以固定信元长度为单位、面向连接的信息传送模式，它综合了电路交换和分组交换的优势，是综合业务数字网 B-ISDN 的核心技术。ATM 技术已成功应用于广域网，电信运营商多采用 ATM 技术作为承载多业务的宽带接入和传输平台。

ATM 交换具有如下特点。

(1) ATM 是一种统计复用技术，可实现网络资源的按需分配。

(2) ATM 采用短的固定长度的信元为处理单元，实时性好。

(3) ATM 支持多业务的传输，满足现有业务和未来业务的需求，并提供服务质量(QoS)的保证。

(4) ATM 采用面向连接的工作方式，在传输用户数据之前必须建立端到端的虚连接。

5.4.1 ATM 信元格式

信元是 ATM 处理所用的单元，话音、数据和视频等各种不同类型的数字信息均可被分割成长度一定的信元。ATM 信元长度为 53B，其中包括 5B 的信头，表征信元去向的逻辑地址、优先级等控制信息；48B 的信息段用于装载来自不同用户、不同业务的信息。

ATM 网络中有两种不同的网络接口类型，分别是网络节点接口(Network Node Interface，NNI)和用户网络接口(User-Network Interface，UNI)。不同的网络接口，其信头是不一样的，如图 5-16 所示。NNI 是指公用 ATM 交换机之间的接口，UNI 是指端用户与公用 ATM 交换机之间、端用户与专用 ATM 交换机之间以及端用户与公用 ATM 交换机之间的接口。

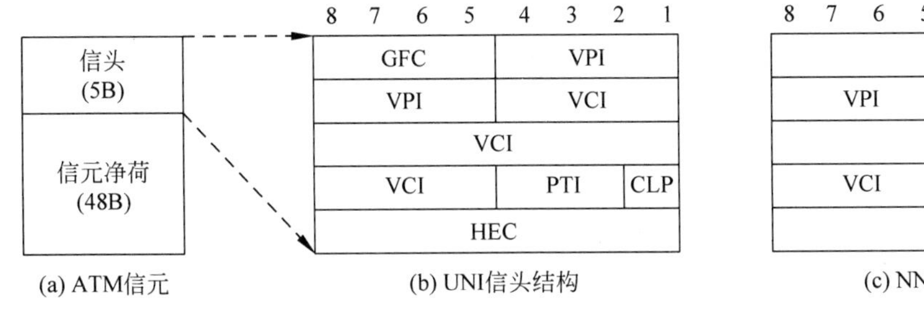

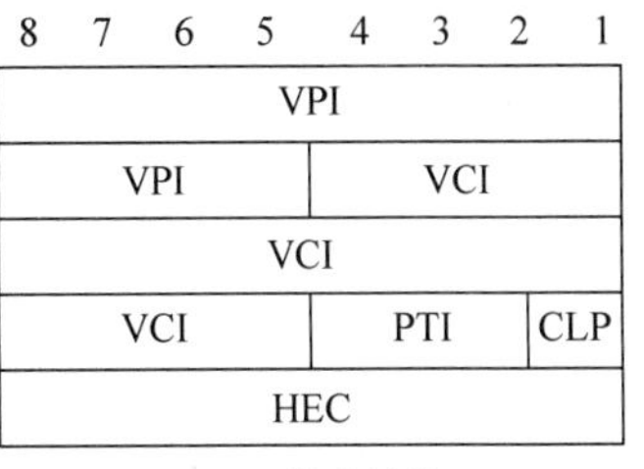

图 5-16 ATM 信元头格式

ATM 信元头中各字段的含义如下。

(1) 一般流量控制(GFC):GFC 仅用于 UNI,其功能是控制用户接入网络的流量,以避免网络拥塞。

(2) 虚通路标识符(VPI)和虚信道标识符(VCI):VPI 和 VCI 分别用于识别、区分不同的 VP 和 VC。

(3) 净荷类型指示(PTI):PTI 用于区分是用户数据还是管理信息。

(4) 信元丢失优先级(CLP):CLP 用于在网络拥塞时,决定丢弃信元的先后次序。

(5) 信元头差错控制(HEC):HEC 用于针对信元头的差错检测,并起信元定界作用。

(6) 净荷(Payload):净荷用于装载用户信息或数据。

5.4.2 虚信道 VC 和虚通路 VP

ATM 采用面向连接的工作方式,为了提供端到端的信息传送能力,ATM 在 UNI 之间建立虚连接,并在整个呼叫期间保持虚连接。为了适应不同应用和管理的需要,ATM 在两个等级上建立虚连接,即虚信道(Virtual Channel,VC)级和虚通路(Virtual Path,VP)级。

1. VC 和 VCC

VC 是指在两个或多个端点之间的一个传送 ATM 信元的通信信道。与其相关的有虚信道标识符(Virtual Channel Identifier,VCI),用于标识不同的 VC;虚信道连接(Virtual Charnel Connection,VCC),由一组 VCI 串接而成的通信信道。

2. VP 和 VPC

对于规模较大的 ATM 网络,由于要支持多个用户的多种通信,网中必定会出现大量速率不同的、特征各异的虚信道,在高速环境下对这些虚信道进行管理,难度很大。为此,ATM 采用分级的方法,将多个具有相同属性的 VC 组成一个 VP,也即一个 VP 包含多个相同属性的 VC。

与 VP 相关的有 VPI(Virtual Path Identifier),用于标识不同的 VP;由一组 VPI 串接而成 VPC。

传输线路、VC 和 VP 之间的关系如图 5-17 所示。在一个物理通道中,可以包含一定数量的 VP,而在一条 VP 中又可以包含一定数量的 VC。

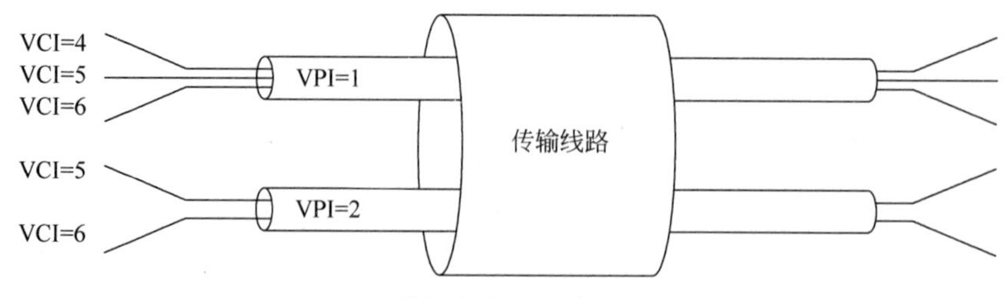

图 5-17　传输线路、VP 和 VC 的关系

5.4.3　ATM 交换基本原理

ATM 交换指 ATM 信元通过 ATM 交换系统从输入的逻辑信道到输出的逻辑信道的信息传递过程。输出逻辑信道的确定是根据连接建立请求在众多的输出逻辑信道中进行选择来完成的。ATM 逻辑信道由物理接口(入线或出线)编号和虚通道标识(VPI)和虚信道标识(VCI)共同识别。

ATM 交换的基本原理如图 5-18 所示。图中的交换节点有 M 条入线($I_1 \sim I_M$)和 N 条出线($O_1 \sim O_N$),每条入线和出线上传输的都是 ATM 信元。每个信元的信头值由 VPI/VCI 共同标识,信头值与信元所在的入线(或出线)编号共同表明该信元所在的逻辑信道(例如,图中入线 I_1 上有 4 个信元,信头值(VPI/VCI)分别为 x、y、z,那么在入线 I_1 上至少有 3 个逻辑信道)。在同一入线与出线上,具有相同信头值的信元属于同一个逻辑信道(例如,在入线 I_1 上有两个信头值为 x 的信元,这两个信元属于同一个逻辑信道)。在不同的入线或出线上可以出现相同的信头值(例如,入线 I_1 和入线 I_M 上有信元的信头值都是 x),但它们不属于同一个逻辑信道。

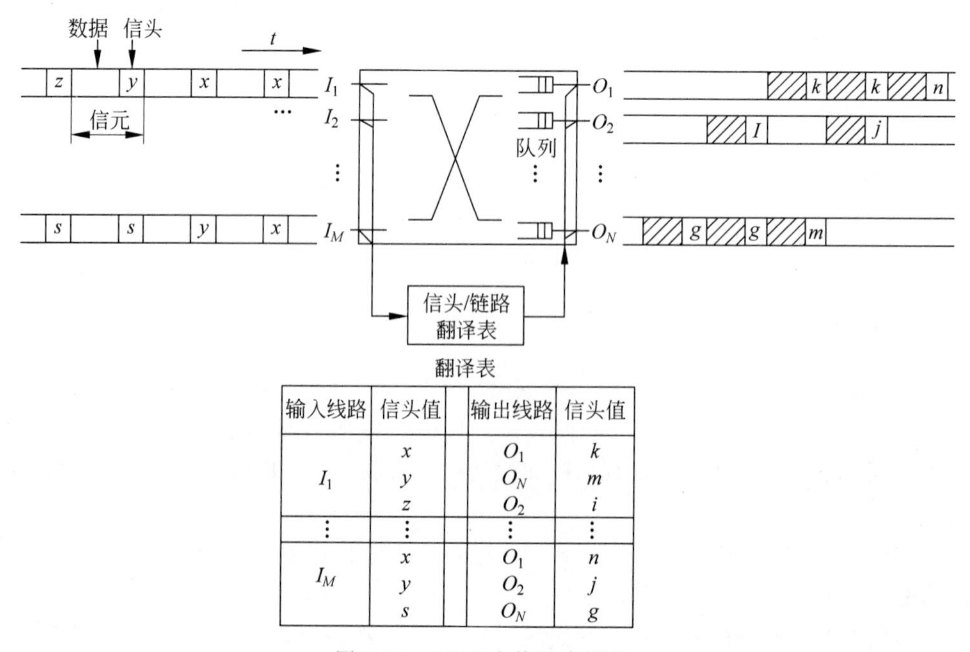

翻译表

输入线路	信头值	输出线路	信头值
I_1	x	O_1	k
	y	O_N	m
	z	O_2	i
⋮	⋮	⋮	⋮
I_M	x	O_1	n
	y	O_2	j
	s	O_N	g

图 5-18　ATM 交换基本原理

ATM 交换就是指从入线上来的输入 ATM 信元，根据翻译表被交换到目的出线上，同时其信头值由输入值被翻译成输出值。例如，凡是在输入链路 I_1 上信头值为 x 的所有信元，根据翻译表都被交换到出线 O_1 上，并且其信头值被翻译成 k；链路 I_1 上的信头值 y 的信元根据翻译表被交换到出线 O_N 上，同时信头值由 y 变为 m。同样，链路 I_M 上所有信头值为 x 的信元也被交换到 O_1，同时其信头值被翻译为 n。注意，来自不同入线的两个信元（入线 I_1 上 r 与入线 I_M 上 x）可能会同时到达 ATM 交换机并竞争同一出线（O_3），但它们又不能在同一时刻从出线上输出，因此要设置队列缓冲器来存储竞争中失败的信元，如图 5.18 所示，这个队列被设置在出线上。

由此可见，ATM 交换实际上是完成了三个基本功能：选路、信头翻译与排队。

选路就是选择物理接口的过程，即信元可以从某个入线接口交换到某个出线接口的过程，选路具有空间交换的特征。

信头翻译是指将信元的输入信头值（入 VPI/VCI）变换为输出信头值（出 VPI/VCI）的过程。VPI/VCI 的变换意味着某条入线上的某个逻辑信道中的信息被交换到另一条出线上的另一个逻辑信道。信头翻译体现了 ATM 交换异步时分复用的特征。信头翻译与选路功能的合作共同完成 ATM 交换。信头翻译与选路功能的实现是根据翻译表进行的，而翻译表是 ATM 交换系统的控制系统依据通信连接建立的请求而建立的。

排队是指给 ATM 交换网络（也叫作交换结构）设置一定数量的缓冲器，用来存储在竞争中失败的信元，避免信元的丢失。由于 ATM 采用异步时分复用方式来传输信元，所以经常会发生同一时刻有多个信元竞争公共资源的情况，例如，争抢出线（出线竞争）或交换网络内部链路（内部竞争）。因此 ATM 交换网络需要有排队功能，以免在发生资源争抢时丢失信元。

1. VC 交换

VPI 和 VCI 作为逻辑链路标识，只具有局部意义。也就是说，每个 VPI/VCI 的作用范围只局限在链路级。交换节点在读取信元的 VPI/VCI 的值后，根据本地转发表，查找对应的输出 VPI/VCI 进行转发并改变原来 VPT/VCI 的值。因此，信元流过 VPC/VCC 时可能要经过多次中继。VC 交换示例如图 5-19 所示。

ATM UNI
交换机1
ATM NNI
交换机2
ATM NNI
交换机3
ATM UNI
VPI 1 VCI 6
接口1
接口3
VPI 2 VCI 15
接口2
接口4
VPI 16 VCI 8
接口1
接口2
VPI 1 VCI 6

交换机1

输入接口	VPI/VCI	输出接口	VPI/VCI
1	1/6	3	2/15

交换机2

输入接口	VPI/VCI	输出接口	VPI/VCI
2	2/15	4	16/8

交换机3

输入接口	VPI/VCI	输出接口	VPI/VCI
1	16/8	2	1/6

图 5-19 VC 交换过程

图 5-19 中交换机 1 的输出接口 3 和交换机 2 的输入接口 2 之间有一条传输线路，交换机 2 的输出接口 4 连接交换机 3 的输入接口 1。一个发端用户使用 VPI 1/VCI 6 接入交换机 1；交换机 1 将输入标识 VPI 1/VCI 6 转换为输出标识 VPI 2/VCI 15；交换机 2 再将输入标识 VPI 2/VCI 15 转换为输出标识 VPI 16/VCI 8。这里 VPI 和 VC1 组合构成了网络的每段链路。最后，交换机 3 将 VPI 16/VCI 8 转换成目的地的标识 VPI 1/VCI 6。这种根据 VPI 和 VCI 组合来翻译信元标识的交换称为 VC 交换。

2. VP 交换

在 ATM 骨干网中，同时有几百万个用户在通信，其中可能同时有成千上万个 VC 从属于同一个 VP。如果网中所有交换机都进行 VC 交换，就要对几百万个独立的通信过程进行选路控制和数据转发。可想而知，骨干节点的处理负荷将十分繁重，转发速率将受到影响。如果骨干交换机把具有相同属性的若干个 VC 作为一个处理对象看待，只根据 VPI 字段选路并进行转发，将大大简化处理和管理过程。这种基于粗颗粒度的交换方式就是 VP 交换。

VP 交换意味着只根据 VPI 字段来进行交换。它是将一条 VP 上所有的 VC 链路全部转送到另一条 VP 上去，而这些 VC 链路的 VCI 值都不改变。VP 交换示例如图 5-20 所示。VP 交换的实现比较简单，可以看成传输信道中的某个等级数字复用线的交叉连接。在骨干网边缘，交换机仍然可以进行 VC 交换。

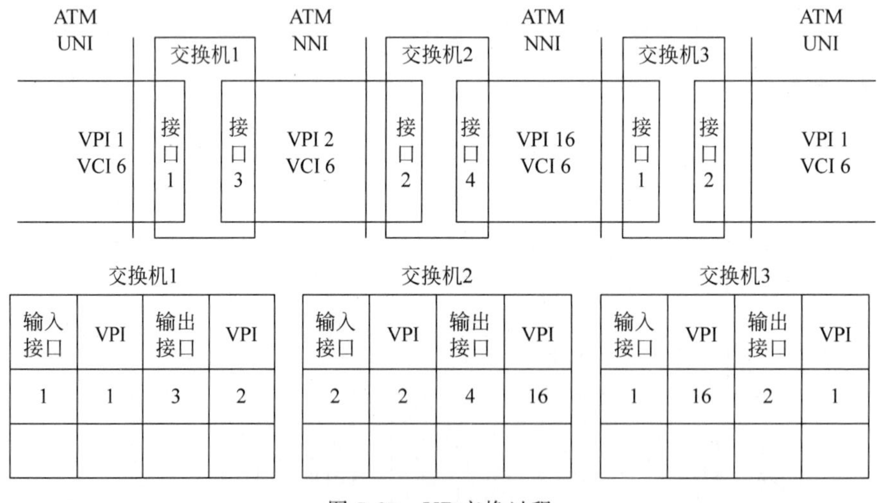

输入接口	VPI	输出接口	VPI
1	1	3	2

输入接口	VPI	输出接口	VPI
2	2	4	16

输入接口	VPI	输出接口	VPI
1	16	2	1

图 5-20　VP 交换过程

ATM 网络中 VP 和 VC 上的通信可以是对称双向、不对称双向或单向的。ITU-T 建议要求为一个通信的两个传输方向分配同一个 VCI 值。对 VPI 值也按同样方法分配。这种分配方法容易实现和管理，且有利于识别同一通信过程涉及的两个传输方向。

比较 VC 交换和 VP 交换可知，VC 交换时，VCI 值和 VPI 值都改变；而 VP 交换时，VCI 值不变，只有 VPI 值改变。

5.5 MPLS 技术

MPLS(Multi-Protocol Label Switching,多协议标记交换)是下一代 IP 骨干网络的关键技术之一,它是一种将第二层交换和第三层路由结合起来的交换技术,克服了传统 IP 网络由于存在传输效率低、无法保证服务质量(QoS)、不支持流量工程(Traffic Engineering,TE)等问题。MPLS 技术以其诸多优势和强大的网络功能,被业界认为是最具竞争力的通信网络技术之一。

5.5.1 MPLS 的基本思想

MPLS 是利用标记(label)进行数据转发的。当分组进入 MPLS 网络时,入口边沿路由器为该分组分配一个固定长度的短的标记,并将标记与分组封装在一起,在整个转发过程中,内部交换节点即标记交换路由器仅根据标记进行转发,在出口边沿路由器处再将标记去除。

传统 IP 交换网由 IP 路由器、交换机等网络设备构成。而 IP 路由器运行路由协议如路由信息协议(RIP)、开放最短路径优先协议(OSPF)以及边界网关协议(BGP)等来建立路由表。在转发数据时,IP 路由器要检查接收到的每一个数据分组头中的目的 IP 地址,根据此地址索引路由表,决定下一跳并转发出去。因此,传统 IP 交换采用的是 hop-by-hop 的逐跳式转发,转发速度慢,转发效率低,而且是路由选择和数据转发同时进行,即属于面向无连接的工作方式。

与传统 IP 交换技术相比,MPLS 技术将路由选择和数据转发分开进行,即 MPLS 采用面向连接的工作方式。在数据转发之前先进行路由选择,通过标记来标识所选路由,每个交换节点要记录路由所分配的标记信息,从而建立通信的源点到目的点之间的逻辑信道的连接。在信息传送阶段,数据分组依赖标记在交换节点中转发,沿着选好的路由通过网络。MPLS 交换技术如图 5-21 所示。

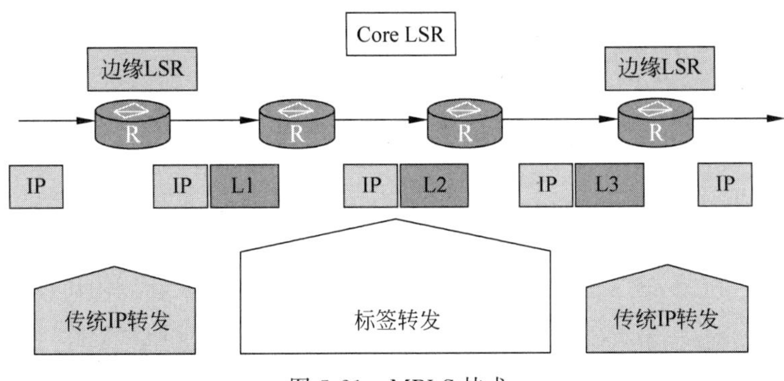

图 5-21 MPLS 技术

因此可以说,MPLS 技术与传统 IP 交换技术的最本质的区别在于传统 IP 交换采用面向无连接的工作方式,而 MPLS 采用面向连接的工作方式。

MPLS 技术的另一特点在于它的“多协议”特性,对上兼容 IPv4、IPv6 等多种主流网络层协议，将各种传输技术统一在一个平台之上；对下支持 ATM、PPP、SDH、DWDM 等多种链路层协议，从而使得多种网络的互联互通成为可能。

5.5.2 MPLS 网络体系结构及基本概念

MPLS 网络是指由运行 MPLS 协议的交换节点及连接交换节点之间的通信链路构成的区域，其体系结构如图 5-22 所示。由该体系结构可知，MPLS 网络的交换节点包括标记边沿路由器(Label Edge Router，LER)和标记交换路由器(Label Switching Router，LSR)。LER 位于 MPLS 网络的边缘，用于与其他外部网络或用户的连接，实现对分组数据的标记分配(入口处)或标记的去除(出口处)操作；LSR 位于 MPLS 网络内部，实现仅依据标记进行交换的功能。

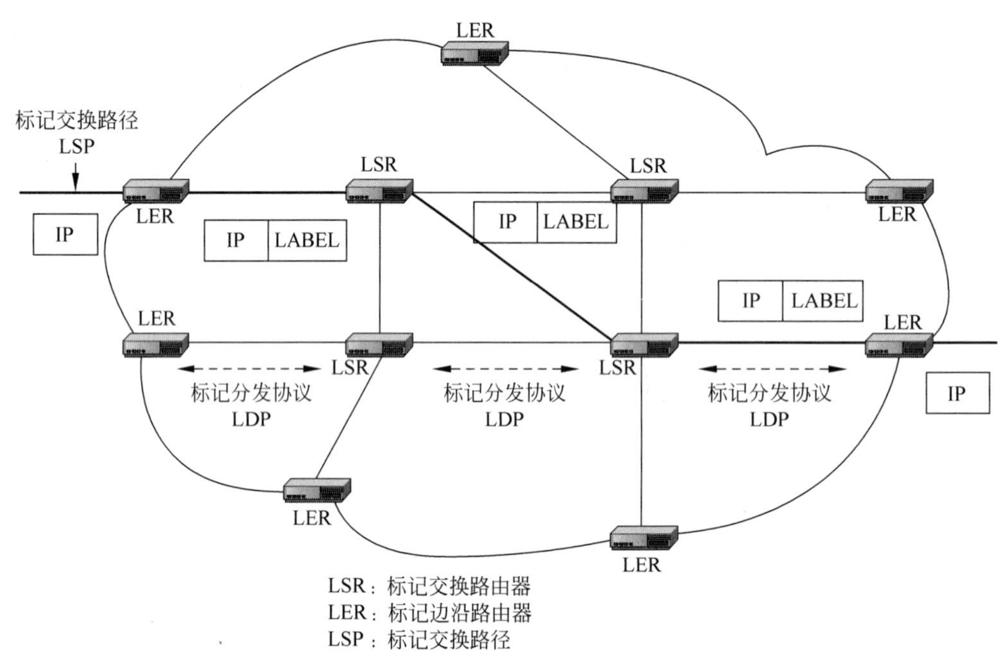

图 5-22　MPLS 网络体系结构

图 5-22 中数据分组附加的部分就是标记。它是一个短的、具有固定长度、具有本地意义的标志，用来标识和区分转发等价类(FEC)。具有本地意义是指标记仅在相邻 LSR 之间有意义。

转发等价类(Forwarding Equivalence Class，FEC)是某些具有相似属性、需要进行相同转发处理并转发到相同的下一个节点的分组的集合。

标记分发协议(Label Distribution Protocol，LDP)是 MPLS 的控制协议，用于 MPLS 网络的交换节点之间交换信息，完成标记交换路径 LSP 的建立、维护和拆除等功能。

标记交换路径(Label Switching Path，LSP)是 MPLS 网络为具有一些共同特性的分组通过网络而选定的一条通路，由入口的 LER、一系列 LSR 和出口的 LER 以及它们之间由标记串接而成的逻辑信道。

标记映射也称标记绑定，是指将标记分配给转发等价类 FEC。一个 FEC 可以对应多个标记，但一个标记只能对应一个 FEC。

从信息的源点到目的点的传输方向上，经过多个不同的转发节点，对某个节点而言，其信息发送方节点称为上游，其信息接收方节点称为下游。

标记信息库（Label Information Base，LIB）类似于路由表，记录与某一 FEC 相关的信息。例如，输入接口、输入标记、FEC 标识（例如，目的网络地址前缀、主机地址等）、输出接口、输出标记等内容。

5.5.3 MPLS 基本交换原理

MPLS 交换采用面向连接的工作方式，而面向连接的工作方式需要经过三个基本过程：通信链路的建立、信息的传输和链路的拆除。对于 MPLS 来说，通信链路的建立就是形成标记交换路径 LSP 的过程；信息的传输就是数据分组沿 LSP 进行转发的过程；而链路的拆除就是通信结束或发生故障异常时释放 LSP 的过程。

MPLS 的基本交换过程如图 5-23 所示，可简要描述如下。

（1）MPLS 网络交换节点运行路由协议如 RIP 或 OSPF 或 BGP 等，建立路由表。

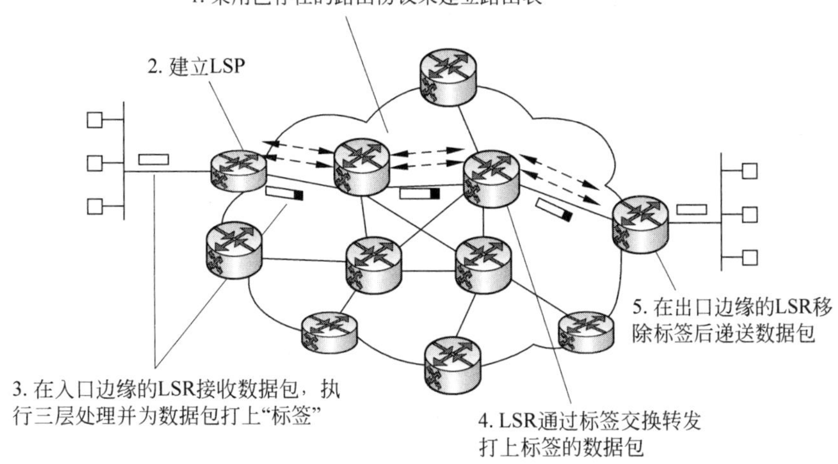

图 5-23 MPLS 交换过程

（2）交换节点在 LDP 控制和路由表作用下，建立标记交换路径 LSP。

（3）网络边沿入口处 LER 对 FEC 进行标记分配（绑定）。

（4）网络内部交换节点 LSR 依据标记在已建立的 LSP 上转发。

（5）在网络边沿出口处 LER 去除标记。

MPLS 采用面向连接的工作方式，其工作原理详细描述如下。

1. 通信链路的建立

1）驱动连接建立的方式

MPLS 技术支持三种驱动虚连接建立的方式，分别是拓扑驱动方式、请求驱动方式和数据驱动方式。拓扑驱动方式是指由路由表信息更新消息（例如发现了新的网络层目的地址）触发建立的虚连接；请求驱动方式是指由资源预留协议（RSVP）消息触发建立的虚连接；数据驱动方式是指由数据流的到来触发建立的虚连接。目前，在 MPLS 网络中，拓扑驱动方式应用比较广泛。需要说明的是，对于请求驱动方式，RSVP 与路由协议结合运用，要在节点间传送服务质量(QoS)，以建立一条满足传输质量要求的路径。

2) 标记分配

MPLS 有两种 LSP 建立控制方式：独立控制方式和有序控制方式。两者的区别在于，在独立控制方式中，每个 LSR 可以独立地为 FEC 分配标记并将映射关系向相邻 LSR 分发；而在有序控制方式中，一个 LSR 为某 FEC 分配标记当且仅当该 LSR 是 MPLS 网络的出口 LER，或者该 LSR 收到某 FEC 目的地址前缀的下一跳 LSR 发来的对应此 FEC 的标记映射。

标记分发有上游分配和下游分配两种方式，下游分配又有下游自主分配方式和下游按需分配方式。上游分配和下游分配是指某 FEC 在两个相邻 LSR 之间传输时采用的标记是由上游 LSR(上游分配方式)还是由下游 LSR 分配(下游分配方式)。

对于下游分配方式，存在着自主分配和按需分配，如果下游 LSR 是在接收到上游 LSR 对于某 FEC 的标记请求时才分配标记并将映射关系分发给上游 LSR，那么下游 LSR 采用的就是按需分配方式；如果下游 LSR 不等上游 LSR 的请求，而在获知某 FEC 时就予以分配标记，并将映射关系分发给上游 LSR，那么下游 LSR 采用的就是自主分配方式。

3) 链路建立过程

MPLS 网络中的各 LSR 要在路由协议如 RIP、OSPF 协议等的控制下，分别建立路由表。

在 LDP 的控制下和路由表的作用下，LSR 进行标记分配，LSR 之间进行标记分发，分发的内容是 FEC 与标记的映射关系，也即 FEC 与标记的绑定，从而通过标记的交换建立起针对某一个 FEC 的 LSP。

分发的内容被保存在标记信息库 LIB 中，LIB 类似于路由表，记录与某一个 FEC 相关的信息，例如输入接口、输入标记、FEC 标识(例如目的网络地址前缀、主机地址等)、输出接口、输出标记等内容。LSP 的建立实质上就是在 LSP 的各个 LSR 的 LIB 中，记录某一个 FEC 在交换节点的输入、输出接口和入标记的对应关系。

如图 5-24 所示说明了有序的下游按需分配分发方式的 LSP 建立过程，其他方式与此相似。

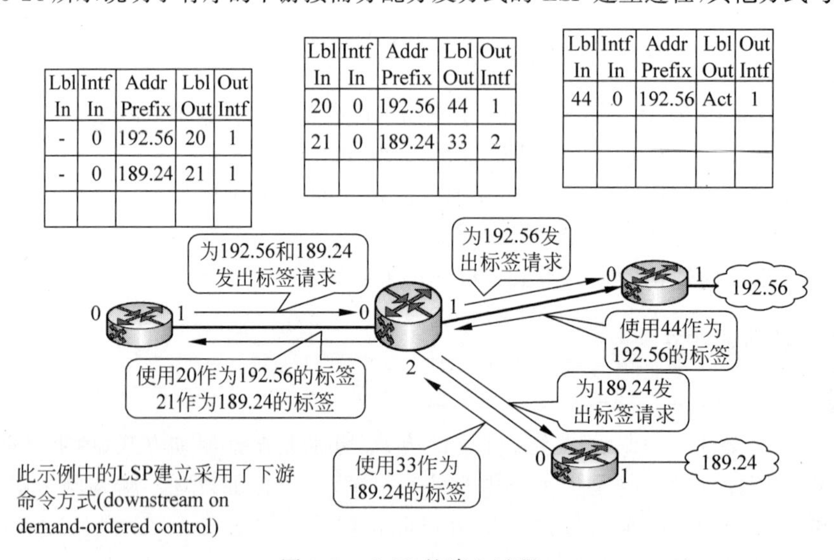

图 5-24 LSP 的建立过程

4）MPLS 路由方式

MPLS 协议支持两种路由方式，一种是目前 IP 网络中广泛应用的逐跳式路由 LSP，这种方式的特点是每个节点均可独立地为某 FEC 选择下一跳；另一种是显式路由方式，在这种方式中，每个节点路由器不能独立地决定某 FEC 的下一跳，而要由网络的入口路由器或出口路由器依照某些策略和规定来确定路由。显式路由能够很好地支持 QoS 和流量工程，MPLS 的一大优势就在于它对显式路由的支持。

2. 数据传输

MPLS 网络的数据传输采用基于标记的转发机制，其工作过程如图 5-25 所示。

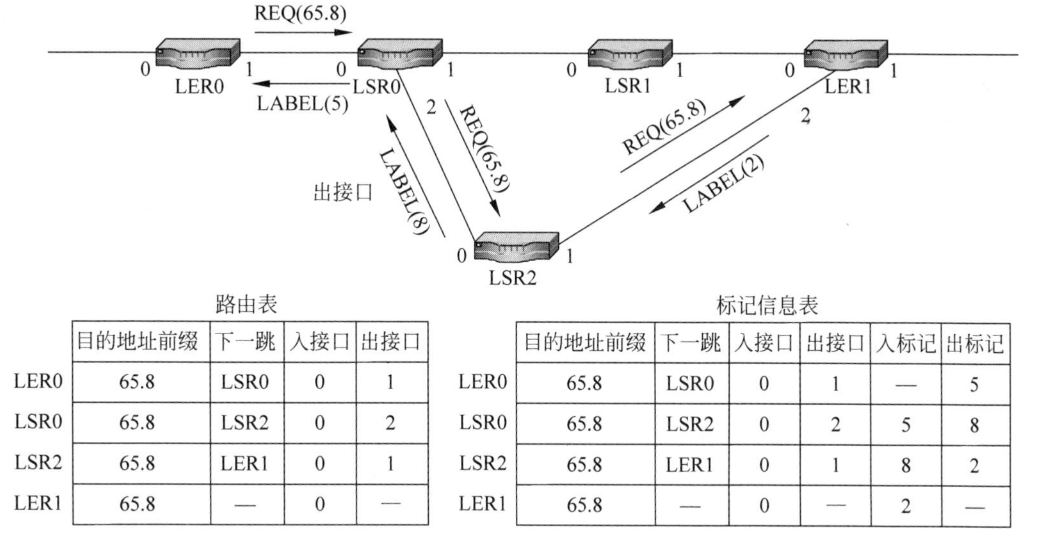

路由表

	目的地址前缀	下一跳	入接口	出接口
LER0	65.8	LSR0	0	1
LSR0	65.8	LSR2	0	2
LSR2	65.8	LER1	0	1
LER1	65.8	—	0	—

标记信息表

	目的地址前缀	下一跳	入接口	出接口	入标记	出标记
LER0	65.8	LSR0	0	1	—	5
LSR0	65.8	LSR2	0	2	5	8
LSR2	65.8	LER1	0	1	8	2
LER1	65.8	—	0	—	2	—

图 5-25　LSP 上的数据转发

1）入口 LER 的处理过程

当数据流到达入口 LER 时需完成三项工作：将数据分组映射到 LSP 上；将数据分组封装成标记分组；将标记分组从相应接口转发出去。

入口 LER 检查数据分组中的网络层目的地址，将分组映射为某个 LSP，也就是映射为某个 FEC。

FEC 可包含多个属性，目前只有两个属性：地址前缀（长度可从 0 到完整的地址长度）和主机地址（即为完整的主机地址）。今后可能将不断有新的属性被定义。FEC 属性的作用在于规范和指定分组与 LSP 的映射。

分组与 LSP 的映射过程依次遵循如下几条规则，直到找到映射关系。

（1）如果只有一条 LSP 对应的 FEC 所含的主机地址与分组的目的地址相同，则分组映射到这条 LSP。

（2）如果同时有多条 LSP 对应的 FEC 所含的主机地址与分组的目的地址相同，则依据某种方法从其中选择一条。

（3）如果分组只与一条 LSP 匹配（即分组的目的地址起始部分与 LSP 对应的 FEC 的地址前缀属性相同），则分组映射到这条 LSP。

（4）如果分组同时与多条 LSP 匹配，则分组映射到前缀匹配最长的 LSP。如果匹配长度一样，则从中选择一条与分组映射，选择的原则可自行规定。

（5）如果已知分组必从一特定的出口 LER 离开网络，且有一条 LSP 对应的 FEC 地址前缀与该 LER 的地址相匹配，则分组映射到这条 LSP。

简而言之，分组与 LSP 的映射原则是主机地址匹配优先，最长地址前缀匹配优先。

入口 LER 的封装操作就是在网络层分组和数据链路层头之间加入“SHIM”垫片，如图 5-26 所示。“SHIM”实际上是一个标记栈，其中可以包含多个标记，标记栈这项技术使得网络层次化运作成为可能，在 MPLS VPN 和流量工程中有很好的应用。这样的封装使得 MPLS 协议独立于网络层协议和数据链路层协议，这也就解释了上面提到的 MPLS 支持“多协议”的特性。

第三层封装	IP Packet			
MPLS 封装	SHIM Label			
第二层封装（链路层技术）	ATM	FR	PPP	Ethernet
	VCI/VPI	DLCI		

图 5-26　入口 LER 的封装操作

每个标记是一个 4B 的标识符，具体内容如图 5-27 所示。其中，Label 字段占 20b，表示标记的编码值，用于标识一个 FEC；EXP 字段占 3b，保留字段，协议中没有明确规定，通常用作服务类别 CoS；S 字段占 1b，栈底指示位，MPLS 支持标记嵌套，值为 0 时表示当前标记不是栈底层；TTL 字段，占 8b，生存时间标识，和 IP 分组中的 TTL 意义相同，可以用来防止环路。

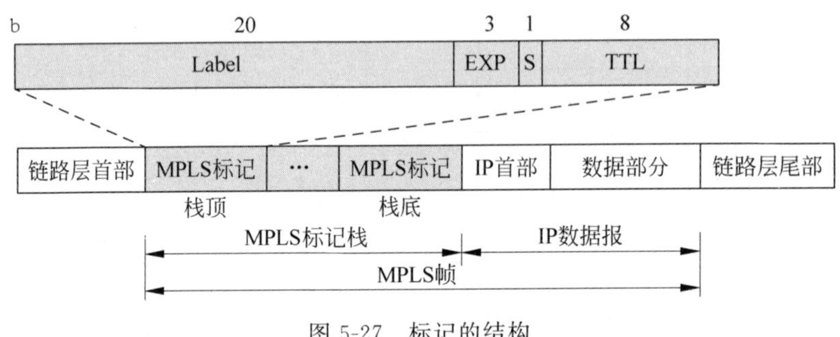

图 5-27　标记的结构

标记值可以从该分组所映射的 FEC 对应的 LIB 表项中获得。

入口 LER 从该分组映射的 FEC 在 LIB 中的表项中可获得该分组的输出接口，将封装好的分组从该接口转发出去即可。

2）LSR 的处理过程

LSR 从“SHIM”中获得标记值，用此标记值索引 LIB 表，找到对应表项的输出接口和输出标记，用输出标记替换输入标记，从输出接口转发出去。

由此可见，在 MPLS 网络的内部 LSR，对分组转发不必像传统 IP 路由器那样检查、分析网络层分组数据中的目的地址，不需要进行网络层的路由选择，仅需通过标记即可实现数据分组的转发。这极大地简化了分组转发的操作，提高了分组转发的速度，从而实现了高速交换，突破了传统路由器交换过程中复杂、耗时过长的瓶颈，改善了网络性能。

3）出口 LER 的处理过程

MPLS 网络边沿出口路由器 LER 是数据分组在 MPLS 网络中经历的最后一个节点，

所以出口路由器 LER 要进行相应的弹出标记即去除标记等操作。

同时,出口路由器 LER 检查网络层分组的目的地址,用这个网络层地址查找路由表,找到下一跳。然后,从相应接口将这个分组转发出去。

3. 链路的拆除

因为 MPLS 网络中的虚连接,也就是 LSP 路径是由标记所标识的逻辑信道串接而成的,所以连接的拆除也就是标记的取消。标记取消的方式主要有两种,一种是采用计时器的方式,即分配标记的时候为标记确定一个生存时间,并将生存时间与标记一同分发给相邻的 LSR。相邻的 LSR 设定定时器对标记计时。如果在生存时间内收到此标记的更新消息,则标记依然有效并更新定时器;否则,标记将被取消。在数据驱动方式中,常采用这种方式,因为很难确定数据流何时结束。

另一种标记取消方式就是不设置定时器,这种方式下 LSP 要被明确地拆除,网络中拓扑结构发生变化(例如,某目的地址不存在或者某 LSR 的下一跳发生变化等)或者网络某些链路出现故障等原因,可能促使 LSR 通过 LDP 消息取消标记,拆除 LSP。

习题

1. 选择题

(1) 广域网技术主要对应于 TCP/IP 模型的哪一层?(　　)

A. 网络接口层　　B. 网络层　　C. 传输层　　D. 应用层

(2) 以下哪项不是广域网的连接方式?(　　)

A. 专线　　B. 分组交换　　C. 电路交换　　D. 时分复用

(3) 以下哪两项属于电路交换广域网连接技术?(　　)

A. PSTN　　B. ISDN　　C. 帧中继　　D. ATM

(4) 以下哪两项属于分组交换广域网连接技术?(　　)

A. PSTN　　B. ISDN　　C. 帧中继　　D. ATM

(5) 在 PPP 验证中,什么方式采用明文方式传送用户名和密码?(　　)

A. PAP　　B. CHAP　　C. EPA　　D. DES

2. 问答题

(1) 广域网的作用是什么?

(2) 广域网的连接方式有哪些?

(3) PPP 认证有哪几种形式? 各有什么特点?

(4) HDLC 有哪几种不同的帧类型? 各有什么作用?

(5) 帧中继交换是对传统分组交换 X.25 协议链路层进行了简化,这种简化是基于哪些方面的考虑?

(6) ATM 交换有哪些主要特点?

(7) ATM 交换技术中,VP 交换和 VC 交换有什么区别?

(8) 多协议标记交换(MPLS)的基本思想是什么? 如何理解多协议?

(9) MPLS 交换和传统 IP 交换主要区别是什么?

第6章 路由技术

6.1 路由概述

路由是指信息从源地点到达目的地点所经过的路径或通路，路由处于 OSI 参考模型的第三层即网络层，实现路由功能的物理设备称为路由器，路由器根据数据包的目的地址按照路由表的转发方法将数据包转发至下一跳的路由器，最终将数据包送达目的地。

路由技术主要涉及路由选择算法和路由选择协议(具体参见第 7 章)两方面的内容。

6.1.1 路由选择基本概念

1. 路由选择概述

通信网络中为了提高通信的可靠性和有利于对业务流量的控制，往往采用多条路由方式。交换节点的路由选择问题，就是在任意两个用户终端之间的呼叫建立过程中，交换机在多条路由中选择一条较好的路由，获得较好路由的方法就是路由算法。所谓较好的路由，是指报文通过网络的平均时延较短，并具有平衡网内业务量的作用。路由选择问题不单是考虑最短的路由，还要考虑通信资源的综合利用，以及对网络结构变化的适应能力，从而使全网的业务通过量最大。

在选择路由方法时，需要考虑如下三方面的问题。

1）路由选择准则

路由选择准则指以什么参数作为路由选择的基本依据，可以分为两类：以路由所经过的跳数为准则或以链路的状态为准则。其中，以链路的状态为准则时，可以考虑链路的距离、带宽、费用、时延等。路由选择的结果应该使得路由准则参数最小，因此相应就有最小跳数法、最短距离法、最小费用法、最小时延法等。

2）路由选择协议

依据路由选择的准则，在相关节点之间进行路由信息的收集和发布的规程和方法称为路由协议。路由参数可以是静态不变的、周期性变化的或动态变化的等；路由信息的收集和发布可以集中进行，也可以分散进行。

3）路由选择算法

路由选择算法指如何获得一个准则参数最小的路由。可以是集中式的即由网络中心统一计算，然后发送到各个节点；也可以是分布式的即由各节点根据自己的路由信息进行计算。

实用化的路由选择算法有多种，用得较多的有静态的固定路由算法和动态的自适应路由算法。对于小规模的专用分组交换网采用固定路由算法；对于大规模的公用分组交换网大多采用动态的自适应路由算法，同时仍保留固定路由算法作为备用。

2. 路由选择方法

路由选择算法包括固定型算法、自适应路由选择法和最短路径算法。

1）固定型算法

固定型算法又分为洪泛法、随机路由选择法和固定路由表算法。

（1）洪泛法。

洪泛法路由选择的原理是，每个节点接收到一个分组后检查是否收到过该分组，如果收到，就将它丢弃，如果未收到，则把该分组发往除了分组来源的那个节点以外的所有相邻的节点。这样，同一个分组的副本将经过所有的路径到达目的节点。目的节点接收最先到达的副本，后到的副本将被丢弃。如图 6-1 所示为洪泛法路由选择示例，分组从交换节点 1 传送到交换节点 6 的情况。

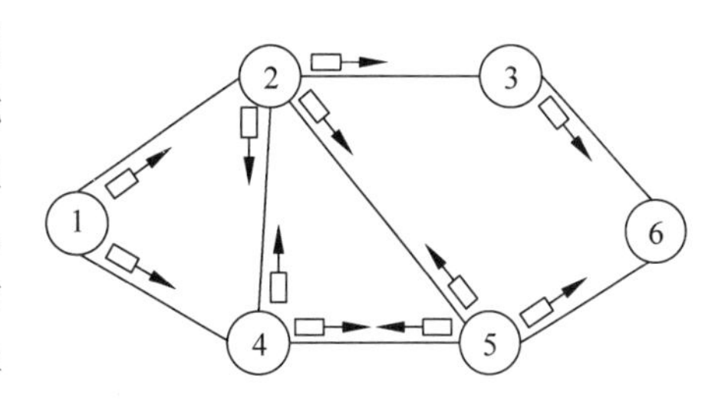

图 6-1 泛洪法路由选择示例

洪泛法的优点是具有很高的可靠性，不需要路由表。由于要经过源节点和目的节点之间的所有路径，所以即使网络出现严重故障，只要在源节点和目的节点之间至少存在一条路径，分组都会被送达目的节点，因此这种方法一般只用在可靠性要求特别高的军事通信网中。另外，所有与源节点直接或间接相连的节点都会被访问到，所以，洪泛法可以被应用于广播。洪泛法的缺点就是产生的通信量负荷过高，额外开销过大，导致分组排队时延加大。

（2）随机路由选择法。

在这种方法中，当节点收到一个分组后，除了输入分组的那条链路之外，按照一定的概率 P_i 从 n 条链路中选择链路 i（$P_i+\cdots+P_n=1$）发送分组。

随机路由选择同洪泛法一样，不需要使用网络路由信息，并且在网络故障时分组也能到达目的地，网络具有良好的健壮性。同时，路由选择是根据链路的容量进行的，有利于平衡通信量。但所选的路由一般并不是最优的，因此网络必须承担的通信量负荷要高于最佳的通信量负荷。

（3）固定路由表算法。

固定路由表算法的基本思想是：在每个节点上都事先设置一张路由表，给出了该节点到达其他各目的节点的路由的下一个节点。当分组到达该节点并需要转发时，即可按它的目的地址查找路由表，将分组转发至下一节点，下一节点再继续进行查表、选路、转发，直到将分组转发至终点。在这种方式中，路由表是在整个系统进行配置时生成的，并且在此后的一段时间内保持不变。这种算法简单，当网络拓扑结构固定不变并且业务量也相对稳定时，采用此法比较好。但它不能适应网络拓扑的变化，一旦被选路由出现故障，就会影响信息的正常传送。

固定路由表算法的一种改进方法是，在表中提供一些预备的链路和节点，即给每个节点提供到各目的节点的可替代的下一个节点。当链路或节点故障时，可选择替代路由来进行数据传输。

如第4章中所述的那样，路由表包含目的网络、下一跳、出接口等表项，如图6-2所示的网络拓扑，任何一个路由节点都保存有一张路由表，如节点4的简化的固定路由表如表6-1所示，其他节点的路由表可进行类似分析。

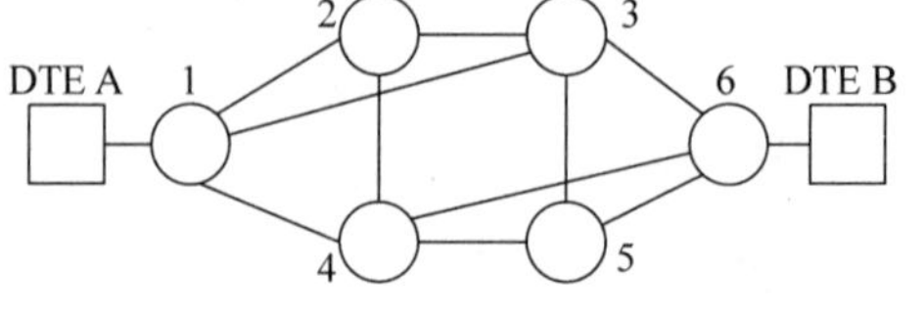

图6-2 网络拓扑

表6-1 节点4的简化路由表

目标网络(节点)	下一跳	目标网络(节点)	下一跳
1	1	4	—
2	2	5	5
3	1/2/5/6	6	6

2）自适应路由选择法

自适应路由选择(Adaptive Routing)是指路由选择随着网络情况的变化而改变，事实上在所有的分组交换网络中，都采用了某种形式的自适应路由选择技术。

影响路由选择判决的主要条件如下。

(1) 故障：当一个节点或一条中继线发生故障时，它就不能被用作路由的一部分。

(2) 拥塞：当网络的某部分拥塞时，最好让分组绕道而行，而不是从发生拥塞的区域穿过。

目前为止，自适应路由选择策略是使用最普遍的，其原因如下。

(1) 从网络用户的角度来看，自适应路由选择策略能够提高网络性能。

(2) 由于自适应路由选择策略趋向于平衡负荷，因而有助于拥塞控制，能够防止时延严重拥塞事件的发生。

自适应路由选择的上述优点与网络设计是否合理，与其负荷本身有关。总的说来，要想获得良好的选路效果，涉及网络结构、选路策略和流量工程等诸多因素，是一项复杂的系统工程。主要的分组交换网络，大多至少经历过一次对其路由选择策略的重大调整。

3）最短路径算法

路由选择中，要依据一定的算法来计算具有最小参数的路由，即最佳路由。这里最佳的路径并不一定是物理长度最短，最佳的意思可以是长度最短，也可能是时延最小或者费用最低等。若以这些参数为链路的权值，则一般称权值之和为最小的路径为最短路径。一般地，在分组网中采用时延最小的路径为最短路径。

6.1.2 IP网络的路由选择算法

路由选择是指在网络中选择从源节点向目的节点传输信息的路径。信息可能通过多个中间节点进行转发，有多条路径可以选择，需要使用某种算法进行路由选择。由于考虑角度不同、实施条件不同，有多种路由选择算法，这些路由算法具有不同的特性。首先，算法设计者的设计目标会影响路由选择协议的运行结果；其次，现有各种路由选择算法对网络和路由器资源的影响不同；最后，不同的计量标准也会影响最佳路径的计算结果。

1. 设计原则

路由选择算法通常满足下列一个或多个设计要求。

1）最优性

它是指路由选择算法选择最优路径的能力。"最优"是针对某个或某些参数而言的，如把网络吞吐量最大称为最优，把分组时延最小称为最优，或是把这些性能指标的加权平均作为参考依据。

2）简易性和低开销

路由选择算法应尽可能的简单。换言之，路由选择算法必须用最低的开销来提供最有效的功能，实现路由选择算法的软件运行在资源受限的计算机中，效率显得尤为重要。

3）强壮性和稳定性

路由选择算法必须具有强壮性，意味着它们必须在出现异常或非预见性情况时（如硬件故障，高负荷状态和不正确的操作），也能正常运行。由于路由器位于网络节点上，它们发生故障时会引起更为严重的问题，因此，路由选择算法必须经受时间的考验，且在各种不同的网络环境下有很好的稳定性。

4）快速收敛性

路由选择算法必须能够迅速收敛，收敛是指所有路由器的路由表取得一致的过程。当一个网络由于某种事件造成路由停机或开通时，路由器就会发送修正路由消息，该消息在网络上传播，引发路由器重新计算最优路由，并最终促使所有路由器承认新的最优路由。路由选择算法收敛过慢，会导致路由循环或网络发生故障。

5）灵活性

路由选择算法还应当具有灵活性，意味着路由选择算法必须迅速准确地适应不同的网络环境。假设某一网段出现故障，路由选择算法在意识到这个问题后，应能尽快为所有路由选择最佳路径，避免使用那段网络。路由选择算法在设计时应能适应网络带宽、路由器队列大小和网络时延，以及其他的变化。

2. 算法类型

1）静态和动态路由选择算法

静态路由选择算法设计简单，在网络信息流相对可以预见并且网络设计相对简单的环境里运行较好。

由于静态路由选择算法不能对网络的变化做出反应，所以，它不能适合当今大型、易变的网络环境。绝大多数优秀的路由选择算法都是动态的，这些动态路由选择算法通过分析接收的路由更新消息适应网络环境的变化。路由选择软件接收到网络发生变化的消息后，就会重新计算路由，并发出路由更新消息。路由器接收到这些消息后，便重新进行计算，并改变路由选择表。

静态路由选择算法可以弥补动态路由选择算法的某些不足。例如，为所有无法选择路由的数据包指定一个最终路由器,即将所有无法选择路由的数据包转发到该路由器,以保证所有数据包都得到某种方式的处理。

2)单路径和多路径路由选择算法

一般的路由选择算法都是单路径算法,即只选择一条到达目的节点的路径进行信息传输。一些复杂的路由选择协议支持多路径到达同一目的节点,与单路径算法不同,这些多路径算法允许信息流在多条线路上同时进行传送。多路径算法的优势是,提高了端到端的通信带宽和可靠性。

3)平面和分层路由选择算法

一些路由选择算法在平面空间运行,而另一些路由选择算法采用分层空间。在平面路由选择算法中,所有路由器是平等的;而在分层路由选择算法中,路由器被划分成主干路由器和非主干路由器。数据包先在边沿网络被传送到主干路由器中;然后在主干网络中通过一个或多个主干路由器传输到另一个边缘网络,最后通过一台或多台非主干路由器到达目的节点。主干网络和边缘网络使用不同的路由算法。

分层路由的主要优点是能较好地支持实际信息流量模式。由于大多数网络通信发生在小公司(域)中,且域内路由器只需要了解域内的其他路由器即可,因此,可以简化路由选择算法,以相应地减少路由更新消息流量。

4)主机智能和路由器智能路由选择算法

一些路由选择算法由源节点决定整个传送路径,这就是通常所说的源路由选择(Source Routing)。在源路由选择系统里,路由器只是一台存储转发设备,负责向下一节点发送数据包。在这种系统中,主机具有路由选择的智能。

而其他的算法假定主机对路由器一无所知,路由器根据自己的计算结果来确定网上的路径。在这种系统中,路由器具有路由选择的智能。

如果把主机智能路由选择算法和路由器智能路由选择算法结合起来使用,则是一种最佳方法。虽然主机智能路由选择算法在实际发送数据包之前就能发现到达目的节点的所有可能路由,并能根据不同系统对最优路由的不同要求做出选择,但这种选择方法常常需要耗费大量的时间。

5)域内和域间路由选择算法

一些路由选择算法只在域内运行,而另一些路由选择算法可在域内或域间(即域与域之间)运行,这两种算法存在本质的区别。因此,一个最优的域内路由选择算法并不一定是最佳的域间路由选择算法。

6.2 路由分类

路由分为静态路由和动态路由,它们相应的路由表称为静态路由表和动态路由表。

静态路由表由网络管理员根据网络拓扑进行手工配置而成;而动态路由表是路由器运行路由协议,相互之间交换路由信息而自动生成。

1. 路由协议的概念

路由协议是路由器之间相互通信所采用的一种“语言”,由一组处理进程、算法和消息组成,用于交换路由信息,并将其选择的最佳路径添加到路由表中。

路由协议的算法定义了以下过程:第一,发送和接收路由信息的机制;第二,计算最佳路径并将路由添加到路由表的机制;第三,检测并响应拓扑结构变化的机制。

路由协议具有如下的特征。

(1) 收敛时间的快慢。

(2) 是否具有扩展性。

(3) 无类或有类网络。

(4) 资源使用率情况。

(5) 实现和后期维护。

2. 路由协议的度量及管理距离

度量是路由协议用于分配到达目的网络开销的值,不同的路由协议其度量方式不一样,如 RIP 采用“跳数”作为其度量值,而 OSPF 采用“开销”作为其度量值等,当有多条路径通往同一目的网络时,路由协议就采用度量来确定最佳路径。

管理距离则是用于指定路由协议的优先级,也即当路由器运行多种路由协议并计算到达目的网络的路径时,路由器便据此管理距离值来确定选择路由协议。管理距离值即优先级为 0～255,值越小,其优先级越高。一般情况下,不同路由协议的管理距离如表 6-2 所示,但不同厂商可能对路由协议的优先级有不同的规定。

表 6-2 不同路由协议的优先级

路由协议	优先级	路由协议	优先级
DIRECT	0	静态路由	60
OSPF	10	Cisco IGRP	80
IS-IS Level1	15	DCN HELLO	90
IS-IS Level2	18	Berkely RIP	100
NSFnet 主干的 SPF	19	点对点接口聚集的路由	110
默认网关和 EGP 默认	20	Down 状态的接口路由	120
重定向路由	30	聚集的默认路由	130
由 route socket 得到的路由	40	OSPF 的扩展路由	140
由网关加入的路由	50	BGP	170
路由器发现的路由	55	EGP	200

3. 静态路由

静态路由是由网络管理员根据网络拓扑结构,通过手工操作配置而成,适用于网络规模小、路由器数量少、路由表相对简单的环境。

静态路由具有如下优点。

(1) 静态路由无须进行路由交换,减少了路由器的开销,节省带宽。

(2) 静态路由具有更高的安全性。在使用静态路由的网络中,所有要连接到网络上的路由器都需要在邻接路由器上设置其相应的路由,在某种程度上提高了网络的安全性。

静态路由具有如下缺点。

（1）管理员必须正确理解网络的拓扑结构并正确配置路由。

（2）灵活性差，不能适应网络的拓扑变化。

（3）网络规模较大时，配置烦琐，也容易出错。

4. 动态路由

动态路由在运行过程中不是一成不变的，而是随着网络拓扑的变化而变化，它是路由器运行路由选择协议自动生成的。

动态路由具有以下优点。

（1）灵活性强：网络中所有的路由信息，互相共享给其他路由器，网络的增加或删除，可以瞬间更新到整个网络里的所有路由器上。

（2）快速响应：每添加、删除、修改了一个网络，都可以瞬间更新到整个网络里的所有路由器上，而不需要每一台都去修改。

（3）适用于大型网络：因为路由信息可以传递，所以动态路由适用于大型网络。

但动态路由存在如下的缺点。

（1）消耗资源：需要共享、计算路由信息，占用 CPU 和内存等硬件资源。

（2）占用带宽：动态路由协议会周期性地动态交换路由信息，这些路由信息经网络介质传递，会占用带宽。

（3）不安全：路由器通过学习，获取其他设备传过来的路由，很容易被攻击者伪造路由信息。

6.3 路由汇总

1. 路由汇总概念及其计算

路由汇总的意思是把一组路由汇集为一个单个的路由广播。路由汇总的最终结果和最明显的好处是缩小网络上的路由表的尺寸。这将减少与每个路由跳有关的延迟，由于减少了路由登录项数量，查询路由表的平均时间将加快。同时由于路由登录项广播的数量减少，路由协议的开销也将显著减少。随着整个网络（以及子网的数量）的扩大，路由汇总将变得更加重要。

子网划分是将一个大网拆分成多个不同的子网，而路由汇总则刚好相反，是将多个子网合并成一个大网，实际上是采用了一种体系化编址规划后，用一个 IP 地址代表一组 IP 地址的集合的方法。

除了缩小路由表的尺寸之外，路由汇总还能通过在网络连接断开之后限制路由通信的传播来提高网络的稳定性。如果一台路由器仅向下一个下游的路由器发送汇总的路由，那么，它就不会广播与汇总的范围内包含的具体子网有关的变化。例如，如果一台路由器仅向其邻近的路由器广播汇总路由地址 172.16.0.0/16，那么，如果它检测到 172.16.10.0/24 局域网网段中的一个故障，它将不更新邻近的路由器。

这个原则在网络拓扑结构发生变化之后能够显著减少任何不必要的路由更新。实际上，这将加快汇总，使网络更加稳定，为了执行能够强制设置的路由汇总，需要一个无类路由协议，不过，无类路由协议本身还是不够的，制定这个 IP 地址管理计划是必不可少的。这样就可以在网络的战略点实施没有冲突的路由汇总。

把那些将要被汇总为单一汇总地址的地址范围称为连续地址段。例如，一台把一组分支办公室连接到公司总部的路由器，能够把这些分支办公室使用的全部子网汇总为一个单个的路由广播。如果这些子网都在 172.16.16.0/24～172.16.31.0/24 的范围内，那么，这个地址范围就可以汇总为 172.16.16.0/20。这是一个与位边界一致的连续地址范围，因此，可以保证这个地址范围能够汇总为一个单一的声明。要实现路由汇总的好处最大化，制定细致的地址规划是必不可少的。

例如，路由表中存储了如下网络：

172.16.12.0/24

172.16.13.0/24

172.16.14.0/24

172.16.15.0/24

要计算路由器的汇总路由，需要判断这些地址最左边的多少位是相同的。

计算汇总路由的步骤如下。

（1）将地址转换为二进制格式，并将它们对齐。

（2）找到所有地址中都相同的最后一位。

（3）计算有多少位是相同的。

路由汇总算法的实现如下。

```
172.16.12.0/24        = 172.16.000011 00.00000000
172.16.13.0/24        = 172.16.000011 01.00000000
172.16.14.0/24        = 172.16.000011 10.00000000
172.16.15.0/24        = 172.16.000011 11.00000000
172.16.15.255/24      = 172.16.000011 11.11111111
```

IP 地址 172.16.12.0～172.16.15.255 的前 22 位相同，因此最佳的汇总路由为 172.16.12.0/22。

使用前缀地址来汇总路由能够将路由条目保持为可管理的，而它带来的优点如下。

（1）路由更加有效。

（2）减少重新计算路由表或匹配路由时的 CPU 周期。

（3）减少路由器的内存消耗。

（4）在网络发生变化时可以更快地收敛。

（5）容易排错。

路由汇总比 CIDR 的要求低，它描述了网络的汇总，这个汇总的网络是有类的网络或是有类的网络的汇总，聚合在边界路由协议（BGP）中使用的更多。

此外，虽然不是传统的方法，也可以将有类的子网进行汇总。

2. 路由汇总对 VLSM 的支持

可变长子网掩码（Variable Length Subnetwork Mask，VLSM）是为了有效地使用无类别域间路由（Classless Inter-Domain Routing，CIDR）和路由汇总（Route Summary）来控制

路由表的大小。网络管理员使用先进的 IP 寻址技术，VLSM 就是其中的常用方式，可以对子网进行层次化编址，以便最有效地利用现有的地址空间。

这里要注意的是对“使用了两个掩码”的理解。比方说 A 类网络 10.0.0.0，所有的子网都使用 255.255.255.0 的掩码时，这种设计没有使用 VLSM。如果一个子网使用/24 掩码，另一个子网使用/30 掩码，这样才使用了 VLSM。

重叠 VLSM 子网相关概念如下。

阻止重叠：在同一台路由器上，IOS 可以检测到重叠的 IP 配置，当配置接口 IP 重叠时，系统会有 overlaps 的重叠提示并阻止配置；或者 IOS 会接受配置，但是绝不会启用该接口。

允许重叠：当一台路由器的一个 IP address 命令与另一台路由器的一个 IP address 命令暗含重叠时，IOS 不能检测到重叠。

在发生重叠的两个子网中，如 172.16.5.0/24 和 172.16.5.192/26，较小的子网内的 PC 工作良好，在较大的重叠子网内的 PC 则不能运行。如果发生地址重复，情况更糟。其中的一台可以工作，另一台却无法工作，当用户去 ping 时，也会得到响应，但其实是另一台在工作的给出的响应，具有一定的迷惑性。另外，重叠 VLSM 子网的另一个难点是问题可能在短时间内不会显现。当用户使用 DHCP 分配 IP 时，在开始的几个月里，前面分配的 IP 并不会发生重叠，网络可以正常运行，随着主机数量的增加，使用到后面的 IP 时，地址重叠才发生。

(1) 如果一个路由器在多个 A 类、B 类或 C 类网络中都有接口，则对一个完整的 A 类、B 类或 C 类网络，路由器可用单条路由将其通告给其他网络，该特性被称为自动汇总。

(2) 自动汇总使得带有不连续网络的 Internet 无法正常工作，解决这种问题的办法就是使用 VLSM 路由协议和关闭自动路由汇总。

(3) 连续网络：在这种有类网络的每对子网间传送的数据包，只经过同类别的子网，不经过其他类别网络的子网。

(4) 不连续网络：在这种有类网络的至少一对子网间传送数据包，必须经过不同类别的网络。

(5) 关闭自动路由汇总：no auto-sum 此命令在协议子命令下完成。

(6) 手动路由汇总：RIP-2 和 EIGRP 路由汇总在接口子命令下完成，OSPF 汇总在协议子命令下完成(area * range ip sub_mask)。

关于不连续子网和连续子网的介绍如下。

(1) 不连续子网：指在一个网络中，某几个连续由同一主网划分的子网在中间被多个(两个或两个以上)其他网段的子网或网络隔开了，如图 6-3 所示。

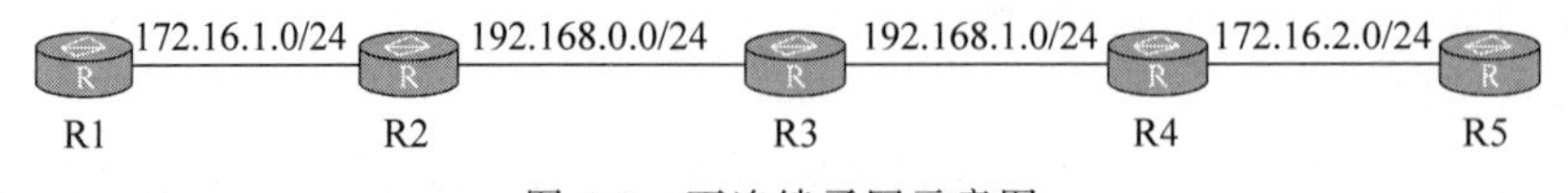

图 6-3 不连续子网示意图

但注意如果中间只隔了一个网络，则不属于不连续子网，RIPv1 是支持的，如图 6-4 所示。

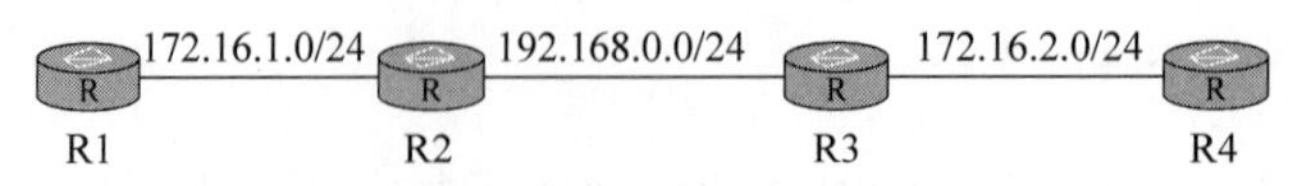

图 6-4 中间只隔一个网络的连续子网

(2) 连续子网：由一个主网划分的多个子网连续，没有被其他多个网络隔开，如图 6-5 所示。

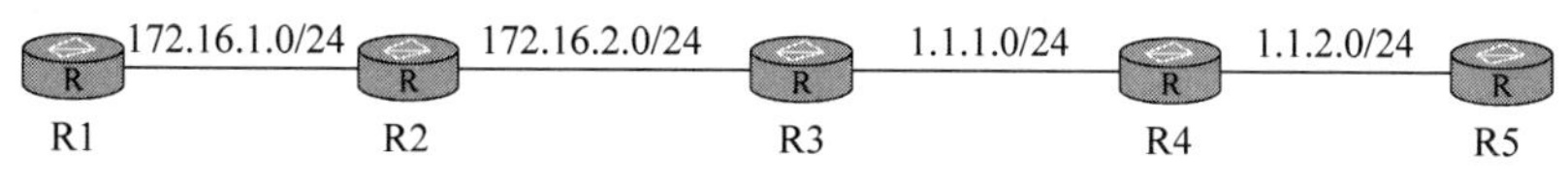

图 6-5　连续子网示意图

关于路由自动汇总，通过一个简单的例子说明。有两台路由器 A 和 B，A 连接 172.16.12.0，172.16.13.0，172.16.14.0，172.16.15.0 的内网，A 与 B 连接时使用 192.168.12.0 的网段，B 连接互联网，这样看来 A 是连接两个不同类的网络的，那它就会将内网的网段自动汇总成一条 172.16.12.0 的路由给 B，这就是自动汇总。

那么在不连续子网中就要手动关闭路由汇总，no auto summary 这个命令的作用是关闭路由协议的自动汇总功能，主要是为了解决不连续子网互相访问的问题，在这种情况下都会关闭自动汇总，而采用手工汇总的方式通告路由，这个命令在 RIPv2 和 EIGRP 上面使用，OSPF 的自动汇总功能默认是关闭的。

3. 不同路由协议的汇总属性

由于 RIPv1 会自动汇总有类网络间各子网的路由，所以 RIPv1 不支持不连续子网。

如果是 RIPv2，则全都显示明细路由，子网不会生成(可以强制生成)同一主网有类聚合路由，所以在 RIPv2 中不连续子网下，两个由同一主网划分的子网侧主机也可正常通信。OSPF 协议是支持路由汇总的。Cisco 允许对地址进行汇总，以通过限制区域间通告的路由来达到节省资源的目的。Cisco 路由器支持两种类型的地址汇总：区域间汇总和外部路由汇总。区域间汇总用于在区域间汇总地址，而外部汇总用于收集到某个域中的一系列外部路由的汇总。

EIGRP 是支持路由汇总的。EIGRP 是思科私有的路由协议，它收敛速度快、无环路存在。其实它是 RIP 以及 IGRP 的后身，都是距离矢量，因为它支持无类的，可以在任何地方手动汇总。汇总最主要的是限制查询范围，这样可以减少邻居出现 SIA 状态，还可以减少路由条目。对一般的路由器来说，可以减轻负荷，另外也能隐藏明细路由的不稳定性。

如表 6-3 所示为路由选择协议的汇总属性。

表 6-3　路由选择协议的汇总属性

路由选择协议	在更新中是否发送掩码	支持 VLSM	支持手动路由汇总	是否支持自动汇总	是否默认使用自动汇总	是否可以禁用自动汇总
RIPv1	否	否	否	是	是	否
IGRP	否	否	否	是	是	否
RIPv2	是	是	是	是	是	是
EIGRP	是	是	是	是	是	是
OSPF	是	是	是	否	N/A	N/A

6.4 访问控制列表

访问控制是网络安全防范和保护的主要策略，其主要任务是保证网络资源不被非法使用和访问，它是保证网络安全最重要的核心策略之一。访问控制涉及的技术也比较广，包括入网访问控制、网络权限控制、目录级控制以及属性控制等多种手段。

默认情况下，路由器配置好后，一旦设置好路由选择协议，路由器便允许任何分组从一个接口传送到另一个接口，从这个意义上说，毫无安全性可言。因此，要增强网络安全性，网络设备需要具备控制某些访问或某些数据的能力。访问控制列表(Access Control Lists，ACL)是应用于路由器接口上的指令列表，这些指令列表用来告知路由器哪些数据包可以接收、哪些数据包需要拒绝。至于数据包是被接收还是拒绝，可以由类似于源地址、目的地址、接口号等特定指示条件来决定。

访问控制列表不但可以起到控制网络流量、流向的作用，而且在很大程度上起到保护网络设备、服务器的关键作用。作为外网进入企业内网的第一道关卡，路由器上的访问控制列表成为保护内网安全的有效手段。

此外，在路由器的许多其他配置任务中都需要使用访问控制列表，如网络地址转换(Network Address Translation，NAT)、按需拨号路由(Dial on Demand Routing，DDR)、路由重分布(Routing Redistribution)、策略路由(Policy-Based Routing，PBR)等很多场合都需要访问控制列表。

6.4.1 访问控制列表的定义

ACL 是一个指令集，通过编号或命名组织在一起，用来过滤进入或离开路由器接口的流量，ACL 指令明确定义了允许哪些流量以及拒绝哪些流量通过接口。ACL 在全局配置模式下创建，一旦创建了 ACL 语句组，还要在接口配置模式下启动该 ACL。当在接口上启动 ACL 时，还需要指明是在入站(流量进入接口)还是出站(流量流出接口)方向来过滤流量。

ACL 的一个局限是，它不能过滤路由器自己产生的流量。例如，当从路由器上执行 ping 或 traceroute 命令，或者从路由器上 TELNET 到其他设备时，应用到此路由器接口的 ACL 无法对这些流量进行过滤。然而，如果外部设备要 ping、tracemute 或 TELNET 到此路由器，或者通过此路由器到达远程接收站，路由器可以过滤这些数据流。

6.4.2 访问控制列表的功能

ACL 是一种对经过路由器的数据流进行判断、处理、过滤的方法，其主要功能如下。

(1) 限制网络流量、提高网络性能。例如，ACL 可以根据数据包的协议，指定这种类型的数据包具有更高的优先级，同等情况下可优先被网络设备处理。

(2) 提供对通信流量的控制手段。如 ACL 可以限定或简化路由更新信息的长度，从而限制通过路由器某一网段的通信流量。

（3）提供网络访问的基本安全手段。如ACL允许主机A访问人力资源网络，而拒绝主机B访问。

（4）在网络设备接口处，决定哪种类型的通信流量被转发、哪种类型的通信流量被阻塞。如用户可以允许E-mail通信流量被路由，拒绝所有的TELNET通信流量。

6.4.3　访问控制列表的工作原理

ACL本质上是一系列的判断语句，每条ACL语句有两个组件：一个是条件，另一个是动作。条件规定了对数据包的协议、地址、接口号以及连接状态等参数的匹配。当ACL语句的条件与比较的数据包匹配时，则会对数据包执行规定的动作：允许或者拒绝。

路由器采取自顶向下的方法处理ACL。当把一个ACL应用在路由器接口上时，经过该接口的数据包首先和ACL中的第一条语句的条件进行匹配，如果匹配成功则执行语句中包含的动作；如果匹配失败，数据包将向下与下一条语句的条件匹配，直到它符合某一条语句的条件为止。如果一个数据包与所有语句的条件都不能匹配，在访问控制列表的最后，有一条隐含的语句，它将会强制性地把这个数据包丢弃，其处理流程如图6-6所示。

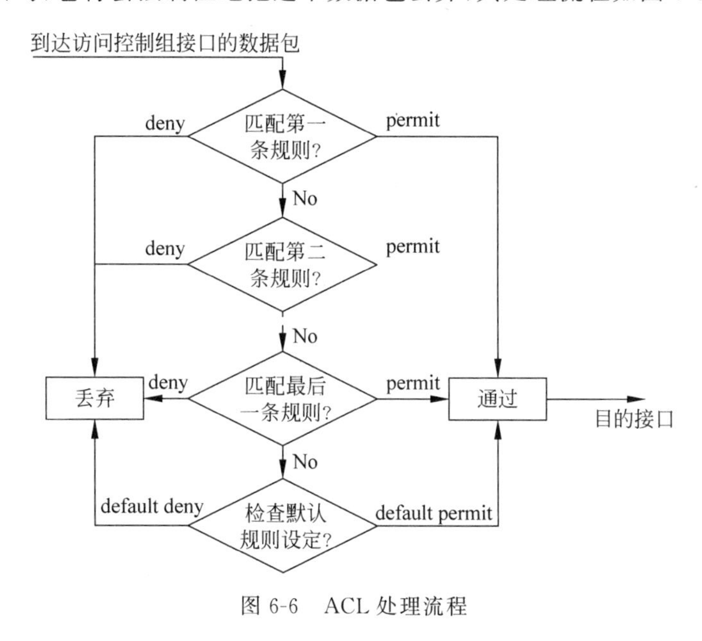

图6-6　ACL处理流程

从图6-6可以看出，每一条语句的条件对于数据包的比较，都会得出两个结果之一：是或否。

如果数据包匹配第一条语句的条件，它就不再向下与第二条语句的条件匹配，而是执行第一条语句的动作。每一条语句对于匹配其条件的数据包执行的动作，要么是允许(permit)要么是拒绝(deny)。也就是说，在图6-6中，语句左、右两边的“是”，只能有一个存在。在建立访问控制列表的时候，语句中对于符合语句条件的数据包执行的动作，只能是允许和拒绝其中之一。如果一条语句的动作是允许，那么匹配该条语句的条件的数据包将被发送到目的接口；如果这条语句的动作是拒绝，那么匹配该条语句的条件的数据包将会被丢弃，同时向该数据包的发送者发出ICMP消息，通知它“目的地不可达”。

ACL 自顶向下的处理过程有以下几个要点。

(1) 一旦找到匹配项,列表中的后续语句就不再处理。

(2) 语句之间的排列顺序很重要。

(3) 如果列表中没有匹配项,将丢弃数据包(隐含)。

在应用访问控制列表对数据包进行过滤时,应注意如下几个问题。

(1) 访问控制列表中语句的顺序问题。

ACL 中的语句是有顺序的,数据包是自顶向下地按照语句的顺序逐一与列表中的语句进行匹配的,一旦它符合某一条语句的条件,即做出判断,是允许该数据包通过还是拒绝它通过,而不再让该数据包与后续的列表语句进行匹配,因此,ACL 中语句的顺序非常重要。假设有两条语句,一条拒绝一台主机而另一条允许同一台主机,不管哪一条,只要先在列表中出现就被执行,而另一条忽略。由于语句的顺序很重要,所以应该总是把条件限制范围小的 ACL 语句放在列表顶部,把条件限制范围大的放在列表的底部。

如果不按这个顺序去定义访问控制列表,而是将条件限制范围大的语句置于访问控制列表的较前的位置,则这个语句可能覆盖其后面的语句,将达不到预期的结果。例如,在路由器上配置了具有两条语句的 ACL,第一条语句为允许来自 IP 地址为 192.168.1.1/24 的主机的流量,第二条语句为拒绝来自子网 192.168.1.0/24 的流量。ACL 运行的效果是:除 IP 地址为 192.168.1.1/24 的主机外,子网 192.168.1.0/24 内所有主机的流量都被拒绝。如果将 ACL 的语句顺序颠倒,即第一条语句为拒绝来自子网 192.168.1.0/24 的流量,第二条语句为允许来自 IP 地址为 192.168.1.1/24 的主机的流量,由于第一条语句的条件包含第二条语句的条件,因此第二条语句永远不能发挥作用。由此可以看出,ACL 中语句的顺序是非常重要的。

(2) 数据包的流向。

在接口上的数据包流向分为两个方向:一个是进入路由器的数据包,另一个是离开路由器的数据包。考查数据包的传输方向是以路由器为参照物的,进入路由器的数据包的传输方向称为“进站”(In),离开路由器的数据包的传输方向称为“出站”(Out),如图 6-7 所示。应用 ACL 时不仅要考虑语句的条件、动作,还要考虑 ACL 过滤数据包的方向。在定义 ACL 时不需要考虑方向,但在将 ACL 应用在路由器接口时,必须考虑方向,只有这样,ACL 才能按预期的效果工作。

图 6-7 入站出站示意图

应用于入站方向的 ACL 如图 6-8 所示。当设备接口收到数据包时,首先确定 ACL 是否被应用到了该接口,如果没有,则正常地路由该数据包。如果有,则处理 ACL,从第一条语句开始,将条件和数据包相比较。如果没有匹配,则处理 ACL 中的下一条语句,如果匹配,则执行允许或拒绝的动作。如果整个列表中没有找到匹配的语句,则丢弃该数据包。

应用于出站方向的 ACL,过程也相似,如图 6-9 所示。当设备收到数据包时,首先将数据包路由到输出接口,然后检查接口上是否应用 ACL,如果没有,将数据包排在队列中,发送出接口,否则数据包通过与 ACL 条目进行比较处理。

(3) 访问控制列表中的通配符掩码。

当在 ACL 语句中处理 IP 地址时,可以使用通配符掩码来匹配地址范围,而不必手动输入每一个想要匹配的地址。

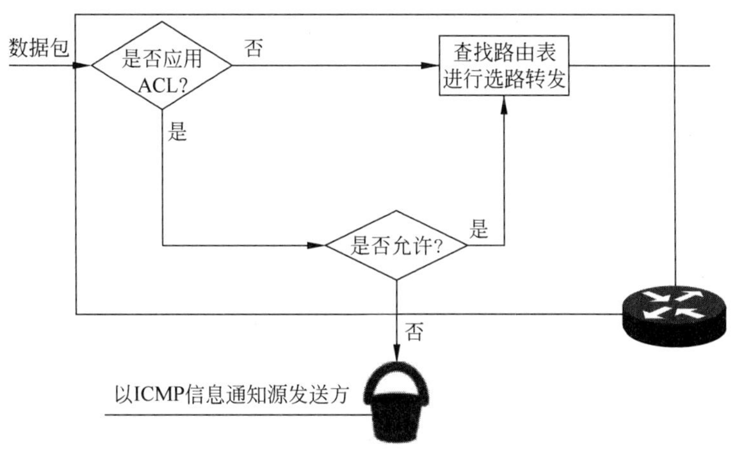

图 6-8 入站 ACL 流程

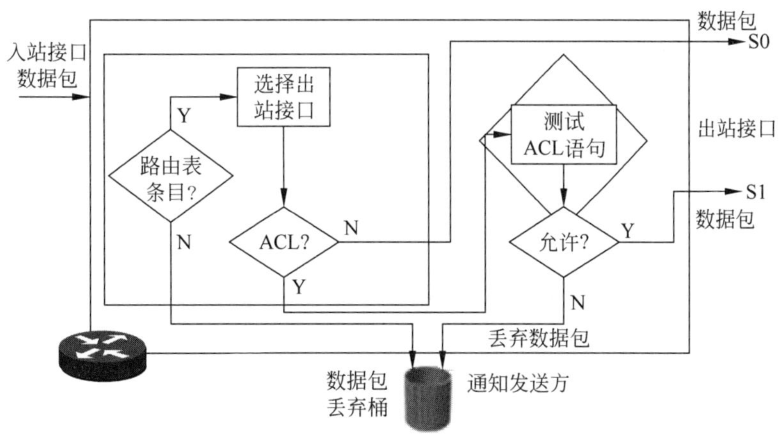

图 6-9 出站 ACL 流程

通配符掩码不是子网掩码,但其组成方式和 IP 地址或子网掩码一样,一个通配符掩码由 32b 组成。表 6-4 对子网掩码和通配符掩码中的比特值进行了比较。对于通配符掩码,比特位中的 0 意味着 ACL 语句中 IP 地址的对应位必须和被检测数据包中 IP 地址的对应位进行匹配;比特位中的 1 意味着 ACL 语句中 IP 地址的对应位不必和被检测数据包中 IP 地址的对应位匹配。也就是说,ACL 语句中的通配符掩码和 IP 地址要配合使用。例如,如果表示网段 192.168.1.0,使用子网掩码来表示是:192.168.1.0 255.255.255.0。但是在 ACL 中,表示相同的网段则是使用通配符掩码:192.168.1.0 0.0.0.255。

表 6-4 子网掩码与通配符

比特值	子网掩码	通配符掩码
0	主机部分	必须匹配
1	网络部分	忽略

在 ACL 中,通配符掩码 0.0.0.0 告诉路由器,ACL 语句中 IP 地址的所有 32b 都必须和数据包中的 IP 地址匹配,路由器才能执行该语句的动作。0.0.0.0 通配符掩码称为主机

掩码。通配符掩码 255.255.255.255 表示对 IP 地址没有任何限制，ACL 语句中 IP 地址的所有 32b 都不必和数据包中的 IP 地址匹配。可以把 192.168.1.1 0.0.0.0 简写为 host 192.168.1.1，把 0.0.0.0 255.255.255.255 简写为 any。

6.4.4 应用访问控制列表的步骤

一般说来，在设备上应用 ACL 的过程分为两个步骤，一是根据具体应用的要求，在设备的全局配置模式下定义访问控制列表，即定义一系列有顺序的包含“条件”和“动作”的语句；二是将定义好的 ACL 应用到设备接口的入站或出站方向上。只有这样，ACL 才能按照预期的目标进行工作。

正确放置访问控制列表对节约系统资源和提高工作效率至关重要。在将 ACL 应用到设备接口时，要注意设备接口的位置和 ACL 要过滤的数据包的流向。应该尽可能地把 ACL 放置在离要被拒绝的通信流量来源最近的地方。即按照将 ACL 应用到最靠近数据包流向的接口的原则来布置 ACL，以减少不必要的网络流量，如图 6-10 所示。

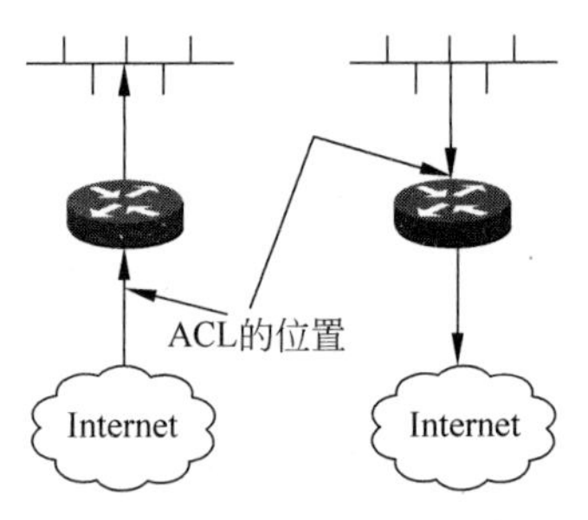

图 6-10 ACL 应用位置示意图

例如，要在路由器上应用 ACL，如果要对流入局域网的数据包进行过滤，则应将 ACL 应用在靠近数据包流向的接口，即路由器的广域网接口；如果要对流出局域网的数据包进行过滤，则应将 ACL 应用到路由器的局域网接口。这样做的原因是减少路由器的负担，提高网络的性能。因为如果将过滤流入局域网的数据包的 ACL 应用到路由器局域网接口的出站方向，尽管也可以起到同样的作用，但路由器不得不对那些将被过滤掉的数据包进行拆包、重新打包、确定路由路径，然后转发。这种转发是没有意义的，因为即使转发过去，这些数据包也注定要被抛弃，白白浪费路由器宝贵的资源。对于流出局域网的数据包的过滤也会存在同样的问题。

6.4.5 访问控制列表的分类

访问控制列表对所有的协议都有效，但由于目前局域网基本采用的都是 TCP/IP，而互联网采用的也是 TCP/IP，因此下面的讨论内容将只限于使用 TCP/IP 的网络。

根据访问控制列表功能的强弱和灵活性，访问控制列表分为传统访问控制列表和现代访问控制列表。传统访问控制列表又分为标准访问控制列表和扩展访问控制列表；现代访问控制列表分为动态访问控制列表、基于时间的访问控制列表、命名的访问控制列表和自反的访问控制列表。

在访问控制列表中，标准访问控制列表最简单，而自反访问控制列表实施起来相对困难一些。在实际应用中应根据具体的应用要求，选择不同的访问控制列表。但应注意的是，能用简单的访问控制列表实现的功能，不要使用复杂的访问控制列表来实现，因为复杂的访问控制列表将比简单的访问控制列表耗费更多的设备资源，以至于影响设备转发数据包的能力，降低网络的性能。

标准访问控制列表只根据数据包中源地址的匹配对数据包进行过滤；扩展访问控制列

表则根据对数据包中的源地址、目的地址、协议和接口号的匹配对数据包进行过滤；动态访问控制列表在传统访问控制列表的基础之上加入了动态表项，使对数据包过滤的规则动态产生，更具安全性；与传统访问控制列表相比，基于时间的访问控制列表增加了对时间的判断，通过对时间的匹配，实现按时间段对数据包进行过滤；自反的访问控制列表则可以做到根据连接状态对数据包进行过滤。

1. 标准 ACL

标准 ACL 的语句所依据的判断条件是数据包的源 IP 地址，它只能过滤来自某个网络或主机的数据包，功能有限，但方便易用，如图 6-11 所示。

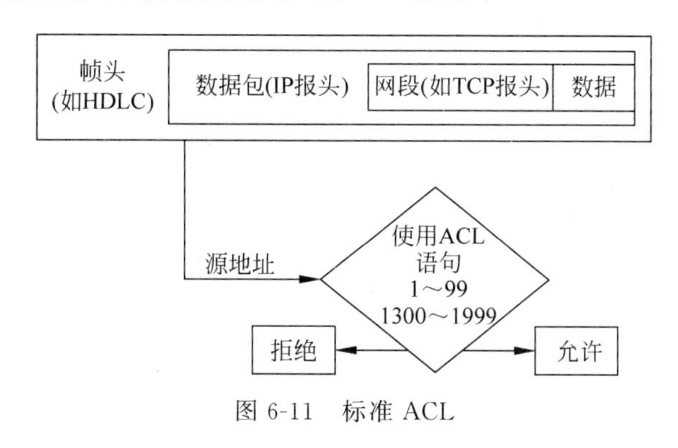

图 6-11 标准 ACL

标准 ACL 通常用在路由器上以实现如下功能。

(1) 限制通过 VTY 线路对路由器的访问(TELNET、SSH)。

(2) 限制通过 HTTP 或 HTTPS 对路由器的访问。

(3) 过滤路由更新。

在全局配置模式下建立标准访问控制列表的命令形如：

```
Router(config)#access-list access-list-number {permit | deny} source [source-wildcard]
```

其中的参数如下。

(1) access-list-number：访问控制列表的编号，标准访问控制列表的规定编号范围是1～99 或 1300～1999。

(2) 关键字 permit 和 deny：用来表示满足访问表项的报文是允许通过还是要过滤掉。permit 表示允许报文通过，而 deny 表示报文要被丢弃掉。

(3) source：表示源地址，对于标准的 IP 访问控制列表，源地址是主机或一组主机 IP 地址。

(4) source-wildcard：表示源地址的通配符掩码，把对应于地址位中将要被准确匹配的位设置为 0，把不关心的位设置为 1。

注意，对于所有编号的访问控制列表，无论是标准的还是扩展的，都不能单独地删除访问控制列表中的一条特定的语句，如果想使用 no 参数来删除一条特定的语句，将会删除访问控制列表。

2. 扩展 ACL

扩展 ACL 的语句所依据的判断条件是数据包的源 IP 地址、目的 IP 地址、源接口号、目的接口号以及在特定报文字段中允许进行特殊位比较的各种选项。在判断条件上，扩展 ACL 具有比标准 ACL 更加灵活的优势，能够完成很多标准 ACL 不能完成的工作，如图 6-12 所示。

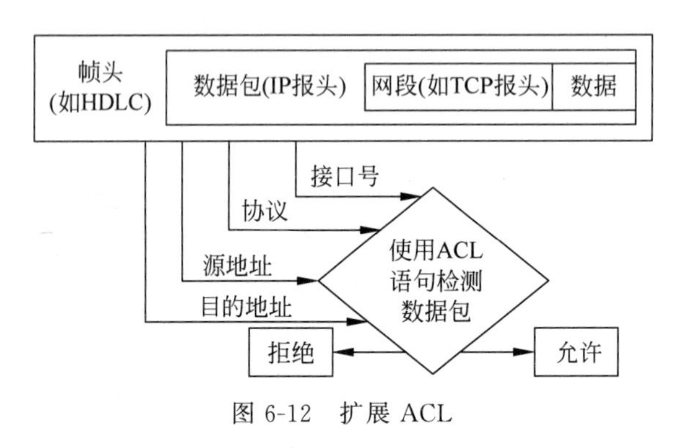

图 6-12　扩展 ACL

在全局配置模式下建立扩展 ACL 的命令形如：

```
Router(config) # access - list access - list - number {permit | deny} protocol source source - wildcard [operator port] destination destination - wildcard [operator port]
```

其中的参数如下。

(1) access-list-number：是 ACL 的编号，用来标识一个扩展的 ACL。ACL 的规定编号范围是 100～199 或 2000～2699。

(2) 关键字 permit 和 deny：用来表示满足访问表项的报文是允许通过还是要过滤掉，该选项所提供的功能与标准 ACL 的相同。

(3) protocol：是一个新变量，它可以在 IP 包头的协议字段寻找匹配，可选择的关键字有 eigrp、gre、icmp、igrp、ip、nos、ospf、tcp 和 udp。还可以使用 0～255 中的一个整数表示 IP 号。ip 是一个通用的关键字，它可以匹配任意和所有的 IP。

(4) source 和 source-wildcard：表示源地址和源地址的通配符掩码。其功能和标准 ACL 的相同。

(5) destination 和 destination-wildcard：表示目的地址和目的地址的通配符掩码。在扩展 ACL 中，数据包的源地址和目的地址都将被检查。

(6) operator：指定的逻辑操作。选项可以是 eq(等于)、neq(不等于)、gt(大于)、lt(小于)和 range(指明包括的接口范围)。如果使用 range 运算符，那么要指定两个接口号。

(7) port：指明被匹配的应用层接口号。几个常用的接口号是 TELNET(23)、FTP (20 和 21)、HTTP(80)、SMTP(25)和 SNMP(169)。完整的接口号列表参见 RFC 1700。

3. 命名的 ACL

命名的 ACL 仅仅是创建标准 ACL 和扩展 ACL 的另一种方法。在全局配置模式下建立命名的标准 ACL 的命令格式形如：

```
Router(config)# ip access-list standard access-list-name
```

执行上面这条命令后，就进入 ACL 模式。有关标准 IP 访问控制列表的进一步配置选项形如：

```
Router(config-std-nacl)# {deny | permit} source [source-wildcard]
```

同理，配置命名的扩展 ACL 的命令格式形如：

```
Router(config)# ip access-list extended access-list-name
Router (config-ext-nacl)# {deny | permit} protocol source source-wildcard[operator port]
destination destination-wildcard [operator port]
```

命名的 ACL 的优点在于它支持描述性名称，可以单独地添加和删除列表中的一条语句，从而克服了编号的 ACL 不能增量更新、难以维护的弊病。

4. 基于时间的 ACL

基于时间的 ACL 有许多功能和扩展 ACL 相似，但是它的访问控制类型完全是面向时间的。利用基于时间的 ACL，可以限定数据包什么时候可以通过，什么时候不可以通过，这样可使网络管理员能基于时间策略来过滤数据包。

与扩展 ACL 相比，基于时间的 ACL 中，只有以下两个步骤是新增的：一是定义时间范围；二是在 ACL 中引用时间范围。

要使 ACL 基于时间运行，必须首先配置一个 **time-range**，配置命令格式形如：

```
Router(config)# time-range time-range-name
```

在该命令中，参数 **time-range** 用来定义时间范围；**time-range-name** 为时间范围名称，用来标识时间范围，以便在后面的 ACL 中引用。执行完该命令后，就进入时间范围配置模式，时间范围的配置可以采用周期方式，也可以采用绝对时间方式。

配置周期时间的命令格式形如：

```
Router(config-time-range)# periodic day-of-the-week time to [day-of-the-week] time
```

在该命令中，参数 periodic 用来指定周期时间范围；参数 day-of-the-week 表示一个星期内的一天或几天，该参数可以使用 Monday、Tuesday、Wednesday、Thursday、Friday、Saturday、Sunday 来表示一周内的每一天，也可以使用 daily 表示从周一到周日，而 weekday 表示从周一到周五，weekend 则表示周六和周日；参数 time 采用 hh：mm 的方式，hh 是 24 小时格式中的小时，mm 是某小时中的分。

例如，periodic weekday 9:00 to 22:00 表示每周一到周五的早 9 点钟到晚上 10 点。

配置绝对时间的命令格式形如：

```
Router(config-time-range)# absolute [start time date] end time date
```

在该命令中，参数 absolute 用来指定绝对时间范围，后面紧跟 start 和 end 两个关键字；参数 time 采用 hh:mm 的方式，hh 是 24 小时格式中的小时，mm 是某小时中的分；参数 date 用日/月/年的方式表示。

例如，absolute start 9:00 01 january 2016 end 9:00 1 february 2018 表示这个时间段的起始时间为2016年1月1日9点，结束时间为2018年2月1日9点。

5. 自反 ACL

在很多情况下，需要由局域网内部主动发起连接，以便与外网进行信息交换，而对于由局域网外部发起的连接通常认为是危险的。因此，网络边缘设备应具有这样一种功能：只允许由局域网内部主动发起的与外网进行信息交换的数据通过，而其他的数据则应过滤掉。针对这样的情况引入了自反 ACL。

自反 ACL 提供了一种真正意义上的单向访问控制，它是自动驻留的、暂时的、基于会话的过滤器。如果某台路由器允许通过网络内部向外部的主机初始发起一个会话，那么自反 ACL 就允许返回的会话数据流。自反 ACL 和命名的扩展 ACL 一起使用。

自反 ACL 使用不同的参数来确定数据包是否是以前建立的会话的一部分。对于 TCP 或 UDP 数据包来说，自反 ACL 使用源和目的 IP 地址以及源和目的 TCP 或 UDP 接口号。

当存在一个从网络内部初始发起的会话时，自反 ACL 就会保留从初始的数据包收集的会话信息。反转并添加源 IP 地址和目的 IP 地址以及源接口号和目的接口号，连同上层协议类型(例如 TCP 或 UDP)，作为临时自反列表的允许语句。该条目在出现以下几种情况之前都是保持活动的：不再有任何有关该会话的数据流和超时值；收到两个 FIN 标记的数据包；或者在 TCP 数据包中设置了 RST 标记。

6.4.6 调用 ACL 的命令格式

在建立了 ACL 之后，如果不通过调用命令使数据包发送到 ACL，ACL 是不进行任何处理的；这里所调用的命令定义了如何使用 ACL，命令格式形如：

```
Router(config-if)# ip access-group (access-list-number | name) {in | out}
```

在接口上配置这条命令可以建立安全过滤器或流量过滤器，并且可以应用于进、出流量。如果 in(入站)或者 out(出站)关键字都没有被指定，那么默认值是出站。图 6-13 给出了该命令的两种配置。

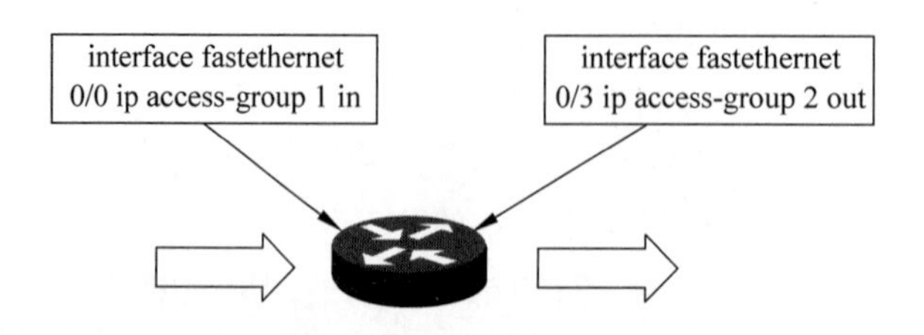

图 6-13 使用 ip access-group 命令调用 ACL

图 6-13 中的 ACL(左上方)过滤进入接口 F0/0 的 IP 数据包，它对于出站数据包和其他协议(如 IPX)产生的数据包不起作用。访问列表(右上方)过滤离开接口 F0/3 的 IP 数据包，它对于入站数据包和其他协议产生的数据包不起作用。

注意，多个接口可以调用相同的 ACL，但是在任意一个接口上，对每一种协议仅能有一个进入和离开的访问列表。

6.5　路由重发布

6.5.1　路由重发布概述

在大型的企业网络中，可能在同一网络内使用多种路由协议。为了实现多种路由协议的协同工作，路由器可以使用路由重分发将其学习到的一种路由协议的路由通过另一种路由协议广播出去，这样网络的所有部分就都可以连通了。为了实现重分发，路由器必须同时运行多种路由协议，这样，每种路由协议才可以取路由表中的所有或部分其他协议的路由来进行广播。

例如，某企业网络最初全部是某家公司的设备，采用的路由选择协议是 RIP。但后来由于网络扩容的需要，增加了一批不同公司的设备，由于不同公司的产品设备支持的路由协议有所区别，因此在扩容的网络中采用的路由协议为 OSPF。而作为同一家企业的网络，原来扩容前的网络和扩容后的网络是需要路由互通的。但面临的问题是涉及两个不同的路由协议域，在两个域的边界，路由信息是相互独立和隔离的。若需要实现两个不同路由协议域之间的互通，就需要用到路由重发布了。

如图 6-14 所示，R1 与 R2 之间运行 RIP 来交互路由信息，R2 通过 RIP 学习到了 R1 发布过来的 192.168.1.0/24 及 192.168.2.0/24 的 RIP 路由，装载进路由表并标记为 R(RIP)；同时 R2 与 R3 又运行 OSPF，建立起 OSPF 邻接关系，R2 也从 R3 通过 OSPF 学习到了两条路由：192.168.3.0/24 及 192.168.4.0/24，也装载进了路由表，标记为 O(OSPF 区域内部路由)。

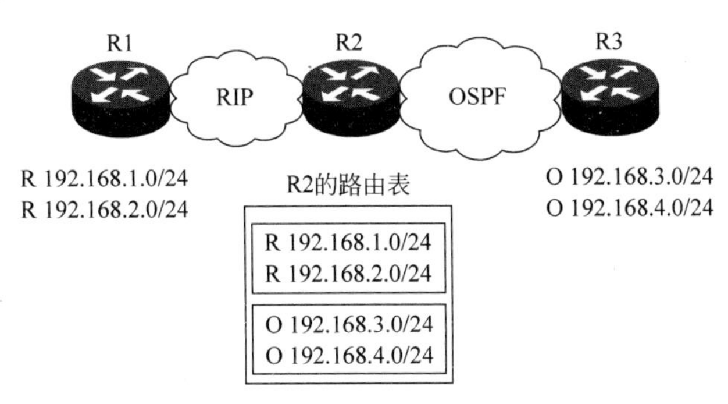

图 6-14　路由重发布

对于 R2 而言，它自己就有了去往全网的路由，即它的路由表里有完整的路由信息。但是在 R2 内部，它不会将从 RIP 学习过来的路由"变成"OSPF 路由告诉给 R3，也不会将从 OSPF 学习来的路由变成 RIP 路由告诉给 R1。因此 R2 就成了 RIP 及 OSPF 域的分界点，称为 ASBR(AS 边界路由器)。

如何能够让 R1 学习到 OSPF 域中的路由，而让 R3 学习到 RIP 域中的路由呢？关键点在于 R2 上，通过在 R2 上部署路由重发布(Route Redistribution，又被称为重分发)，可以实现路由信息在不同路由选择域间的传递。

图 6-15 是初始状态，R2 同时运行两个路由协议进程：RIP 及 OSPF。它通过 RIP 进程学习到 RIP 路由，又通过 OSPF 进程学习到 OSPF 域内的路由。但是这两个路由协议进程是完全独立的，其路由信息是相互隔离的。

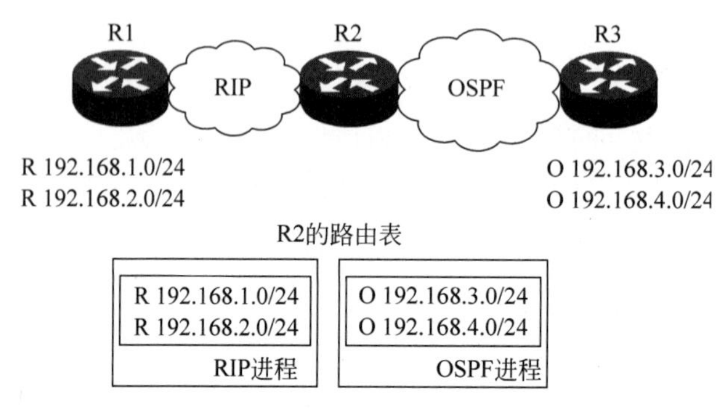

图 6-15 路由重发布初始状态

如图 6-16 所示，现在开始在 R2 上执行重发布的动作，将 OSPF 的路由“注入”到 RIP 路由协议进程之中，如此一来，R2 就会将 192.168.3.0/24 及 192.168.4.0/24 这两条 OSPF 路由“翻译”成 RIP 路由，然后通过 RIP 通告给 R1，R1 也就能够学习到 192.168.3.0/24 及 192.168.4.0/24 路由了。注意重发布的执行点是在 R2 上，也就是在路由域的分界点(ASBR)上执行的。另外，路由重发布是有方向的，例如，刚才执行完相关动作后，OSPF 路由被注入到 RIP，但是 R3 还是没有 RIP 域的路由，需要进一步在 R2 上将 RIP 路由重发布进 OSPF，才能让 R3 学习到 192.168.1.0/24 及 192.168.2.0/24 路由。

路由重发布是一种非常重要的技术，在实际的项目中时常会遇到。由于网络规模比较大，为了使整体路由的设计层次化，并且适应不同业务逻辑的路由需求，将在整个网络中设计多个路由协议域，而为了实现路由的全网互通，就需要在特定设备上部署路由重发布。另外在执行路由重发布的过程中，又可以搭配工具来部署路由策略，或者执行路由汇总，如此一来，路由重发布带来一个对路由极富弹性和想象力的操作手柄。

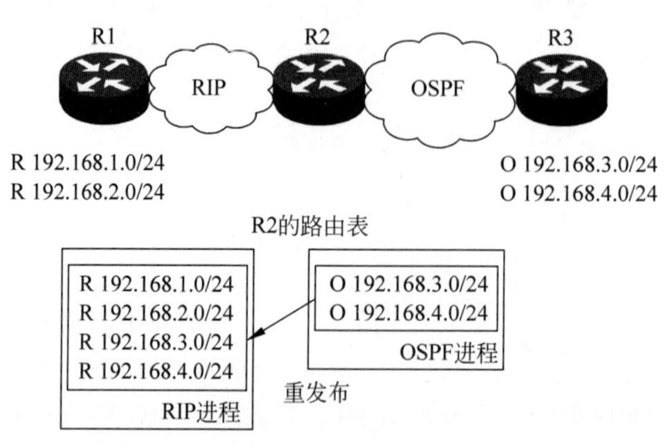

图 6-16 路由重发布

6.5.2 度量值的设置

路由重发布后度量值的计算如图 6-17 所示。

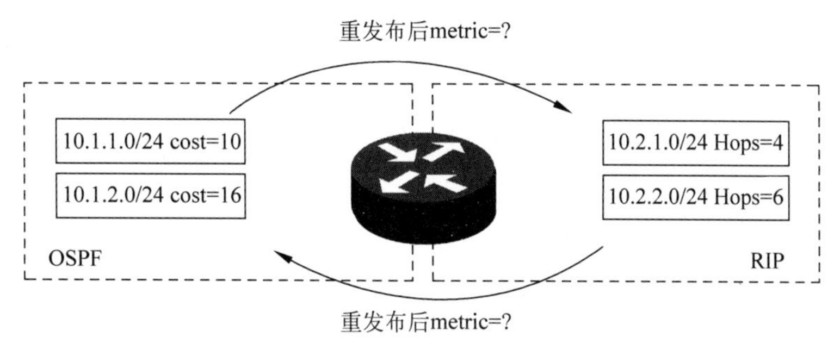

图 6-17　路由重发布后度量值的计算

注意，每一种路由协议，对路由 metric（度量值）的定义是不同的，OSPF 是用 cost（开销）来衡量一条路由的优劣，RIP 是用跳数，EIGRP 是用混合的各种元素，那么当将一些路由从某一种路由协议重发布到另一种路由协议中，有两种方式对这些路由的 metric 做如下改变。

方式之一是，可以在执行重发布动作的时候，手工制定重发布后的 metric，具体改成什么值，要看实际的环境需求。

方式之二是，采用默认的动作，即在路由协议之间重发布时使用的种子度量值。所谓种子度量值，指的就是当将一条路由从外部路由选择协议重发布到本路由选择协议中时使用的默认 metric。几种不同协议对应的种子度量值见表 6-5（可在路由协议进程中使用 default-metric 修改，同时不同网络设备厂商，协议种子度量值有所不同）。

表 6-5　几种协议的种子度量值

路由协议	默认种子度量值	解　释
RIP	无限大	当 RIP 路由被重分布到其他路由协议中时，其度量值默认为 16，因而需要为其指定一个度量值
EIGRP	无限大	当 EIGP 路由被重分布到其他路由协议中时，其度量值默认为 225，因而需要为其指定一个度量值
OSPF	BGP 为 1，其他 20	当 OSPF 路由被重分布到 BGP 时，其度量值为 1；被重分布到其他路由协议时，其度量值默认为 20。可根据需要为其指定一个度量值
IS-IS	0	当 IS-IS 路由被重分布到其他路由协议时，其度量值默认为 0
BGP	IGP 的度量值	当 BGP 路由被重分布到其他路由协议中时，其度量值根据内部网关的度量值而定

注意，以上是从其他动态路由协议重发布进该路由协议时的默认 metric。如果是重发布本地直连路由或静态路由到该路由协议，情况不是这样。例如，重发布直连或静态到如下路由协议时。

RIP 重发布直连如果没有设置 metric，则默认一跳传给邻居（邻居直接使用这一跳作为

metric)；重发布静态路由默认 metric=1，使用 default-metric 可以修改这个默认值，这条命令对重发布直连接口的 metric 无影响。

OSPF 重发布直连接口默认 cost=20；重发布静态路由默认 cost=20；使用 default-metric 可以修改重发布静态路由以及其他路由协议的路由进 OSPF 后的默认 cost，只不过这条命令对重发布直连接口无效。

EIGRP 度量值的计算：对于每一个子网，EIGRP 拓扑表包含一条或者多条可能的路由。每条可能的路由都包含各种度量值，如带宽、延迟等。EIGRP 路由器根据度量值计算一个整数度量值，来选择前往目的地的最佳路由。

EIGRP 度量值计算公式为

$$\text{EIGRP 度量值} = \text{IGRP 的度量值} \times 256$$

EIGRP 其实是 IGRP 的升级增强的版本，EIGRP 与 IGRP 可以自动互相兼容，转换因子是 256。

$$\text{EIGRP 度量值} = 256 \times [K_1 \times (10^7/\text{带宽}) + K_2(10^7/\text{带宽})/(256 - \text{负载}) + K_3(\text{延迟})/10 + K_5/(\text{可靠性} + K_4)]$$

默认情况下，K_1 和 K_3 是 1，其他的 K_i 值都是 0。

所以通常情况下，度量值=256×(10^7/最小带宽+累积延时/10)。

带宽的计算公式为：

IGRP 的带宽=10 000 000/网络实际带宽

EIGRP 的带宽=(10 000 000/网络实际带宽)×256

延迟的计算公式为：

IGRP 的延迟=实际延迟时间/10

EIGRP 的延迟=(实际延迟时间/10)×256

习题

1. 路由器工作于第几层？路由器的主要功能是什么？
2. 路由分为哪几类？
3. 默认路由的 IP 地址和子网掩码分别是什么？
4. 什么是路由汇总？为何要进行路由汇总？
5. 实际应用中，ACL 应用于路由器的任何接口上其效果是否相同？为什么？
6. 简述访问控制列表的意义。
7. 简述访问控制列表的分类和工作原理。
8. 查阅相关资料，写出标准的访问控制列表、扩展的访问控制列表和命名的访问控制列表的命令格式，并解释其中的参数。
9. 某公司申请到一个地址块 202.194.64.0/25，根据公司需求，采用 VLSM 规划，需要划分三个子网，每个子网要求能为 50、22、25 台主机提供 IP 地址，如何划分？
10. 某路由器上有以下直连网络，为了减小路由更新，可以将下列网络汇总为哪一条路由？

192.168.8.0/24；192.168.9.0/24；

192.168.10.0/24；192.168.11.0/24。

11. 选择题

（1）标准访问控制列表以下面哪一项作为判别条件？（　　）

A. 数据包的大小　　B. 数据包的源地址

C. 数据包的目的地址　　D. 数据包的接口号

（2）标准访问控制列表的序列规则范围是哪一项？（　　）

A. 1～10　　B. 0～100　　C. 1～99　　D. 0～10

路由协议

7.1 路由协议概述

动态路由虽不及静态路由那样安全，但由于动态路由通过路由器运行路由协议自动生成，无须人工维护，且随网络拓扑的变化而变化，对于大型复杂的网络，将大大减轻网络管理员的工作量和降低手工配置的差错率，特别适合于复杂的网络拓扑环境。

路由协议主要是运行在路由器上的协议，用于计算和维护路由信息，它通常采用一定的算法产生路由，并通过一定的方法确定路由的有效性来维护路由。路由协议通过在路由器之间共享路由信息来支持可路由协议（如 IP、IPX/SPX 等协议）。路由信息在相邻路由器之间传递，确保所有路由器知道到达其他路由器的路径。路由协议创建了路由表，描述了网络拓扑结构；路由协议与路由器协同工作，执行路由选择和数据包转发功能。

路由协议作为 TCP/IP 协议族中的重要成员之一，在 TCP/IP 协议族中属于应用层协议，但不同的路由协议使用的底层协议不同，如图 7-1 所示。

BGP	RIP	OSPF
TCP	UDP	
IP		IP
链路层		
物理层		

图 7-1　动态路由协议在协议族中的位置

由图 7-1 可知，所有的动态路由协议在 TCP/IP 协议族中都属于应用层的协议。但是不同的路由协议使用的底层协议不同。

最短路径优先协议（OSPF）将协议报文直接封装在 IP 报文中，协议号为 89，由于 IP 本身是不可靠传输协议，所以 OSPF 传输的可靠性需要协议本身来保证，即 OSPF 采用了复杂的确认机制来保证传输的可靠性。

边界网关协议（BGP）使用 TCP 作为传输协议，TCP 采用面向连接的工作方式，是可靠的传输层协议，TCP 的接口号为 179。

路由信息协议（RIP）使用 UDP 作为传输协议，接口号为 520。由于 UDP 是不可靠的传输层协议，故 RIP 采用周期性的广播协议报文来确保邻居收到路由信息。

路由协议的主要作用如下。

(1) 通过交换路由信息，生成、维护路由表。

(2) 网络拓扑改变时,能自动更新、维护路由信息。

(3) 通过一定的算法决定最佳路由。

路由协议具有如下的优点。

(1) 可以自动适应网络状态的变化,适用于大型复杂网络拓扑环境。

(2) 路由信息自动维护而无须网络管理员的参与,大大减轻了网络管理员的工作负担,减少了手工配置容易发生的差错。

但动态路由协议也存在如下的不足。

(1) 路由器之间需要相互交换路由信息,因而要占用网络带宽与系统资源。

(2) 动态路由协议的安全性不及静态路由的安全性高。

动态路由协议可以有不同的分类方法,不同的划分方法,划分结果不一样。

动态路由协议按寻址算法的不同,可以分为距离矢量路由协议和链路状态路由协议两类。其中,距离矢量路由协议包括 RIP 和 BGP 等;链路状态路由协议包括 OSPF 协议和 IS-IS 协议。

距离矢量路由协议,采用距离矢量(Distance Vector,DV)算法,相邻的路由器之间互相交换整个路由表,并进行矢量的叠加,最后学习到整个路由表。

距离矢量算法具有如下特点。

(1) 路由器之间周期性地交换路由表。

(2) 路由器之间交换的是整张路由表的内容。

(3) 每个路由器和它直连的邻居之间交换路由表。

(4) 网络拓扑发生了变化之后,路由器之间会通过定期交换更新包来获得网络的变化信息。

距离矢量路由协议具有如下的缺陷。

(1) 度量值的可信度。因为距离仅仅表示的是跳数,对路由器之间链路的带宽、延迟等没有考虑。这会导致数据包在一个看起来跳数小但实际带宽窄和延时大的链路上传送。

(2) 交换路由信息的方式,即路由器交换信息是通过定期广播整个路由表所能到达的适用网络号码。但在规模稍大的网络中,路由器之间交换的路由表会很大,而且很难维护,导致收敛很缓慢。

链路状态路由协议,采用链路状态(Link State,LS)算法。链路状态是层次式的,执行该算法的路由器不是简单地从相邻的路由器学习路由,而是把路由器分成区域,收集区域内所有路由器的链路状态信息,根据链路状态信息生成网络拓扑结构,每一个路由器再根据拓扑结构图计算出路由。

动态路由协议按其工作区域的不同,可以分为内部网关协议(IGP)和外部网关协议(EGP)两类。其中,内部网关协议包括 RIP、OSPF、IS-IS 等;外部网关协议包括 EGP、BGP 等,如图 7-2 所示。

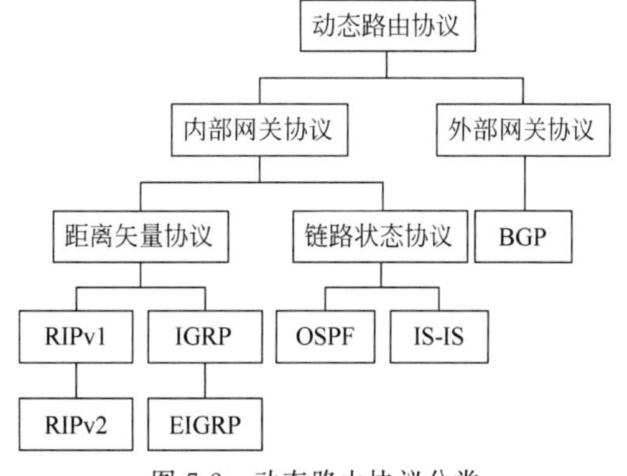

图 7-2 动态路由协议分类

内部网关协议(Interior Gateway Protocols,IGP)是一个自治系统(AS)网络内部进行路由信息的通信时采用的协议,主要目的是发现和计算自治域内的路由信息;而外部网关协议是各个不同的自治系统网络之间通信时所采用的协议,主要使用路由策略和路由过滤等控制路由信息在自治域间的传播。

自治系统是指处于一个管理机构控制之下的路由器和网络群组。自治系统可以是一个路由器直接连接到一个 LAN 上,同时也连到 Internet 上;也可以是一个由企业骨干网互连的多个局域网。在一个自治系统中的所有路由器必须相互连接,运行相同的路由协议,同时分配同一个自治系统编号。

衡量动态路由协议的性能指标如下。

(1) 路由协议计算的正确性:指路由协议采用的算法能正确找到最优路径,且无路由自环。

(2) 路由收敛速度:指当网络拓扑结构发生变化时,路由器的路由表达到一致的速度快慢。

(3) 系统开销:协议自身的开销即路由器运行路由协议时占用的 CPU、内存等资源。

(4) 安全性:协议自身是否易受攻击。

(5) 普适性:对各种拓扑结构变化和网络规模大小的适应。

7.2 路由信息协议

7.2.1 RIP 路由协议概述

RIP 是最早的动态路由协议,并且是一种基于距离矢量(Distance Vector)算法的路由协议,即采用跳数来衡量到达目的网络的距离:路由器与它直接相连的网络的跳数为 0;经与其直接相连的路由器到达下一个紧邻的网络跳数为 1,以此类推,每多经过一个网络,跳数加 1。但 RIP 规定度量值取 0～15,大于或等于 16 的跳数被定义为无穷大,即目的网络或主机不可达。由于 RIP 的原理简单,配置容易,在小规模网络中得到广泛的应用。

RIP 包括两个版本,即 RIPv1 和 RIPv2。RIPv1 是有类别路由协议,其协议报文中不携带掩码信息,不支持变长子网掩码 VLSM。RIPv1 只支持以广播方式发布协议报文。

RIP 采用支持水平分割(Split Horizon)与毒性逆转(Poison Reverse)技术来防止路由环路的产生,并在网络拓扑变化时采用触发更新(Triggered Update)来加速网络的收敛时间。另外,RIP 还允许引入其他路由协议所得到的路由。

7.2.2 RIP 的工作方式及消息格式

1. RIP 的工作方式

RIP 使用两种类型的消息,分别是请求消息(request)和响应消息(response)。每个配置了 RIP 的路由器接口在启动时都会发送请求消息,要求所有 RIP 邻居发送完整的路由表,启用 RIP 的邻居路由器随后传回响应消息,响应后将发送更新路由表。

2. RIP 消息格式

1) RIPv1 消息格式

RIPv1 的 request 和 response 格式相似，如图 7-3 所示。报文包括一个固定的首部及 0 个或多个路由条目，一个 RIP 消息中最多允许 25 个路由条目。

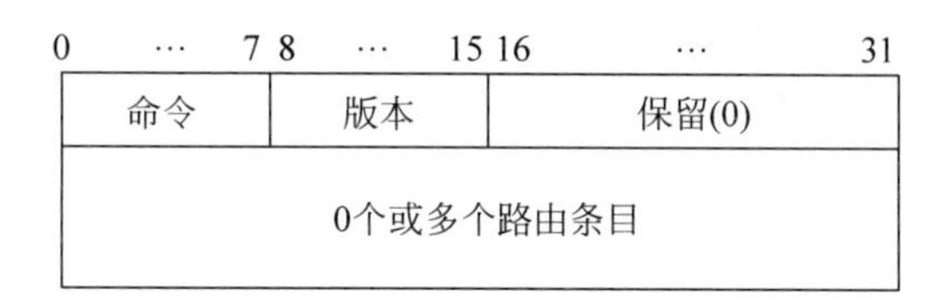

地址族标识	保留(0)
IPv4地址	
保留(0)	
保留(0)	
度量值	

（一个路由条目）

图 7-3　RIPv1 消息格式

报文中各字段含义如下。

(1) 命令(command)字段：命令字段表示 RIP 报文的类型。目前只支持 request 报文和 response 报文，取值分别为 1 和 2。

(2) 版本(version)字段：版本字段表示 RIP 的版本信息。

(3) 地址族标识(address family identifier)字段：地址族标识字段表示路由信息所属的地址族。RIP 支持多种地址族，对于 IPv4 地址族，该字段值为 2。当该字段置为 0 时，表示向相邻路由器请求全部路由信息。

(4) IPv4 地址(IPv4 address)字段：表示路由信息对应的目的站 IP 地址，可以是主机地址、子网地址或网络地址。当该字段为 0 时，表示路由器的默认路由(用于 response 报文)。RIP 将第 7 字节开始后的连续 14 字节空间用于设置地址，以支持不同的地址族。由于 IPv4 的地址只有 4 字节，又考虑到 32 比特对齐，因此将该字段的起点置于第 9 字节。

(5) 度量值(metric)字段：度量值字段表示从本路由器到目的站的距离(路径上经过的路由器数目)。

2) RIPv2 消息格式

RIPv2 的消息格式与 RIPv1 兼容，一些增加的字段占据了 RIPv1 中保留为 0 的字段，其格式如图 7-4 所示。

命令 (0…7)	版本 (8…15)	保留(0) (16…31)
0个或多个路由条目		

地址族标识	路由标记
IPv4地址	
子网掩码	
下一跳	
度量值	

图 7-4　RIPv2 消息格式

RIPv2 消息格式中与 RIPv1 不一致的字段含义如下。

(1) 版本(version)字段：对于 RIPv2，该字段值为 2。

(2) 路由标记(route tag)字段：用于标识一条路由。路由器间交换的路由信息，可能来自 RIP 路由域，也可能来自非 RIP 路由域。例如，从 BGP 或其他 IGP 路由域中导入。如果一条路由是从 BGP 路由域中导入的，则可将该字段的值设置为 BGP 路由域的自治系统编号。

(3) 子网掩码(subnet mask)字段：表示路由信息对应的子网掩码，由此可支持 VLSM 和 CIDR 编址。

(4) 下一跳(next hop)字段：表示路由对应的下一跳路由器的 IP 地址，使用该字段可防止 RIPv1 中的额外跳问题。

RIPv2 为路由器之间交换的每个报文都提供了认证功能。认证信息通过 RIPv2 报文传送(将地址族标识字段的值设置为 0xFFFF)，在空间上占据一个完整路由条目的位置，格式如图 7-5 所示。通常，认证信息置于命令字段开始后的第 5 字节，在其后可包含多达 24 个路由条目。

命令	版本	保留(0)
0xFFFF		认证类型
认证(字节0～3)		
认证(字节4～7)		
认证(字节8～11)		
认证(字节12～15)		
0个或多个路由条目		

图 7-5　RIPv2 的认证条目

图 7-5 中 RIPv2 的认证条目中的认证类型(authentication type)字段，表示认证的类型，目前只支持简单的口令认证，其值为 2；认证(authentication)字段，表示认证数据，即认证口令字，该字段占 16 字节。认证口令字长度不足 16 字节时，用 0 来填充。如果启用认证功能，则路由器收到 RIPv2 报文时，先要判断口令字是否正确。如不正确，则将报文丢弃。

7.2.3 RIP 的工作过程

1. RIP 的路由计算

RIP 使用跳数来衡量源网络到目的网络的距离。从源网络到目的网络的路径中每一跳被赋予一个跳数值，此值通常为 1。路由器收到包含新的或改变了的目的网络表项的路由更新信息，就把相应目的网络的 metric 加 1，然后与路由表现值进行比较。

RIP 从源网络到目的网络的最大跳数为 15。如果路由器收到了含有新的或改变表项的路由更新信息，且把 metric 加 1 后成为无穷大(即 16)，就认为该目的网络不可到达。RIP 网络跳数不能超过 16，这限制了网络规模，故通常 RIP 只适用于小型网络。

RIP 的路由表计算步骤如下。

(1) X、Y 是两个相邻路由器，已知 X 与另一网络 N 的距离为 n。

(2) X 向 Y 发送路由信息“我到达目的网络 N 的距离为 n”。

(3) 则 Y 就会知道“如果将 X 作为下一跳路由器，则我到达网络 N 的距离 $n+1$”，然后进行如下处理。

① 如果 Y 的路由表中没有到达网络 N 的项目，则增加到网络 N 的表项。

② 如果已经存在到网络 N 的表项“经过路由器 Z 到达目的网络 N 的距离为 m”，若

X=Z 就更新路由表；若 X≠Z，但 $m>n+1$ 也更新；其余情况不更新。

（4）更新后下一跳路由器应为 X。

2. RIP 路由表初始化

未启动 RIP 的初始状态下，路由表中仅包含本路由器的直连路由，且直连路由的跳数为 0。RIP 启动后，为了尽快从邻居获得 RIP 路由信息，RIP 使用广播方式向各接口发送请求报文（Request Message），其目的是向 RIP 邻居路由器请求路由信息。

相邻的 RIP 路由器收到请求报文后，响应该请求，回送包含本地路由表信息的响应报文（Response Message）。如图 7-6 所示，路由器 A 启动 RIP 后，RIP 进程负责发送请求报文。请求 RIP 邻居路由器 B 对其回应。路由器 B 收到请求报文后，以响应报文回应，回应报文中携带了路由器 B 路由表的全部信息。

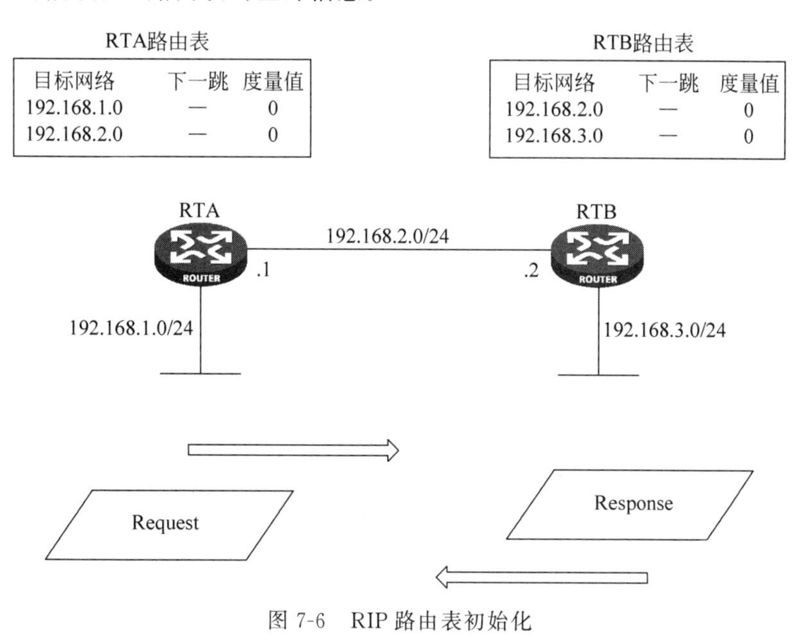

图 7-6 RIP 路由表初始化

3. RIP 路由表更新

当某路由器接收到其他路由器发出的响应报文或路由更新报文后，查看报文中的路由信息，并更新本地路由表。路由表的更新原则如下。

（1）若本地路由表中不存在该路由表项，则将路由添加到路由表中。

（2）若本地路由表中已存在该路由表项，但新的路由项具有更小的跳数，则更新该路由项。

（3）对本地路由表中已有的路由表项，如果新的路由项拥有相同或更大的跳数，RIP 路由器将判断此更新与已有的路由项是否来自相同的邻居路由器，若是，则该路由被接受，然后路由器更新自己的路由表；否则，此路由项被忽略。

根据以上规则，RIP 路由表更新如图 7-7 所示。

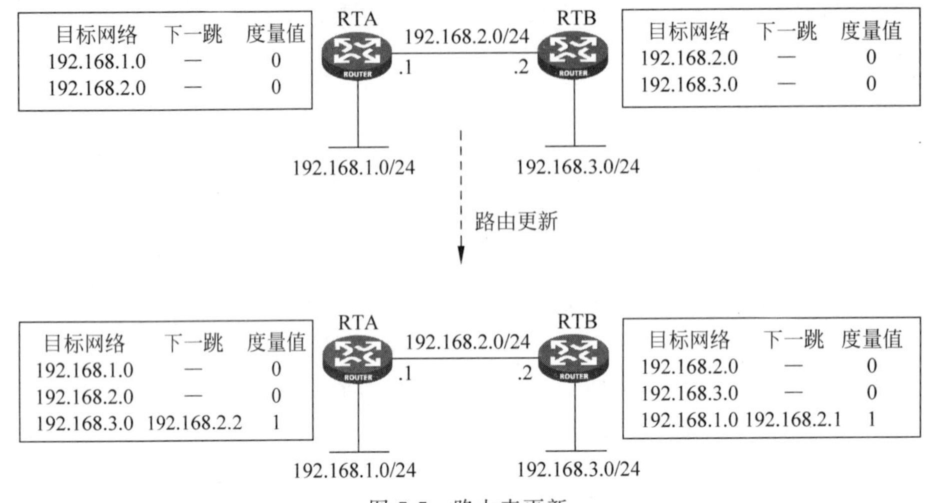

图 7-7 路由表更新

4. RIP 路由表的维护

RIP 定义了三个重要的定时器,用于 RIP 路由信息的维护。三个重要定时器如下。

(1) Update Timer 更新定时器。定义了周期发送路由更新的时间间隔,默认值为 30s。

(2) Timeout 超时定时器。该定时器的默认值为 180s,如果在该定时时间内没有收到关于某条路由的更新报文,则该条路由的度量值将会被设置为无穷大(16),并从 IP 路由表中撤销。

(3) Flush Timer 刷新定时器。该定时器的默认值为 120s,定义了一条路由从度量值变为 16 开始,直到它从路由表里被删除所经过的时间。如果该定时器超时,该路由仍没有得到更新,则该路由将被彻底删除。

在一个稳定工作的 RIP 网络中,所有启用了 RIP 路由协议的路由器将通过更新定时器以每隔 30s 的时间间隔周期性地发送全部路由更新。

考虑到 RIP 网络中若所有路由器同时发出更新信息会占用带宽,对正常数据传输带来不利的影响,路由器在每次更新定时器复位时,都会附加一个小的随机变量值(典型值在 5s 以内),使 RIP 路由器的更新周期为 25～35s。

路由器成功建立一条路由条目后,将为它加上一个 180s 的超时定时器。当路由器在该定时值内再次收到同一条路由信息的更新后,该定时器被重新置初值,即 180s;若在 180s 内没有收到针对该路由信息的更新,则该路由的度量值被设置为无穷大(16),但不会被立即从路由表中删除。

一旦某条路由被设置为无穷大(16)即不可达,RIP 路由器将立即启动刷新定时器,若在该定时器超时之前,路由器收到了该条路由的更新信息,则该条路由被重新标记为有效;若路由器在该定时器的定时值内没有收到该条路由的更新信息,则该路由被从路由表中删除。

5. RIP 路由环路避免

由于 RIP 是典型的距离矢量路由协议,具有距离矢量路由协议的所有特点,所以,当网络发生故障时，有可能会产生路由环路现象。

RIP设计了一些机制来避免网络中路由环路的产生，这些机制包括：

（1）路由毒化；

（2）水平分割；

（3）毒性逆转；

（4）定义最大度量值；

（5）抑制时间；

（6）触发更新。

在以上这些机制中，路由毒化、水平分割、毒性逆转能够使RIP在单路径网络中避免路由环路，而其余几种机制主要是针对多路径网络中路由环路避免而设计的。为了取得更好的避免路由环路的效果，在实际网络应用中，几种路由环路避免机制经常被同时应用。

下面对上述机制加以进一步的阐述。

1）路由毒化

路由毒化(Route Poisoning)是指路由器主动把路由表中发生故障的路由项以度量值无穷大(16)的形式通告给RIP邻居路由器，以使邻居路由器能够及时获知网络发生故障。然后通过路由更新，将网络不可达的信息向全网扩散，如图7-8所示。

通过路由毒化机制，RIP能够保证与故障网络直连的路由器有正确的路由信息。

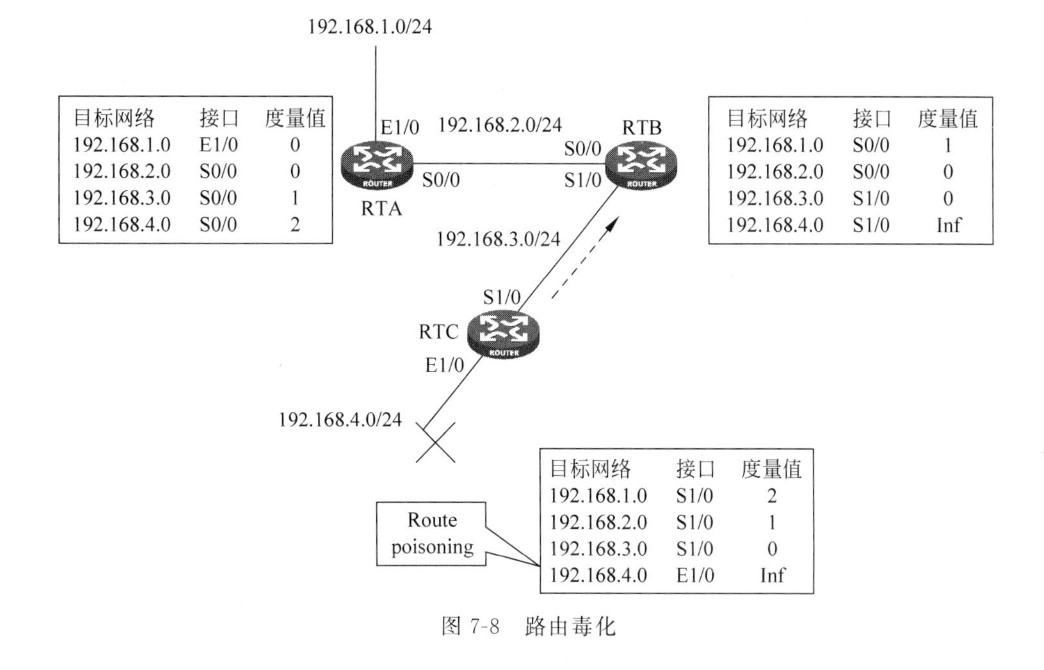

图7-8 路由毒化

2）水平分割

分析距离矢量路由协议中产生路由环路的原因，最重要的一条就是因为路由器将从某个邻居路由器学习到的路由信息又返回告诉了此邻居路由器。

水平分割(Split Horizon)是在距离矢量路由协议中最常用的避免路由环路发生的解决方案之一。水平分割的思想就是RIP路由器从邻居路由器的某个接口学习到的路由不会再从该接口发回给该邻居路由器，如图 7-9 所示。

在图 7-9 中，路由器 RTC 把它的直连路由通告给路由器 RTB，也就是路由器 RTB 从接口 S1/0 学习到了路由项 192.168.4.0。在接口上应用水平分割后，路由器 RTB 在接口 S1/0 上发送路由更新时，就不能包含关于 192.168.4.0 网络的路由项。

当网络 192.168.4.0 发生故障时，假如路由器 RTC 并没有发送路由更新给路由器 RTB，而是路由器 RTB 发送更新给路由器 RTC，此时由于启用了水平分割，路由器 RTB 所发的路由更新中不会包含路由项 192.168.4.0，这样路由器 RTC 不会从路由器 RTB 学习到关于 192.168.4.0 的路由项，从而避免了路由环路的产生。

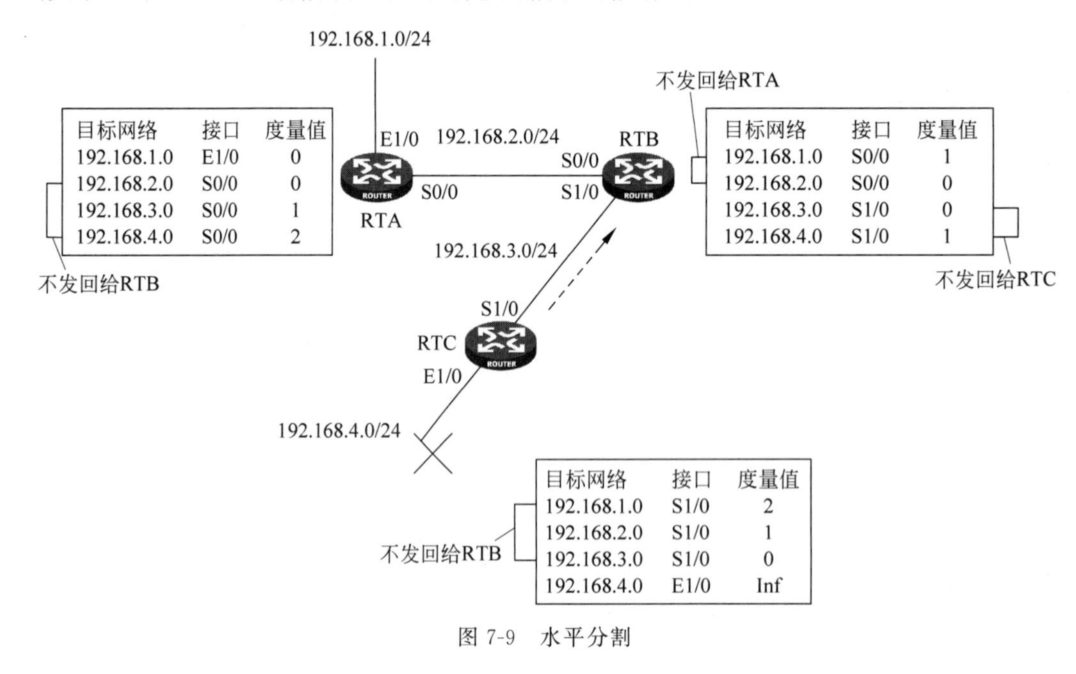

图 7-9 水平分割

3) 毒性逆转

毒性逆转(Poison Reverse)是另一种避免路由环路的方法。毒性逆转是指当 RIP 路由器学习到一条毒化路由(度量值为 16)时，对该条路由忽略水平分割规则，并通告毒化路由，如图 7-10 所示。相当于显式地告诉 RTC，不可能从 RTB 到达网络 192.168.4.0。

在图 7-10 中，路由器 RTC 发现网段 192.168.4.0 故障，它会立即发送一个触发的部分更新即 192.168.4.0 的毒化路由，路由器 RTB 响应此更新，修改自己的路由表，并立即回送包含 192.168.4.0、度量值为 16 的路由更新给路由器 RTC(破坏了水平分割规则)。路由器 RTC 在下一个更新周期，会通告所有路由，包括 192.168.4.0 毒化路由。同样，路由器 RTB 在下一个更新周期，也会通告包括 192.168.4.0 的毒化逆转路由在内的所有路由。

4) 定义最大度量值

在多路径网络环境中，如果产生了路由环路，则会使路由器中路由项的跳数不断增大，网络无法收敛。通过给每种距离矢量路由协议度量值定义一个最大值，可以解决此问题。

在 RIP 中，规定度量值所能达到的最大值为 16，表示目的网络不可达，如图 7-11 所示。路由器会在路由表中显示网络不可达信息，并不再更新不可达网络的路由。此时如果路由器收到发送不可达网络的数据包，该数据包将会被丢弃而不再转发。

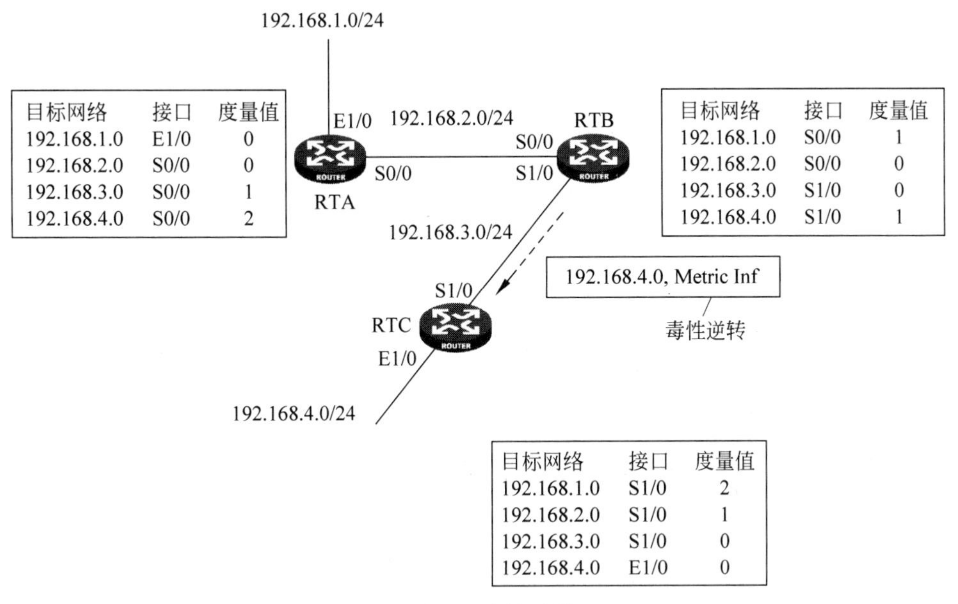

图 7-10　毒性逆转

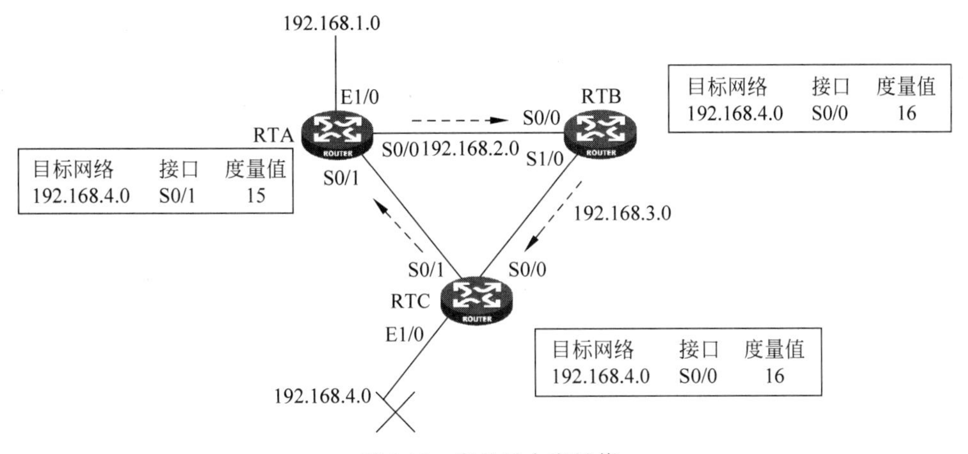

图 7-11　定义最大度量值

通过定义度量值的最大值，距离矢量路由协议可以解决发生环路时路由度量值无限增大的问题，也校正了错误的路由信息。但是，在最大度量值到达之前，路由环路还是会存在。换言之，定义度量值的最大值只是产生路由环路后的一种补救措施，只能减少路由环路存在的时间，并不能避免路由环路的产生。

5）抑制时间

抑制时间与路由毒化结合使用，能够在一定程度上避免路由环路产生。抑制时间规定，当路由器收到一条毒化路由时，为该路由启动抑制定时器。在抑制时间内，只有来自同一邻居且度量值小于无穷大(16)的路由更新才会被路由器接收，替代不可达路由。

在如图 7-12 所示的网络中，抑制定时器机制作用的过程描述如下。

(1) 当路由器 C 检测到网络 192.168.4.0 故障时，毒化自己路由表中的 192.168.4.0

网段的路由项，使其度量值为无穷大（16），表示网络 192.168.4.0 不可达。同时给 192.168.4.0 网段设定抑制时间。在更新期到来后，发送路由更新给路由器 B。

（2）路由器 B 收到路由器 C 发出的路由更新信息后，更新自己的网段 192.168.4.0 路由项，使其跳数为无穷大(16)，同时启动抑制定时器，在抑制时间结束之前的任何时刻，如果从同一相邻路由器 C 处又接收到网段 192.168.4.0 可达的更新信息，路由器 B 就将网段 192.168.4.0 标识为可达，并删除抑制时间。

（3）在抑制定时器超时之前的任何时刻，如果接收到其他相邻路由器如路由器 A 的有关网段 192.168.4.0 的更新信息，路由器 B 会忽略此更新信息，不更新路由表。

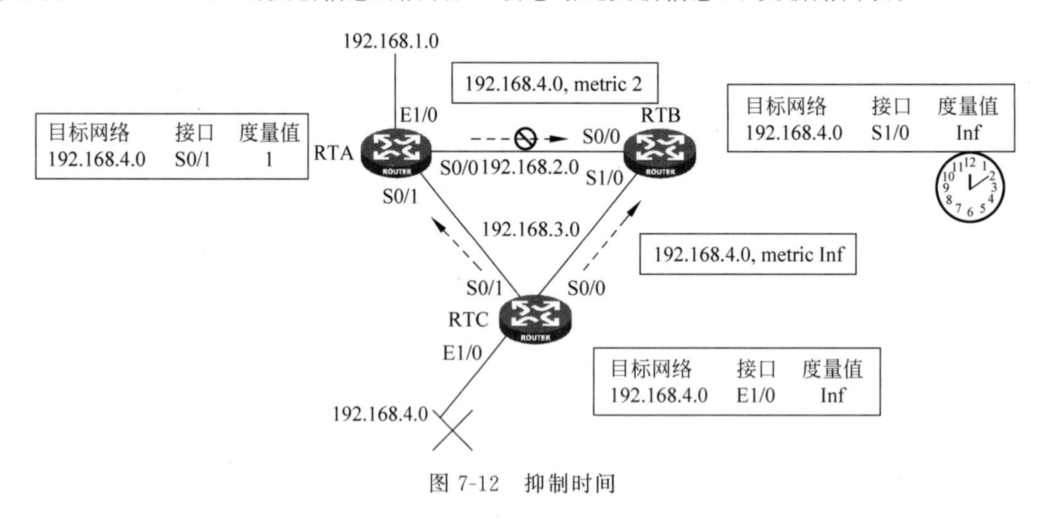

图 7-12 抑制时间

（4）抑制定时器超时后，路由器如果收到任何相邻路由器发出的有关网段 192.168.4.0 的更新信息，路由器都将会更新路由表。

6）触发更新

触发更新机制是指路由表中路由信息发生改变时，路由器不必等到更新周期到来，而是立即发送路由更新给相邻路由器。例如，当某路由器检测到其直连网络发生故障时，该路由器不必等待其更新周期结束而是立即向相邻路由器发送路由更新信息，这将网络不可达信息快速传播到整个网络，大大加快了网络的收敛速度。

7.2.4 RIPv2 的改进

RIPv1 报文包含的信息有限，随着子网及 CIDR 技术在 Internet 中开始应用，RIPv1 被 RIPv2 取代。与 RIPv1 相比，RIPv2 扩展的主要功能如下。

（1）增加了子网掩码字段，支持 VLSM、CIDR 编址。

（2）增加了下一跳字段，防止额外跳。

（3）增加路由标记字段，可传送自治系统编号、路由起点等。

（4）增加认证功能，提高安全性。

（5）采用组播方式传输更新报文，提高更新效率。

7.2.5 RIPv1 的配置

1. RIPv1 的配置命令格式

配置命令格式如下：

```
Router(config)#router rip                    //启动 RIP 进程
Router(config-router)#network directly-connected-classful-network-address
//通告直连网络
```

2. RIPv1 的配置案例

RIPv1 配置案例对应的拓扑图如图 7-13 所示，各路由器的配置分述如下。

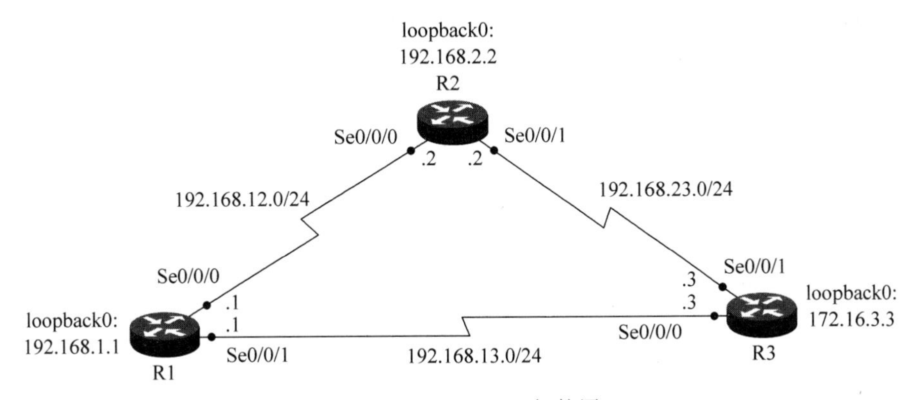

图 7-13 RIPv1 配置拓扑图

1）路由器 R1 的配置

```
Router>                                  //路由器加电后自动进入"用户配置模式"
Router>enable                            //进入"用户特权模式"
Router#
Router#configure terminal                //进入"全局配置模式"
Router(config)#
Router(config)#hostname R1               //将路由器的名字设置为 R1
R1(config)#
R1(config)#interface Serial 0/0/0
//从"全局配置模式"进入"接口配置模式"
R1(config-if)#ip address 192.168.12.1 255.255.255.0
//配置路由器接口 Se0/0/0 的 IP 地址
R1(config-if)#no shutdown                //手动开启路由器接口,接口默认情况下关闭
R1(config-if)#interface Serial 0/0/1
R1(config-if)#ip address 192.168.13.1 255.255.255.0
//配置路由器接口 Se0/0/1 的 IP 地址
R1(config-if)#no shutdown                //手动开启路由器接口,接口默认情况下关闭
R1(config-if)#interface loopback 0
R1(config-if)#ip address 192.168.1.1 255.255.255.0
//配置路由器 R1 的环回 IP 地址
R1(config-if)#no shutdown
```

```
R1(config-if)#exit                             //回退到全局配置模式
R1(config)#router rip                          //启动动态路由协议RIP进程
R1(config-router)#network 192.168.12.0
R1(config-router)#network 192.168.13.0
R1(config-router)#network 192.168.1.0          //通告直接相连的网络
```

2）R2路由器的配置

```
Router>                                        //路由器加电后自动进入"用户配置模式"
Router>enable                                  //进入"用户特权模式"
Router#
Router#configure terminal                      //进入"全局配置模式"
Router(config)#
Router(config)#hostname R2                     //将路由器的名字设置为R2
R2(config)#
R2(config)#interface Serial 0/0/0
//从"全局配置模式"进入"接口配置模式"
R2(config-if)#ip address 192.168.12.2 255.255.255.0
//配置路由器接口Se0/0/0的IP地址
R2(config-if)#no shutdown                      //手动开启路由器接口,接口默认情况下关闭
R2(config-if)#interface Serial 0/0/1
R2(config-if)#ip address 192.168.23.2 255.255.255.0
//配置路由器接口Se0/0/1的IP地址
R2(config-if)#no shutdown                      //手动开启路由器接口,接口默认情况下关闭
R2(config-if)#interface loopback 0
R2(config-if)#ip address 192.168.2.2 255.255.255.0
//配置路由器R2的环回IP地址
R2(config-if)#no shutdown
R2(config-if)#exit                             //回退到全局配置模式
R2(config)#router rip                          //启动动态路由协议RIP进程
R2(config-router)#network 192.168.12.0
R2(config-router)#network 192.168.23.0
R2(config-router)#network 192.168.2.0          //通告直接相连的网络
```

3）路由器R3的配置

```
Router>                                        //路由器加电后自动进入"用户配置模式"
Router>enable                                  //进入"用户特权模式"
Router#
Router#configure terminal                      //进入"全局配置模式"
Router(config)#
Router(config)#hostname R3                     //将路由器的名字设置为R3
R3(config)#
R3(config)#interface Serial 0/0/0
//从"全局配置模式"进入"接口配置模式"
R3(config-if)#ip address 192.168.13.3 255.255.255.0
//配置路由器接口Se0/0/0的IP地址
R3(config-if)#no shutdown                      //手动开启路由器接口,接口默认情况下关闭
R3(config-if)#interface Serial 0/0/1
R3(config-if)#ip address 192.168.23.3 255.255.255.0
//配置路由器接口Se0/0/1的IP地址
R3(config-if)#no shutdown                      //手动开启路由器接口,接口默认情况下关闭
```

```
R3(config-if)#interface loopback 0
R3(config-if)#ip address 172.16.3.3 255.255.255.0
//配置路由器 R3 的环回 IP 地址
R3(config-if)#no shutdown
R3(config-if)#exit                        //回退到全局配置模式
R3(config)#router rip                     //启动动态路由协议 RIP 进程
R3(config-router)#network 192.168.13.0
R3(config-router)#network 192.168.23.0
R3(config-router)#network 172.16.0.0      //通告直接相连的网络
//注意:在 RIP 通告直连网络时,如果划分了子网,只需要通告主类网络,即使通告了子网地址,
//在 running-config 里只能看到有类的网络地址
```

4）路由器路由信息的查看

（1）R1 的路由表。

可用如下命令查看：

```
R1#show ip route
```

（2）查看 RIP 路由。

可采用如下命令查看：

```
R1#show ip route rip  //只显示 RIP 学习到的路由,用 R 字母标识
```

（3）查看路由协议 RIP。

查看路由协议 RIP 可采用如下命令：

```
R1#show ip protocols
```

（4）查看 RIP 数据库。

查看 RIP 数据库可用如下命令：

```
R1#show ip rip database
```

（5）查看调试信息。

查看调试信息可用如下命令：

```
R1#debug ip rip
```

7.3 OSPF 协议

RIP 是最早使用的动态路由协议，虽然配置简单、维护方便，在小规模网络环境中得到了广泛的应用，但由于从理论上无法完全避免路由环路的产生，在安全性方面也难以满足更高的要求；另外，RIP 以跳数来衡量到达目标网络的最优路径，但当跳数值为 16 时，认为目标网络不可达，这限制了 RIP 的应用场合，即无法适用于大型网络环境。

OSPF 协议很好地解决了 RIP 存在的问题，因此在大型网络中得到了广泛的应用。OSPF 协议和 RIP 一样，都是内部网关协议，但 RIP 是基于“距离向量”的路由协议，其度量值为跳数，使用距离向量算法的路由器的工作模式是在路由更新信息中把路由表全部或部

分发送给其相邻的路由器；而 OSPF 协议是基于链路状态的路由协议，其度量是一个无量纲的数，可以是距离、时延、带宽等，也可以是这些参数的综合。OSPF 路由器收集链路状态信息，并使用最短路径算法来计算到达各个节点的最短路径。OSPF 是基于最短路径算法(也称为 Dijkstra 算法)，把路由表变化的部分发送给其相邻的路由器，从而减少了路由更新流量；另外，OSPF 的工作是分层次的，一个 OSPF 区域可以分为多个区域，在同一区域内，相邻路由器之间交换链路状态公告 LSA 信息，LSA 中包含连接的路径、该路径的度量值及其他的变量信息。

7.3.1 OSPF 基本原理

OSPF 是由 IETF(Internet Engineering Task Force，Internet 工程任务组)开发的基于链路状态(Link State)的自治系统内部路由协议，用来替代存在一些问题的 RIP。IETF 公布了 OSPFv1、OSPFv2、OSPFv3(应用于 IPv6)三个版本，此三个版本的最新标准文档分别为 RFC1131、RFC2328 和 RFC5340。目前，OSPFv2 已在 Internet 中广泛使用。

OSPF 是一个链路状态路由协议，每个 OSPF 路由器都维护着一个链路状态数据库(LSD)。相邻 OSPF 路由器之间相互通告各自的链路状态，当某台路由器收到其他路由器发来的链路状态更新报文时，便对自己的链路状态数据库进行更新，并使用最短路径优先算法，构造以本路由器为根的最短路径树，该路径树显示了路由器到自治内所有目的地的最佳路径。

OSPF 协议在有组播发送能力的链路层上以组播地址发送协议包，既达到了节约资源的目的，又最大限度地减少了对其他网络设备的干扰。

OSPF 将协议包直接封装在 IP 包中，协议号为 89。由于 IP 本身是无连接的，所以 OSPF 传输的可靠性需要协议本身来保证。为此，OSPF 协议定义了一些机制保证协议包安全可靠地传输。

OSPF 支持可变长子网掩码(VLSM)和无类别域间路由(CIDR)，支持多种路由度量标准，是一个具有较强健壮性和可扩展性的路由协议。

OSPF 基于自治系统内每台路由器的链路状态公告，全部路由器共同维护链路状态数据库。当自治系统中路由器数目大量增加时，会导致链路状态数据库规模的急剧膨胀，使得路由维护及路径选择非常低效。为解决此问题，OSPF 将一个大规模的网络划分为多个易于管理的区域，从而缩小了交换链路状态数据的路由器群组规模。

7.3.2 OSPF 的报文格式

OSPF 中相邻路由器之间通过发送 OSPF 报文完成邻居发现、建立邻接关系、链路状态数据库建立及路由计算等。

OSPF 报文类型有 Hello 报文、数据库描述(DBD)报文、链路状态请求(LSR)报文、链路状态更新(LSU)报文(7 种类型常用的报文)、链路状态确认(LSAck)报文。

1. 公共首部

OSPF 报文类型不同，但这些报文的首部结构是相同的。首部长度固定为 20 字节，格式如图 7-14 所示。不同类型的 OSPF 报文数据紧跟公共首部之后。在 IP 网络中,OSPF 报文(包括公共首部)被封装到 IP 数据报中进行传送。

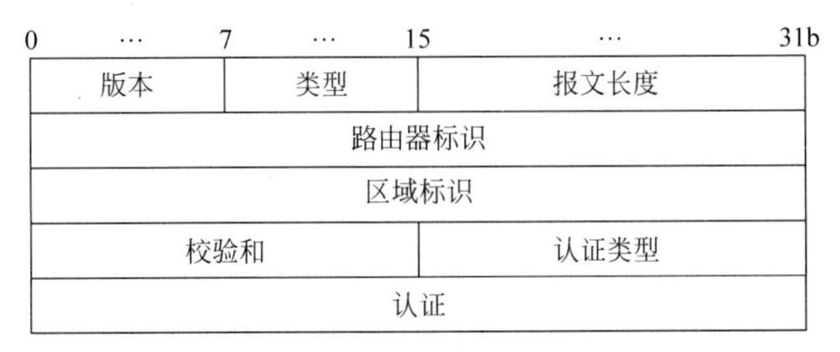

图 7-14 OSPF 通用首部格式

首部中各字段的含义如下。

1）版本(version)字段

表示 OSPF 的版本号。

2）类型(type)字段

表示当前报文的类型,“1”表示 Hello 报文;“2”表示数据库描述报文;“3”表示链路状态请求报文;“4”表示链路状态更新报文;“5”表示链路状态确认报文。

3）报文长度(packet length)字段

包括公共首部在内的以字节为单位的 OSPF 报文长度。

4）路由器标识(router ID)字段

表示产生此报文的路由器 ID 号,可以指定为该路由器所有接口 IP 地址中的最大者。

5）区域标识(area ID)字段

表示报文发送者所属的区域。

6）校验和(checksum)字段

指对除认证字段外的整个 OSPF 报文进行计算得到的校验和,其计算方法与 IP 数据报首部校验和的计算方法相同。

7）认证类型(authentication type)字段

描述报文认证方式。目前 OSPF 支持三种方式:“0”表示不认证;“1”表示简单的口令认证;“2”表示密码认证,以 MD5 为基础。

8）认证(authentication)字段

认证信息,具体内容取决于所选择的认证类型。对于口令认证而言,存放口令;对于 MD5 而言,存放口令的散列值。

2. Hello 报文格式

Hello 报文格式如图 7-15 所示,首部中“类型值”为 1。

报文格式中各字段含义如下。

1）网络掩码

表示该路由器正在向其发送报文的那个网络的子网掩码。

2）Hello 间隔

表示该路由器在发送两个 Hello 报文之间等待的秒数。

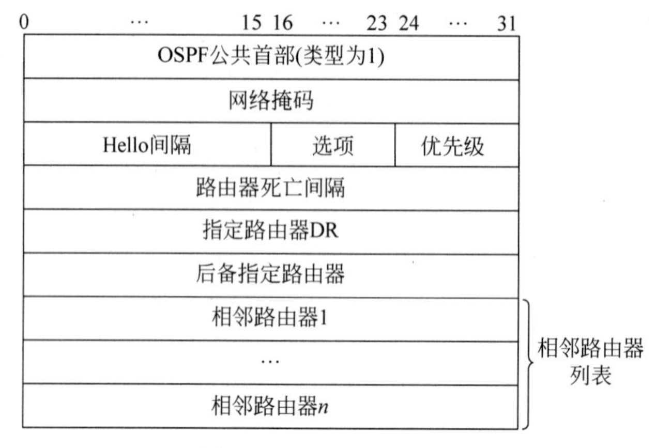

图 7-15 Hello 报文格式

3）选项

指示该路由器支持哪些可选的 OSPF 功能。

4）优先级

指示该路由器在选举备份指派路由器时的优先级。

5）路由器死亡间隔

表示在一台路由器被认为失效之前它可以保持静默的秒数。

6）指定路由器(DR)

在一些网络上被指派执行某些特殊功能的路由器的地址。如果没有指派路由器，则设置为 0。

7）后备指定路由器(BDR)

表示备份指定路由器的地址。如果没有备份指定路由器，则设置为全 0。

8）邻居路由器

表示这台路由器最近曾收到其发送的 Hello 报文的所有路由器的地址。

3. DBD 报文格式

DBD 报文格式如图 7-16 所示，首部中“类型值”为 2。

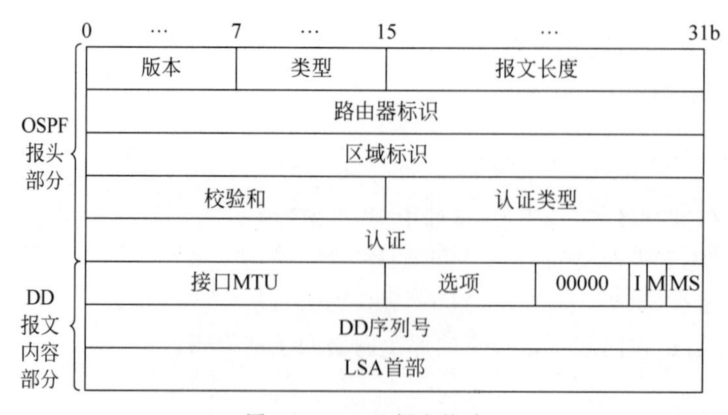

图 7-16 DBD 报文格式

报文格式中各字段含义如下。

(1) 接口 MTU：可以不分片而在这台路由器的接口上发送最大 IP 报文的长度。

(2) 选项：指示路由器支持若干 OSPF 可选功能中的哪几项。

(3) 标志：用来说明数据库描述报文交换相关信息的特殊标志，包括以下子字段。

① 保留子字段：占 5b，发送和接收时设置为全 0。

② I 子字段：占 1b，“起始比特”，设置为 1 以说明这是一个连续数据库描述报文序列中的第一个(起始)报文。

③ M 子字段：占 1b，“更多比特”，设置为 1 以说明这个报文后面还有更多的数据库描述报文。

④ MS 子字段：占 1b，“主/从比特”，如果发送这个报文的路由器是通信中的主路由器，则设置为 1；如果是从路由器，则设置为 0。

(4) DD 序列号：用来为一系列数据库描述报文编号以使它们能够保持顺序。

(5) LSA 首部：长度可变，包含 LSA 首部，LSA 首部携带有关 LSDB 信息。

4. LSR 报文格式

LSR 报文格式如图 7-17 所示，首部中“类型值”为 3。

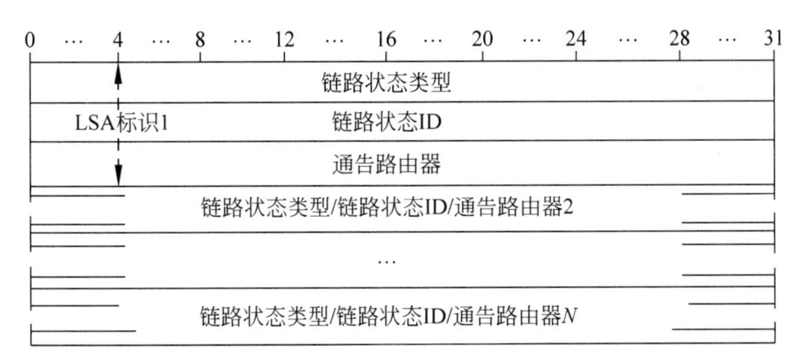

图 7-17　LSR 报文格式

报文格式中各字段含义如下。

(1) 链路状态类型：正在请求的 LSA 的类型。

(2) 链路状态 ID：LSA 标识，通常是连接的路由器或网络的 IP 地址。

(3) 通告路由器：路由器的 ID，该路由器产生了这个正请求其更新的 LSA。

5. LSU 报文格式

LSU 报文格式如图 7-18 所示，首部中“类型值”为 4。

报文格式中各字段含义如下。

(1) 链路状态公告数量：该报文中所含的 LSA 数量。

(2) 链路状态通告：长度可变，一个或多个 LS。

6. 链路状态确认报文格式

链路状态确认报文格式如图 7-19 所示，首部中的“类型值”为 5。

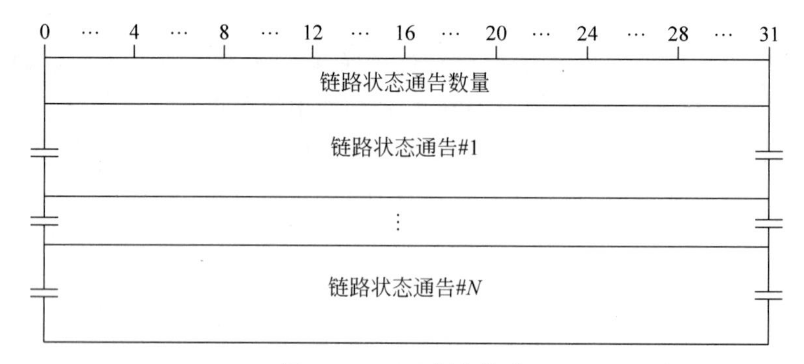

图 7-18　LSU 报文格式

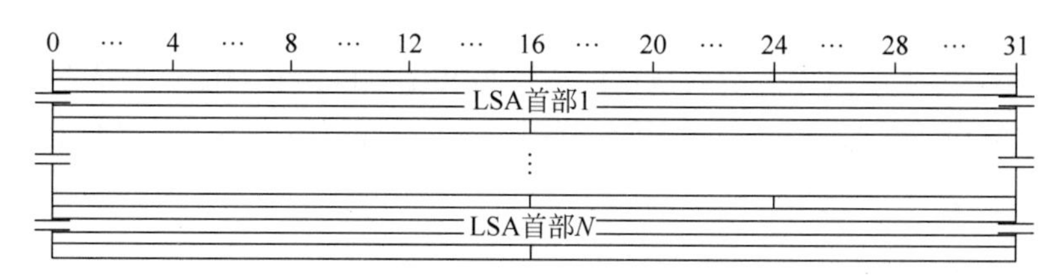

图 7-19　链路状态确认报文格式

报文格式中各字段含义如下。

LSA 首部：包含 LSA 首部，这些首部用于标识所确认的 LSA。

上述有几种报文类型包含 LSA，这是一些实际携带 LSDB 拓扑信息的字段。存在若干种类型的 LSA，用来传递关于不同类型的链路的信息。与 OSPF 报文本身类似，每个 LSA 都包含一个 20 字节的通用首部，其后是许多描述链路的附加字段。LSA 的首部格式如图 7-20 所示。

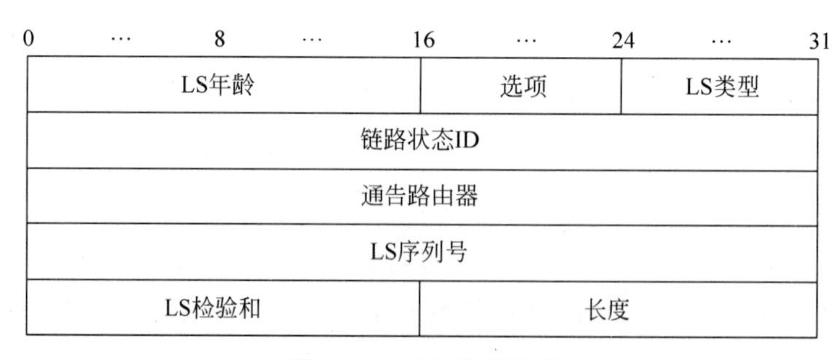

图 7-20　LSA 首部格式

LSA 首部格式中各字段含义如下。

(1) LS 年龄：自从 LSA 产生以来经历的秒数。

(2) 选项：表示路由器支持若干可选 OSPF 功能中的哪几项。

(3) LS 类型：指示该 LSA 描述的链路的类型，见如下子字段“LS 类型”描述。

(4) 链路状态 ID：标识链路，通常是该链路代表的路由器或网络的 IP 地址。

(5) 通告路由器：产生该 LSA 的路由器的 ID。

(6) LS 检验和：用于数据破坏保护。

(7) 长度：LSA 长度，包括首部的 20 字节。

格式中的子字段"LS 类型"含义如下。

LS 类型取值如下。

取 1 时，表示链路类型为"路由器 LSA"，到某台路由器的链路。

取 2 时，表示链路类型为"网络 LSA"，到某个网络的链路。

取 3 时，表示链路类型为"摘要 LSA(IP 网络)"，当采用区域时，会生成有关一个网络的摘要信息。

取 4 时，表示链路类型为"摘要 LSA(ASBR)"，当采用区域时，会生成有关到某个 AS 边界路由器的一条链路的摘要信息。

取 5 时，表示链路类型为"AS 外部 LSA"，处于 AS 之外的某个外部链路。

紧跟在 LSA 首部后面的是 LSA 体，体中的具体字段取决于上述描述过的 LS 类型字段的取值，归纳如下。

(1) 对于到路由器的正常链路，LSA 包含该路由器的标识和到该路由器的度量，以及如它是一个边界路由器还是一个区域边界路由器等细节信息。

(2) 网络 LSA 包含一个子网掩码和关于该网络上其他路由器的信息。

(3) 摘要 LSA 包含一个度量、一个摘要地址和一个子网掩码。

(4) 外部 LSA 包含许多附加字段以便允许和外部路由器通信。

RFC2328 附录 A 给出了所有关于 LSA 体中字段的详细信息。

7.3.3 OSPF 协议工作过程概述

OSPF 协议包含四个主要工作过程，分别为寻找邻居、建立邻接关系、链路状态信息传递和计算路由。

1. 寻找邻居

OSPF 协议运行后，先寻找网络中可以与自己交互链路状态信息的相邻路由器，如同一个 IP 网络(子网)相连的所有路由器。

2. 建立邻接关系

邻接关系(Adjacency)可以想象为一条点到点的虚链路，它是在一些相邻路由器之间构成的，只有建立了可靠邻接关系的路由器才相互传递链路状态信息。

3. 链路状态信息传递

OSPF 路由器将建立描述网络链路状况的链路状态公告(Link State Advertisement，LSA)，建立邻接关系的 OSPF 路由器之间将交互 LSA，最终形成包含网络完整链路状态信息的链路状态数据库(Link State DataBase，LSDB)。

4. 计算路由

获得了完整的 LSDB 后，OSPF 区域内的每个路由器将会对该区域的网络结构有相同的认识,随后各路由器将依据 LSDB 的信息用 SPF 算法独立计算出路由。

下面对上述四个主要工作过程加以进一步的描述。

1) 寻找邻居

OSPF 路由器周期性地从其启动 OSPF 协议的每个接口以组播地址 224.0.0.5 发送 Hello 包,以寻找邻居。Hello 包里携带有一些参数,如始发路由器标识(Router ID)、始发路由器接口区域标识(Area ID)、始发路由器接口的地址掩码、指定路由器 DR、路由器优先级等信息。

路由器通过记录彼此的邻居状态来确认是否与对方建立了邻接关系。路由器初次接收某路由器的 Hello 包时,仅将该路由器作为邻居候选人,将其状态记录为 Init 状态;只有在相互成功协商 Hello 包中所指记的某些参数后,才将该路由器确定为邻居,将其状态修改为 2-way 状态。当双方的链路状态信息交互成功后,邻居状态将变迁为 Full 状态,这表明邻居路由器之间的链路状态信息已经同步。

Router ID 在 OSPF 区域内唯一标识一台路由器的 IP 地址。一台路由器可能有多个接口启动 OSPF,这些接口分别处于不同的网段,它们各自使用自己的接口 IP 地址作为邻居地址与网络中其他路由器建立邻居关系,但网络里的所有其他路由器只会使用 Router ID 来标识这台路由器。

2) 建立邻接关系

OSPF 路由信息的交互只有在具备邻接关系的路由器之间进行。互为邻居的路由器之间并不一定是邻接关系,因为建立邻接关系需要消耗较多的资源来维持,邻接路由器之间也要相互交换链路状态信息,如一个多点接入网络(广播型网络)的情形。这将消耗大量带宽资源,从而造成路由表规模的膨胀。OSPF 通过如下方法解决此问题:在网络中通过一定的原则,选举一个路由器代表,称为指定路由器 DR,为防止 DR 失效,还选举一个备用 BDR。DR 负责整个多点接入网络与区域中的其他 OSPF 路由器交换路由信息。DR 的另一作用是充当多点接入网络的路由信息的交换中心。网络中的其他路由器彼此之间并不直接交换路由信息,它们都仅与 DR 交换链路状态数据库,进行链路状态请求和链路状态更新。各路由器可通过 Hello 报文中的“网络掩码”字段确定报文是否来自同一网段。

DR 和 BDR 的选举通过包含“优先级”字段的 Hello 报文进行。路由器的每个接口都配置了一个取值范围为 0~255 的优先级,值越大,优先级越高。通过交换 Hello 报文,网络中的每个路由器都知道其他所有路由器的优先级。最后,优先级最高的路由器成为 DR,次高的成为 BDR。如果两个路由器的优先级相同,则选择 Router ID 较大的路由器作为 DR。此外,优先级为 0 的路由器永远不会当选为 DR 或 BDR。

OSPF 中可以建立邻接关系的路由器必须是邻居,分为以下两种情形。

(1) 对于多点接入网络如以太网,当 DR 和 BDR 选出后,DR 的所有邻居(包括 BDR)都可以与其建立邻接关系。

(2) 对于点到点(包括虚拟链路)网络,链路的另一端只有一个邻居,可直接基于邻居关系建立邻接关系。

当两个邻居具备建立邻接关系的条件后,可通过 OSPF 的数据库同步机制,完成它们的全邻接关系的建立。

3）链路状态信息传递

建立邻接关系的OSPF路由器之间通过发布链路状态公告LSA来交互链路状态信息。通过获得对方的LSA，同步OSPF区域内的链路状态信息后，各路由器将形成相同的LSDB。

LSA通告描述了路由器所有的链路信息和链路状态信息。这些链路可以是到一个末梢网络（指没有和其他路由器相连的网络）的链路，也可以是到其他OSPF路由器的链路或是到外部网络的链路等。

为避免网络资源浪费，OSPF路由器采取路由增量更新的机制发布LSA，即只发布邻居缺失的链路状态给邻居。当网络变更时，路由器立即向已经建立邻接关系的邻居发送LSA摘要信息；而如果网络未发生变化，OSPF路由器每隔30min向已经建立邻接关系的邻居发送一次LSA的摘要信息。摘要信息仅对该路由器的链路状态进行简单的描述，并不是具体的链路信息。邻居接收到LSA摘要信息后，比较自身链路状态信息，如果发现对方具有自己不具备的链路信息，则向对方请求该链路信息，否则不做任何动作。当路由器接收到邻居发来的请求某个LSA的包后，将立即向邻居提供它所需要的LSA，邻居在接收到LSA后，会立即给对方发送确认包进行确认。

OSPF协议在发布LSA时采取增量更新机制，并采用四次握手方式（发送方发送LSA摘要信息；接收方比较后请求对方发送不具备的LSA；发送方发送接收方要求的LSA；接收方发送确认包），不仅有效避免了类似RIP发送全部路由带来的网络资源浪费的问题，还保证了路由器之间信息传递的可靠性，提高了收敛速度。

4）路由计算

OSFP路由计算通过以下步骤完成。

（1）估算一台路由器到另一台路由器所需要的开销（Cost）。

OSPF协议是根据路由器的每个接口指定的度量值来决定最短路径的，这里的度量值指的就是接口指定的开销。一条路由的开销是指沿着到达目的网络的路径上所有路由器出接口的开销总和。

（2）同步OSPF区域内每台路由器的链路状态数据库（LSDB）。

OSPF路由器通过交换LSA实现LSDB的同步。由于一条LSA是对一台路由器或一个网段拓扑结构的描述，整个LSDB就形成了对整个网络的拓扑结构的描述。LSDB实质上是一张带权值的有向图，这张图便是对整个网络拓扑结构的真实反映。OSPF区域内所有路由器得到的是一张完全相同的图。

（3）使用最短路径优先算法即SPF算法计算出路由。

OSPF路由器用SPF算法：分别以各个路由器为根节点，计算出一棵最短路径树，这棵树上由根到各节点的累计开销最小，即由根到各节点的路径在整个网络中都是最优的，这样就获得了由根去往各个节点的路由。计算完成后，路由器将路由加入OSPF路由表。当SPF算法发现有两条到达目标网络路径的Cost值相同时，就会将这两条路径都加入OSPF路由表，形成等价路由，如图7-21所示。

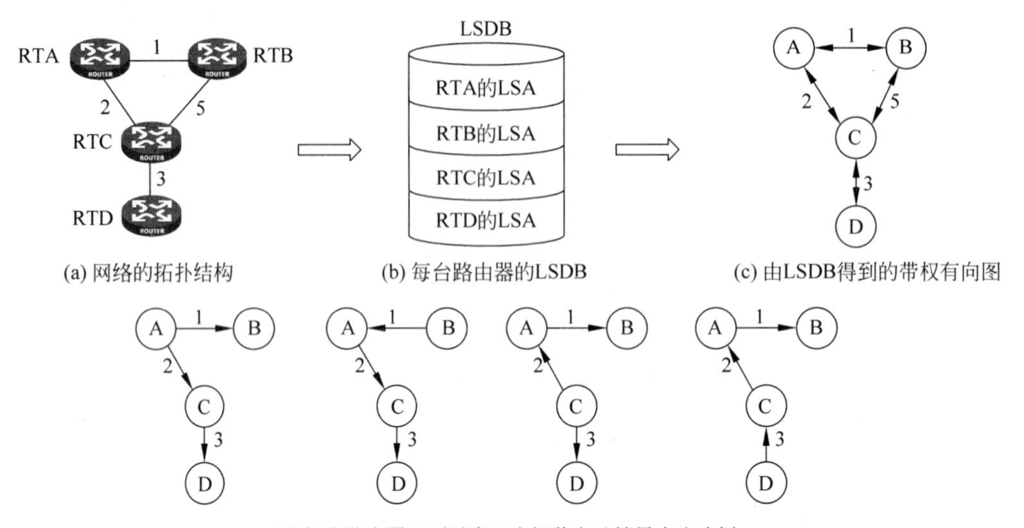

图 7-21 OSPF 协议路由计算过程

7.3.4 OSPF 的分区域管理

OSPF 从大的方面看，一个自治系统(AS)区域被划分为骨干区域和非骨干区域，每个自治系统都有一个骨干区域，可以有多个非骨干区域，不同区域通过采用 32 位的区域标识(Area ID，十进制数字或点分十进制数字)进行区分，通常骨干区域标识为 0。所有非骨干区域必须与骨干区域相连，非骨干区域之间不能直接交换数据包，只能通过骨干区域互通。

相应地，OSPF 路由器也被分为以下几种。

(1) 骨干路由器：位于骨干区域内的路由器。

(2) 区域边界路由器(ABR)：位于两个相邻区域边界的路由器。

(3) 自治系统边界路由器(ASBR)：与 AS 的外部网络相连的路由器。

OSPF 区域划分及路由器分类如图 7-22 所示。这样一个 OSPF 系统的通信又分为区

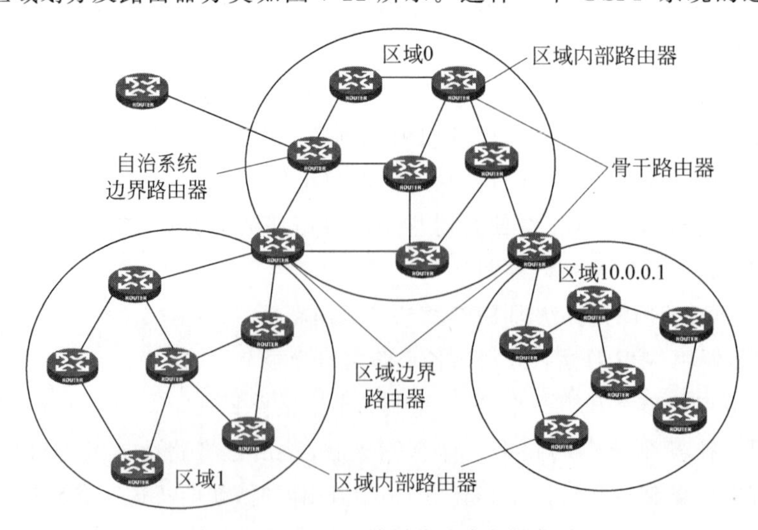

图 7-22 OSPF 区域划分及路由器类型

域内通信,即同一个区域内路由器之间的通信;区域间通信,即不同区域的路由器之间的通信;区域外部通信即 OSPF 路由器与外部网络的通信。

划分区域后,仅在同一个区域的 OSPF 路由器能建立邻居和邻接关系。为保证区域间能正常通信,区域边界路由器需要同时加入两个及以上的区域,负责向它连接的区域发布其他区域的 LSA 通告,以实现 OSPF 自治系统内的链路状态同步、路由信息同步。因此,在进行 OSPF 区域划分时,会要求区域边界路由器的性能较强一些,如图 7-23 所示。

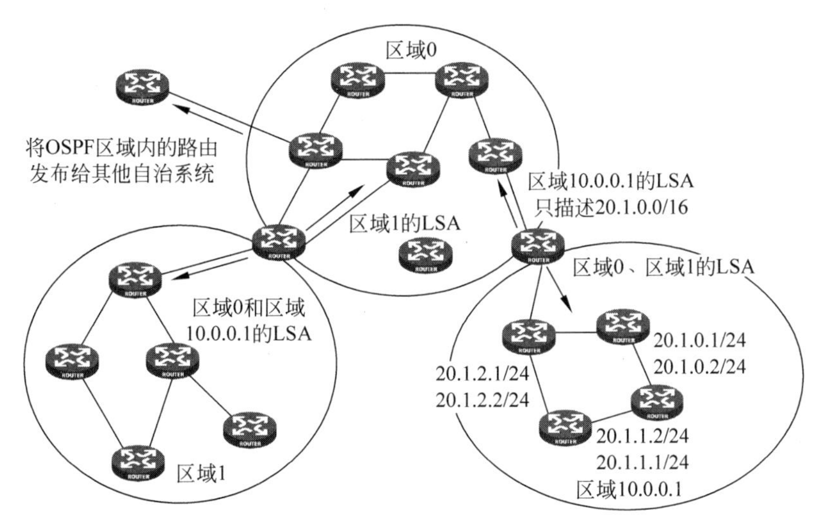

图 7-23　OSPF 协议区域 LSA 发布

7.3.5　OSPF 的 LSA 类型

OSPF 协议作为典型的链路状态协议,其不同于距离矢量协议的重要特性在于 OSPF 路由器之间交换的并非是路由表,而是链路状态描述信息。因此要求 OSPF 协议可以尽可能准确地交流 LSA,以获得最佳的路由选择。因此在 OSPF 协议中定义了不同类型的 LSA,不同类型的 LSA,描述不同的链路状态信息,并由不同的路由器角色产生。OSPF 就是借助这些不同类型的 LSA 来完成链 LSDB 的同步,并做出路由选择。

1. 第一类 LSA

第一类 LSA 即 Router LSA,在 LSA 首部格式中"LS 类型"字段的取值为 1,描述了区域内部与路由器直连的链路的信息。这种类型的 LSA 每一台路由器都会产生,它的内容中包括这台路由器所有直连的链路类型和链路开销等信息,并且向它的邻居传播。

一台路由器的所有直连链路信息都放在一个 Router LSA 内,并且只在此台路由器直连的链路上传播,如图 7-24 所示。路由器 A 上有两条链路 Link1 和 Link2,因此它产生一条 Router LSA,其中包含 Link1 和 Link2 两条链路信息,并向与它直连的邻居路由器 B 和路由器 C 发送。

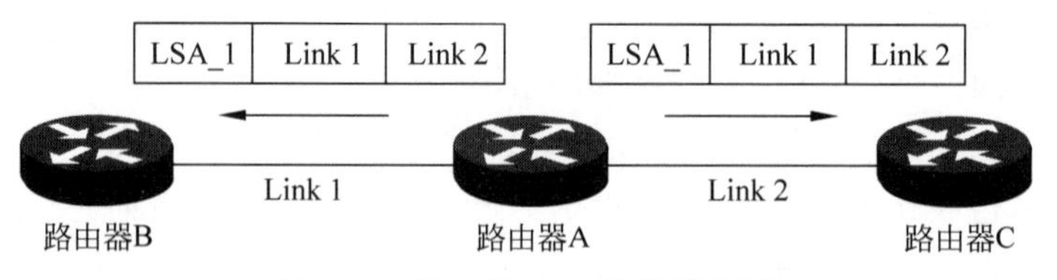

图 7-24　第一类 LSA 的传播范围

2. 第二类 LSA

第二类 LSA 即 Network LSA，在 LSA 首部格式中“LS 类型”字段的取值为 2，由指定路由器 DR 产生，它描述的是连接到一个特定的广播网络(如以太网)或者 NBMA 网络(如 ATM 网络)的一组路由器。与第一类 Router LSA 不同，Network LSA 的作用是保证对于广播网络或者 NBMA 网络只产生一条 LSA 且由 DR 产生。这条 LSA 描述其在该网络上连接的所有路由器以及网段掩码信息，记录了这一网段上所有路由器的 Router ID，包括 DR 自己的 Router ID。Network LSA 的传播范围也是只在区域内部传播，如图 7-25 所示。

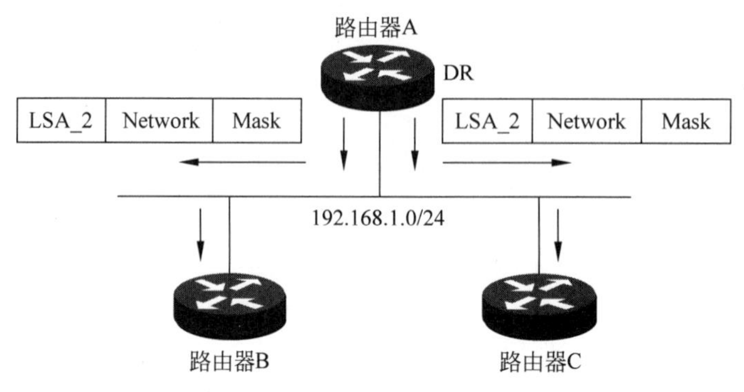

图 7-25　第二类 LSA 的传播范围

在图 7-25 中，在 192.168.1.0/24 网段中，路由器 A 为 DR，所以路由器 A 负责产生 Network LSA，包括这条链路的网络掩码信息，以及所有路由器的 Router ID，并将 LSA 信息向路由器 B 和路由器 C 传播。

由于 Network LSA 是由 DR 产生的描述网络信息的 LSA，因此对于点对点(P2P)这种网络类型的链路，路由器之间是不选举 DR 的，也就意味着，在这种网络类型上，不产生 Network LSA。

3. 第三类 LSA

第三类 LSA 即 Summary LSA，在 LSA 首部格式中“LS 类型”字段的取值为 3，由 ABR 生成，将所连接区域内部的链路信息以子网的形式传播到相邻区域。Summary LSA 实际上就是将区域内部的第一类和第二类的 LSA 信息收集起来以路由子网的形式进行传播。

ABR 收到来自同区域的其他 ABR 传来的 Summary LSA 后，重新生成新的 Summary LSA(Advertising Router 改为自己)，继续在整个 OSPF 系统内传播。一般情况下，第三类 LSA 的传播范围是除生成这条 LSA 的区域外的其他区域，除非做了特殊配置的那些区域。

例如，一台 ABR 路由器连接 Area 0 和 Area 1。在 Area 1 中有一个网段 192.168.1.0/24，由于这个网段位于 Area 1，此 ABR 即路由器 B 生成的描述 192.168.1.0/24 这个网段的第三类 LSA 会在 Area 0 中传播，并由其他区域的 ABR(路由器 C)转发到其他区域中继续传播。第三类 LSA 传播范围如图 7-26 所示。

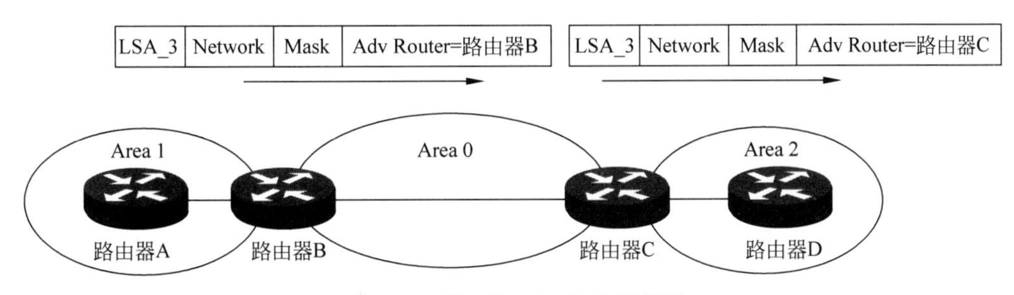

图 7-26 第三类 LSA 的传播范围

第三类 LSA 直接传递路由条目，而不是链路状态描述，因此，路由器在处理第三类 LSA 时，并不运用 SPF 算法进行计算，而且直接作为路由条目加入路由表中，沿途的路由器也仅修改链路开销。这就导致了在某些设计不合理的情况下，可能产生路由环路，这也就是为什么 OSPF 协议要求非骨干区域必须通过骨干区域才能转发的原因。在某些情况下，Summary LSA 也可以用来生成默认路由，或者用来过滤明细路由。

4. 第四类 LSA

第四类 LSA 即 ASBR Summary LSA，在 LSA 首部格式中“LS 类型”字段的取值为 4，由区域边界路由器 ABR 生成，格式与第三类 LSA 相同，描述的目标网络是一个 ASBR 的 Router ID。它不会主动产生，触发条件为 ABR 收到一个第五类 LSA，意义在于让区域内部路由器知道如何到达 ASBR。第四类 LSA 网络掩码字段全部设置为 0。

如图 7-27 所示为第四类 LSA 的传播范围，Area 1 中的路由器 A 作为 ASBR，引入了外部路由。路由器 B 作为 ABR 产生一条描述路由器 A 这个 ASBR 的第四类 LSA，使其在骨干区域 Area 0 中传播，其中，这条 LSA 的 Advertising Router 字段设置为路由器 B 的 Router ID。这条 LSA 在传播到路由器 C 时，同样作为 ABR，会重新产生一条第四类 LSA，并将 Advertising Router 改为路由器 C 的 Router ID，使其在 Area 2 中继续传播。位于 Area 2 中的路由器 D 收到这条 LSA 之后，就知道可以通过路由器 A 访问 OSPF 自治系统以外的外部网络。

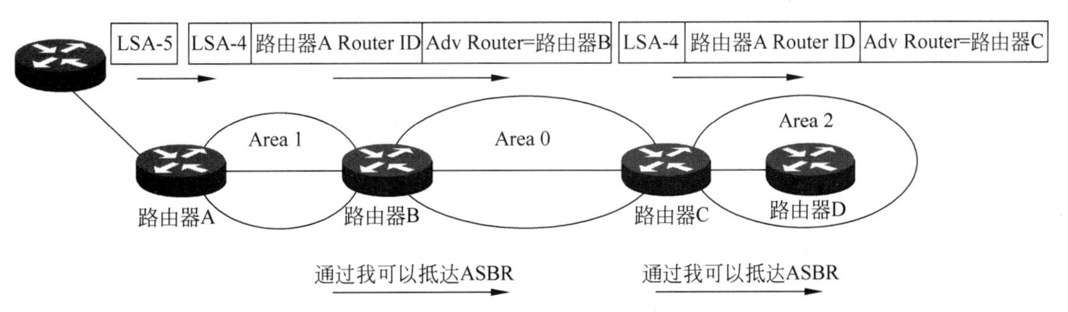

图 7-27 第四类 LSA 的传播范围

5. 第五类 LSA

第五类 LSA 即 AS External LSA，在 LSA 首部格式中“LS 类型”字段的取值为 5，由 ASBR 产生，描述了到达自治系统外部的路由信息。它一旦生成，将在整个 OSPF 系统内扩散，除非个别特殊区域做了相关配置。AS 外部的路由信息来源途径很多，在其 LSA 中专门有一字段“E”位进行标识。通常是通过引入静态路由或其他路由协议如 RIP 路由获得。

如图 7-28 所示，Area 1 中的 RTA 作为 ASBR 引入了一条外部路由。由路由器 A 产生一条第五类 LSA，描述此 AS 外部路由。这条第五类的 LSA 会传播到 Area 1、Area 0 和 Area 2，沿途的路由器都会收到这条 LSA。

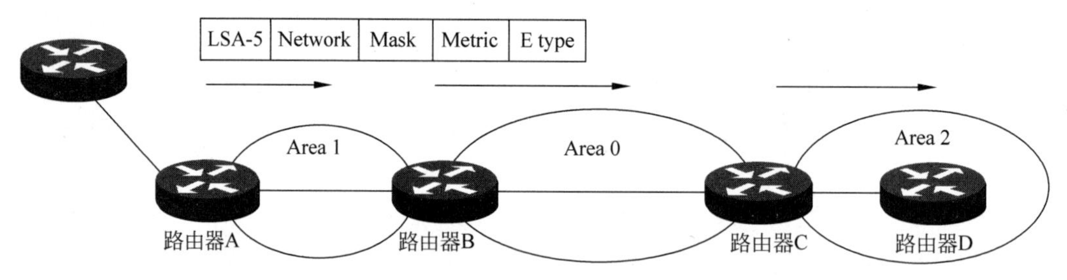

图 7-28　第五类 LSA 的传播范围

第五类 LSA 和第三类 LSA 非常类似，传递的也都是路由信息，而不是链路状态信息。同样地，路由器在处理第五类 LSA 时，也不会运用 SPF 算法，而是作为路由条目加入表中。第五类 LSA 携带的外部路由信息可以分为如下两种。

(1) 第一类外部路由：是指来自于 IGP 的外部路由(例如静态路由和 RIP 路由)。由于这类路由的可信程度较高，并且和 OSPF 自身路由的开销具有可比性，所以第一类外部路由开销等于本路由器到相应的 ASBR 的开销与 ASBR 到该路由目的地址的开销。

(2) 第二类外部路由：是指来自于 EGP 的外部路由。OSPF 协议认为从 ASBR 到自治系统之外的开销远远大于在自治系统之内到达 ASBR 的开销，所以计算路由开销时将主要考虑前者，即第二类外部路由的开销等于 ASBR 到该路由目的地址的开销，如果计算出开销值相等的两条路由，再考虑本路由器到相应的 ASBR 的开销。

在默认情况下，引入 OSPF 协议的都是第二类外部路由。

7.3.6　边缘区域

OSPF 协议主要依靠各种类型的 LSA 进行链路状态数据库的同步，通过 SPF 算法进行路由选择。但在某些情况下，出于安全性的考虑，或者为了降低对于路由器性能的要求，OSPF 在通常的骨干区域和非骨干区域之外，还人为地定义了一些特殊的区域即边缘区域。在这些特殊区域中，允许某些类型 LSA 通过而阻止另一些类型 LSA 通过，并且使用默认路由通知区域内的路由器通过 ABR 访问其他区域。这样，区域内的路由器无须掌握整个网络的 LSA，在降低了网络安全方面的隐患的同时，也降低了路由器对内存和 CPU 的需求。

常见的边缘区域有以下几种。

(1) Stub 区域(末梢区域):在这个区域内,不存在第四类 LSA 和第五类 LSA。

(2) Totally Stub 区域(完全末梢区域):对 Stub 区域的一种改进,不仅不存在第四类 LSA 和第五类 LSA,第三类 LSA 也不存在。

(3) NSSA 区域(非完全末梢区域):也是 Stub 区域的一种改进区域,不允许第四类 LSA 和第五类 LSA 注入,但是允许第七类 LSA 注入。

下面对上述几种边缘区域进一步加以描述。

(1) Stub 区域(末梢区域)。

Stub 区域的 ABR 不允许注入第五类 LSA,在这些区域中路由器的路由表规模及路由信息传递的数量都会大大减少。因为没有第五类 LSA,因此第四类 LSA 也没有必要存在,所以同样不允许注入。如图 7-29 所示,在配置为 Stub 区域之后,为保证自治系统外的路由依旧可达,ABR 会产生一条 0.0.0.0/0 的第三类 LSA,发布给区域内的其他路由器,通知它们如果要访问外部网络,可以通过 ABR。所以,区域内的其他路由器不用记录外部路由,从而大大地降低了对路由器的性能要求。

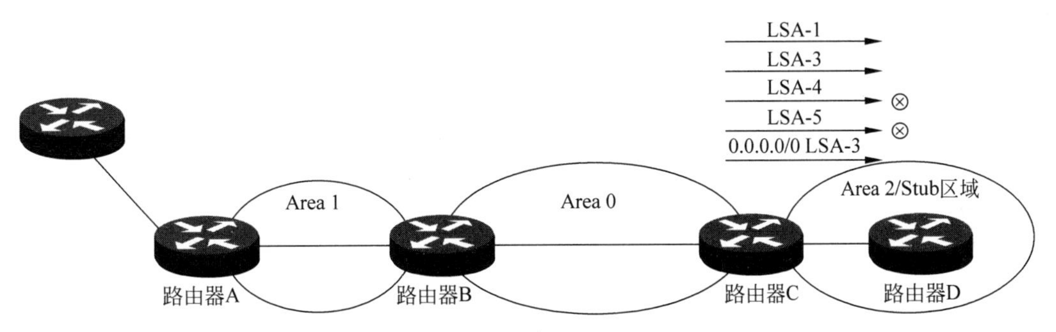

图 7-29　Stub 区域对 LSA 的过滤

在使用 Stub 区域时,需要注意如下几点。

① 骨干区域不能配置成 Stub 区域。

② Stub 区域内不能存在 ASBR,即自治系统外部的路由不能在本区域内传播。

③ 虚连接不能穿过 Stub 区域。

④ 区域内可能有不止一个 ABR,这种情况下可能会产生次优路由。

此外,还值得注意的是,Stub 区域内部的所有路由器都必须配置 Stub 属性。Hello 报文在协商时,就会检查 Stub 属性是否设置,如果有部分路由器没有配置 Stub 属性,就将无法和其他路由器建立邻居。

(2) Totally Stub 区域(完全末梢区域)。

为了进一步减少 Stub 区域中路由器的路由表规模和路由信息传递的数量,可以将该区域配置为 Totally Stub 区域,该区域的 ABR 不会将区域间的路由信息和外部路由信息传递到本区域。在 Totally Stub 区域中,为了进一步降低链路状态数据库的大小,不仅不允许第四类 LSA 和第五类 LSA 的注入,也不允许第三类 LSA 注入。为了保证该区域内的其他路由器到本自治系统的其他区域或者自治系统外的路由依旧可达,ABR 会重新产生一条 0.0.0.0/0 的第三类 LSA。

如图 7-30 所示，将 Area 2 配置成为 Totally Stub 区域后，原有的第三类 LSA、第四类 LSA 和第五类 LSA 都无法注入 Area 2，路由器 C 作为 ABR，重新给路由器 D 发送一条 0.0.0.0/0 的第三类 LSA，使其可以访问其他区域。

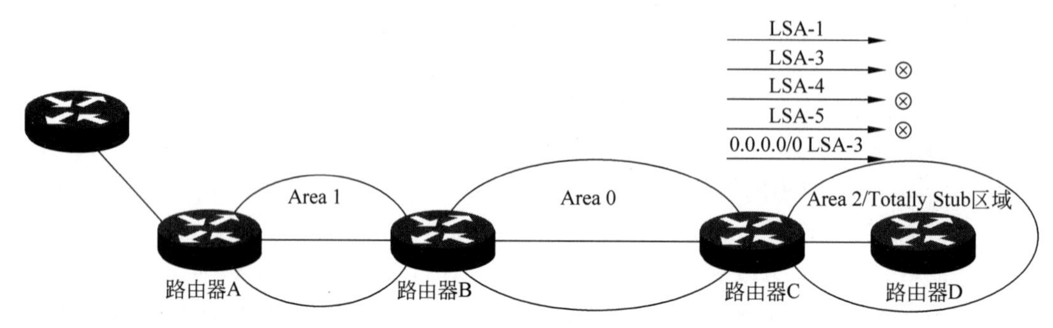

图 7-30　Totally Stub 区域对 LSA 的过滤

要将一个区域配置为 Totally Stub 区域，区域内部的所有路由器都必须配置 Totally Stub 属性。

(3) NSSA 区域(非完全末梢区域)。

NSSA 区域是 Stub 区域的变形，与 Stub 区域有许多相似的地方。NSSA 区域也不允许第五类 LSA 注入，但允许第七类 LSA 注入。第七类 LSA 即 NSSA 外部 LSA，由 NSSA 区域的 ASBR 产生，几乎和第五类 LSA 通告是相同的，仅在 NSSA 区域内传播。当第七类 LSA 到达 NSSA 区域的 ABR 时，由 ABR 将第七类 LSA 转换成第五类 LSA，传播到其他区域，如图 7-31 所示。

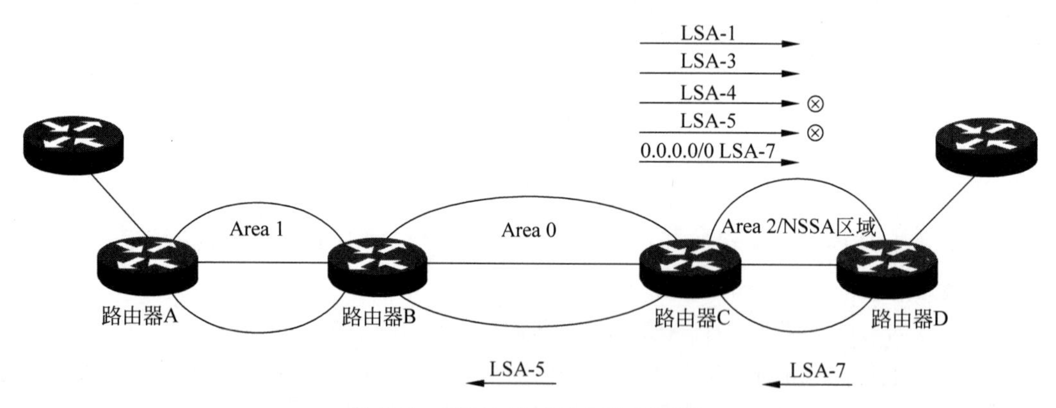

图 7-31　NSSA 区域对 LSA 的过滤

NSSA 区域内存在一个 ASBR，该区域不接收其他 ASBR 产生的外部路由，与 Sub 区域一样，虚连接也不能穿过 NSSA 区域。

7.3.7　OSPF 的配置

1. OSPF 的配置命令格式

OSPF 在通告网络时必须加上通配符掩码和区域号标识，命令格式如下。

```
Router(config)# router ospf process-id
//启动 ospf 进程,进程号为 process-id,范围为 1～65535
Router(config-router)# network network-address wildcard-mask area area-id
//通告直连网络
```

在单区域的 OSPF 配置中,区域号必须为 0,即骨干区域。

2. 多区域 OSPF 基本配置案例

多区域的 OSPF 基本配置案例对应的拓扑图如图 7-32 所示,共设置了三个区域：Area 0(骨干区域)、Area 10、Area 20,各路由器的配置分述如下。

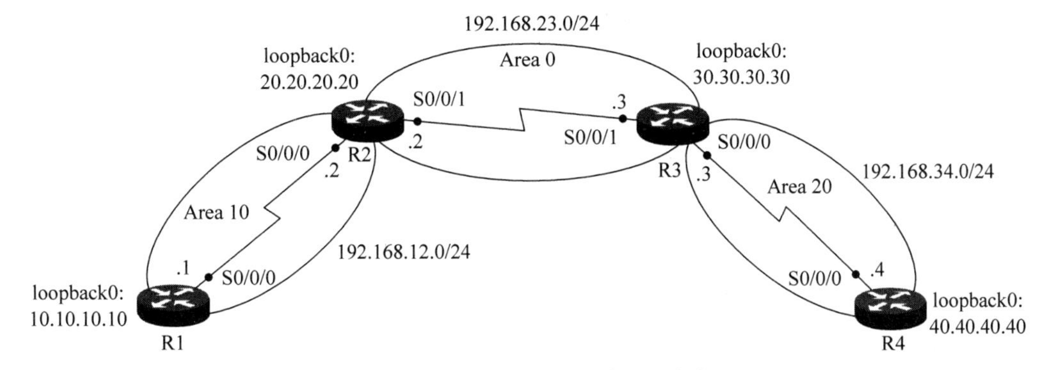

图 7-32　多区域的 OSPF 基本配置拓扑图

1) 配置路由协议

(1) R1 路由器的配置。

```
Router>                                   //路由器加电后自动进入"用户配置模式"
Router>enable                             //进入"用户特权模式"
Router#
Router#configure terminal                 //进入"全局配置模式"
Router(config)#
Router(config)#hostname R1                //将路由器的名字设置为 R1
R1(config)#
R1(config)#interface Serial 0/0/0
 //从"全局配置模式"进入"接口配置模式"
R1(config-if)#ip address 192.168.12.1 255.255.255.0
 //配置路由器接口 S0/0/0 的 IP 地址
R1(config-if)#no shutdown                 //手动开启路由器接口,接口默认情况下关闭
R1(config-if)#interface loopback 0
R1(config-if)#ip address 10.10.10.10 255.255.255.0
 //配置路由器 R1 的环回 IP 地址
R1(config-if)#no shutdown
R1(config-if)#exit                        //回退到全局配置模式
R1(config)#router ospf 1                  //启动动态路由协议 OSPF,进程号为 1
R1(config-router)#network 192.168.12.0 0.0.0.255 area 10
R1(config-router)#network 10.10.10.0 0.0.0.255 area 10
//向相应区域通告直连的网络
```

(2) R2路由器的配置。

```
Router>                                  //路由器加电后自动进入"用户配置模式"
Router>enable                            //进入"用户特权模式"
Router#
Router#configure terminal                //进入"全局配置模式"
Router(config)#
Router(config)#hostname R2               //将路由器的名字设置为R2
R2(config)#
R2(config)#interface Serial 0/0/0
//从"全局配置模式"进入"接口配置模式"
R2(config-if)#ip address 192.168.12.2 255.255.255.0
//配置路由器接口S0/0/0的IP地址
R2(config-if)#no shutdown                //手动开启路由器接口,接口默认情况下关闭
R2(config)#interface Serial 0/0/1
R2(config-if)#ip address 192.168.23.2 255.255.255.0
//配置路由器接口S0/0/1的IP地址
R2(config-if)#interface loopback 0
R2(config-if)#ip address 20.20.20.20 255.255.255.0
//配置路由器R2的环回IP地址
R2(config-if)#no shutdown
R2(config-if)#exit                       //回退到全局配置模式
R2(config)#router ospf 1                 //启动动态路由协议OSPF,进程号为1
R2(config-router)#network 192.168.12.0 0.0.0.255 area 10
R2(config-router)#network 192.168.23.0 0.0.0.255 area 0
//向相应区域通告直连的网络
R2(config-router)#network 20.20.20.0 0.0.0.255 area 0
//环回接口通告在骨干区域area 0中
```

(3) R3路由器的配置。

```
Router>                                  //路由器加电后自动进入"用户配置模式"
Router>enable                            //进入"用户特权模式"
Router#
Router#configure terminal                //进入"全局配置模式"
Router(config)#
Router(config)#hostname R3               //将路由器的名字设置为R3
R3(config)#
R3(config)#interface Serial 0/0/0
//从"全局配置模式"进入"接口配置模式"
R3(config-if)#ip address 192.168.34.3 255.255.255.0
//配置路由器接口S0/0/0的IP地址
R3(config-if)#no shutdown                //手动开启路由器接口,接口默认情况下关闭
R3(config)#interface Serial 0/0/1
R3(config-if)#ip address 192.168.23.3 255.255.255.0
//配置路由器接口S0/0/1的IP地址
R3(config-if)#interface loopback 0
R3(config-if)#ip address 30.30.30.30 255.255.255.0
//配置路由器R3的环回IP地址
R3(config-if)#no shutdown
R3(config-if)#exit                       //回退到全局配置模式
R3(config)#router ospf 1                 //启动动态路由协议OSPF,进程号为1
R3(config-router)#network 192.168.23.0 0.0.0.255 area 0
R3(config-router)#network 192.168.34.0 0.0.0.255 area 20
```

```
//向相应区域通告直连的网络
R3(config-router)#network 30.30.30.0 0.0.0.255 area 0
//环回接口通告在骨干区域 area 0 中
```

(4) R4 路由器的配置。

```
Router>                                  //路由器加电后自动进入"用户配置模式"
Router>enable                            //进入"用户特权模式"
Router#
Router#configure terminal                //进入"全局配置模式"
Router(config)#
Router(config)#hostname R4               //将路由器的名字设置为 R4
R4(config)#
R4(config)#interface Serial 0/0/0
//从"全局配置模式"进入"接口配置模式"
R4(config-if)#ip address 192.168.34.4 255.255.255.0
//配置路由器接口 S0/0/0 的 IP 地址
R4(config-if)#no shutdown                //手动开启路由器接口,接口默认情况下关闭
R4(config-if)#interface loopback 0
R4(config-if)#ip address 40.40.40.40 255.255.255.0
//配置路由器 R4 的环回 IP 地址
R4(config-if)#no shutdown
R4(config-if)#exit                       //回退到全局配置模式
R4(config)#router ospf 1                 //启动动态路由协议 OSPF,进程号为 1
R4(config-router)#network 192.168.34.0 0.0.0.255 area 20
R4(config-router)#network 40.40.40.0 0.0.0.255 area 20
//向相应区域通告直连的网络
```

2) 查看 OSPF 路由表

查看 R1 的 OSPF 路由表采用如下命令。

```
R1#show ip route OSPF
```

显示的路由表结果中,以字母"O"标识的条目是 OSPF 区域内路由,以字母"OIA"标识的条目代表 OSPF 区域间路由。

其他路由器的 OSPF 路由查看操作类似。

3) 查看 OSPF 数据库

查看 R1 的 OSPF 数据库,采用如下命令。

```
R1#show ip OSPF database
```

其他路由器的 OSPF 数据库查看操作类似。

7.4 边界网关协议

7.4.1 BGP 概述

前述的路由信息协议(RIP)和最短路径优先协议(OSPF)都是同一个自治系统(AS)内部各路由器之间交换路由信息时所使用的内部网关协议。Internet 由许许多多个 AS 构成,

而不同的AS处于不同的管理机构的管理控制下，所选择的内部网关协议很可能是不一样的。一个AS如果想成为Internet中的一员，就必须根据一定的外部网关协议，使之能与其他AS进行路由信息交换，边界网关协议(Border Gateway Protocol，BGP)就为每个AS实现与其他AS之间的路由信息交换提供了途径。

BGP在其成长过程中，经历了4个版本，依次为BGP-1(RFC1105)、BGP-2(RFC1163)、BGP-3(RFC1267)和BGP-4(RFC 1771)。BGP-4是当前唯一广泛使用的版本，同时BGP是众多非常复杂的协议和技术中的一种，因此本章节只简单介绍BGP-4的部分内容，其他有关BGP技术的更详细内容可参考BGP标准。

7.4.2 BGP基本原理

BGP的基本原理可以简单描述为：通过相邻的AS之间交换路由信息，使得每个AS都拥有一个AS级的Internet连通图。两个相邻AS之间交换路由信息时，要选择相邻的BGP路由器作为发言人。每个发言人向外通告经过聚类后的可达性路由信息，以降低路由表规模和隐藏网络拓扑结构。这些信息可能是关于其AS内部的，也可能来自其他AS。BGP使用<目的网络：AS有序列表>来表示一条路由信息，为跨越AS的数据报传递确定路径。

BGP基于TCP，使用接口号179，这使得BGP模块不必考虑报文的延迟、乱序、丢失等可靠性问题从而使协议的实现简单化。

当一个AS的BGP发言人希望与另一个AS的BGP发言人进行通信时，先使用三次握手建立TCP连接，之后发送一个OPEN报文，对方则以一个KEEPALIVE报文进行确认。这个过程称为BGP发言人的邻居关系协商。协商成功后，两位发言人即成为对等实体。此时对等实体之间可使用UPDATE报文交换路由信息。最初交换的是完整的路由信息库，在后续的交换中，采用增量更新方式，仅通告发生变化的路由信息。上述几种报文交换过程中如果发生错误，则要使用NOTIFICATION报文向对方报告。

7.4.3 BGP工作过程

BGP的工作过程主要包括四个步骤：建立BGP发言人之间的邻居关系；自治系统各自建立内部路由；BGP发言人之间交换路由信息；AS内部路由器建立完整路由表。下面通过如图7-33所示的多个自治系统互连构成的网络拓扑阐述BGP的工作过程。

某个自治系统中和其他自治系统直接相连的路由器称为自治系统边界路由器，简称为ASBR，直接相连是指该路由器和属于另一个自治系统的ASBR存在连接在同一个网络上的接口。如图7-33中的路由器R14和路由器R31分别是自治系统AS1和自治系统AS3的ASBR。一般情况下，选择ASBR作为BGP发言人，两个相邻自治系统的BGP发言人往往是两个存在连接在同一个网络上的接口的ASBR，如选择路由器R14和路由器R31分别作为自治系统AS1和自治系统AS3的BGP发言人。每个BGP发言人向其他自治系统中的BGP发言人发送的路由消息是该自治系统可以到达的网络，以及通往该网络的传输路径经过的自治系统序列，这样的路由消息称为路径向量，如路由器R31发送给路由器R14的路径向量可以是< NET5：AS3 >< NET4：AS3，AS2 >，表明经过自治系统AS3可以到达网络 NET5，而经过自治系统 AS3 和自治系统 AS2 可以到达网络 NET4。对于任何一个特定网络，每一个自治系统选择经过位于其他自治系统中的网络，选择经过自治系统最少的传输路径作为通往该外部网络的传输路径，由于 BGP 对任何外部网络，即位于其他自治系统中的网络，选择经过自治系统最少的传输路径作为通往该外部网络的传输路径，因此，称 BGP 为路径向量路由协议。需要注意的是，选择经过自治系统最少的传输路径和选择距离最短的传输路径是不同的，计算距离需要统一度量，而且还需要知道自治系统内部拓扑结构，计算经过的自治系统不需要知道自治系统内部拓扑结构和每个自治系统对度量的定义。

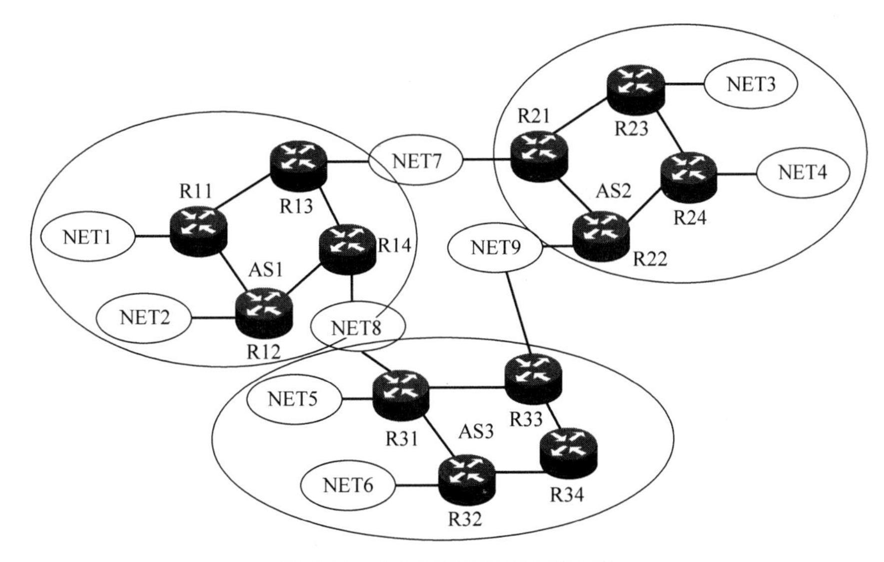

图 7-33　AS之间互连的网络拓扑

下面通过自治系统 AS1 中路由器 R12 建立通往外部网络的传输路径为例，详细讨论 BGP 工作过程。

1. 建立 BGP 发言人之间的邻居关系

BGP 发言人之间实现单播传输，因此，每个 BGP 发言人都必须知道和其相邻的 BGP 发言人的 IP 地址。在图 7-33 中，由于需要在自治系统 AS1 中的路由器 R13 和自治系统 AS2 中的路由器 R21、自治系统 AS1 中的路由器 R14 和自治系统 AS3 中的路由器 R31、自治系统 AS1 中的路由器 R13 和路由器 R14 之间相互交换 BGP 报文，必须在这些 BGP 发言人之间建立邻居关系。为了实现有着邻居关系的两个路由器之间的可靠传输，在通过打开(OPEN)报文建立这两个路由器之间的邻居关系前，须先建立这两个路由器之间的 TCP 连接，以此保证 BGP 报文的可靠传输。

2. 自治系统各自建立内部路由

每一个自治系统 AS 通过各自的内部网关协议建立到达自治系统内各个网络的传输路径，如表 7-1～表 7-3 所示给出了自治系统 AS1 中路由器 R12，自治系统 AS2 和自治系统 AS3 中 BGP 发言人(AS 边界路由器 R21、路由器 R31)通过内部网关协议建立的用于指明到达自治系统内各个网络的传输路径的路由项。

表 7-1　路由器 R12 路由表

目的网络	距　离	下一跳路由器
NET1	1	R11
NET2	0	直接交付
NET7	2	R11
NET8	1	R14

表 7-2　路由器 R21 路由表

目的网络	距　离	下一跳路由器
NET3	1	R23
NET4	2	R23
NET7	0	直接交付
NET9	1	R22

表 7-3　路由器 R31 路由表

目的网络	距　离	下一跳路由器
NET5	0	直接交付
NET6	1	R32
NET8	0	直接交付
NET9	1	R33

3. BGP 发言人之间交换路由信息

如图 7-34 所示，建立邻居关系的 BGP 发言人之间相互交换更新报文，更新报文中给出它通过它所在的自治系统能够到达的网络，通往这些网络的传输路径经过的自治系统序列及下一跳路由器地址，如果交换更新报文的两个 BGP 发言人属于不同的自治系统，如路由器 R13 和路由器 R21，下一跳路由器地址给出的是 BGP 发言人发送更新报文的接口的 IP 地址，而这一接口通常和相邻自治系统的 BGP 发言人的其中一个接口连接在同一个网络上。

如果交换更新报文的两个 BGP 发言人属于同一个自治系统，如路由器 R13 和路由器 R14，下一跳路由器地址是原始更新报文中给出的地址，本例中，路由器 R13 转发的来自路由器 R21 的更新报文中的下一跳路由器地址仍然是路由器 R21 连接网络 NET7 的接口的 IP 地址，图 7-34(c)中用路由器 R21 表示。当自治系统 AS1 中 BGP 发言人接收过相邻自治系统中 BGP 发言人发送的更新报文，同时又在自治系统 AS1 中 BGP 发言人之间交换过各自接收到的更新报文后，自治系统 AS1 中 BGP 发言人建立如表 7-4 所示的用于指明通往外部网络的传输路径的路由项，路由类型 E 表明目的网络位于其他自治系统。

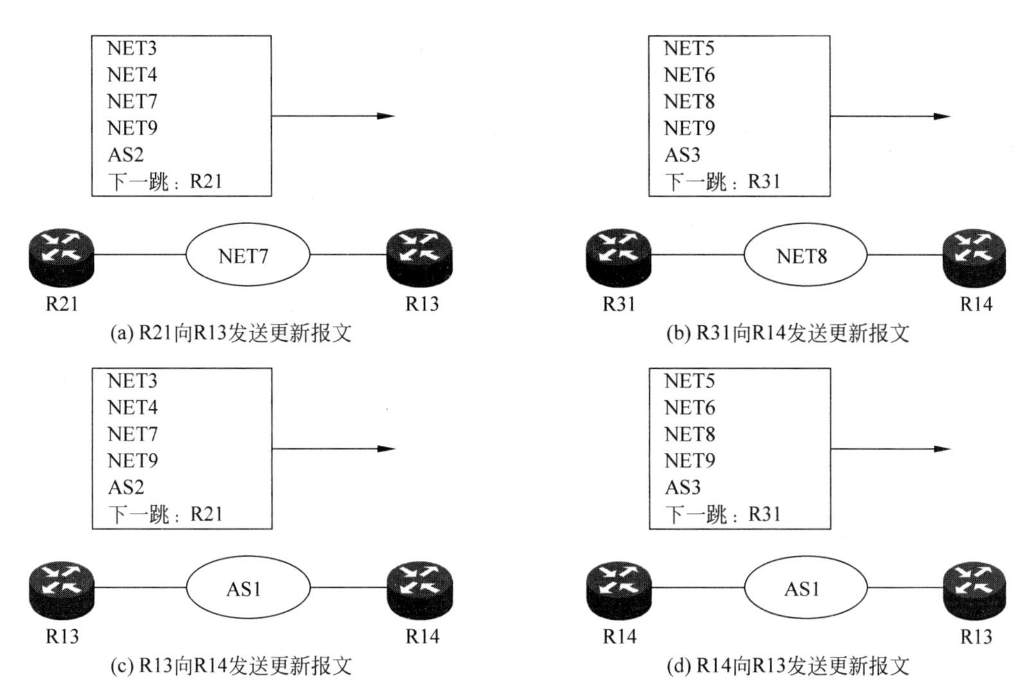

图 7-34 相邻 BGP 发言人相互交换更新报文的过程

表 7-4 AS1 中 BGP 发言人建立的对应外部网络的路由项

目的网络	距离	下一跳路由器	路由类型	经历的自治系统
NET3		R21	E	AS2
NET4		R21	E	AS2
NET5		R31	E	AS3
NET6		R31	E	AS3
NET9		R21	E	AS2

表 7-4 中路由项<NET3：R21，AS2>中下一跳路由器 R21 的作用是用于给出通往自治系统 AS2 的传输路径，为了建立自治系统 AS1 通往自治系统 AS2 的传输路径，当自治系统 AS2 中路由器 R21 向自治系统 AS1 中的 BGP 发言人路由器 R13 发送路径向量时，还需给出自己连接网络 NET7 的接口的 IP 地址。注意：NET7 是互连路由器 R13 和路由器 R21 的网络，它既和自治系统 AS1 相连，又和自治系统 AS2 相连，由于自治系统 AS1 内部网关协议建立的路由表包含用于指明通往属于自治系统 AS1 的所有网络的传输路径的路由项，自然包含目的网络为 NET7 的路由项，因此，在确定路由器 R21 连接网络 NET7 的接口的 IP 地址为自治系统 AS1 通往自治系统 AS2 传输路径上的下一跳 IP 地址后，能够结合自治系统 AS1 内部网关协议建立的路由表创建用于指明通往网络 NET3 的传输路径的路由项。

实际 BGP 操作过程中，所有建立相邻关系的 BGP 发言人之间不断交换更新报文，然后由 BGP 发言人选择经过的自治系统最少的传输路径作为通往某个外部网络的传输路径，并记录在路由表中。由于本例只讨论路由器 R12 建立完整路由表过程，故和该过程无关的更新报文交换过程不再赘述。

4. 路由器 R12 建立完整路由表过程

路由器 R12 通过内部网关协议建立如表 7-1 所示的用于指明通往属于本自治系统的所有网络的传输路径的路由项，在本自治系统中的 BGP 发言人建立如表 7-4 所示的目的网络为外部网络的路由项后，通过内部网关协议向本自治系统中的其他路由器公告如表 7-4 所示的路由项，当路由器 R12 接收到本自治系统中的 BGP 发言人路由器 R13 或路由器 R14 公告的如表 7-4 所示的目的网络为外部网络的路由项后，结合如表 7-1 所示的目的网络为内部网络(属于本自治系统的网络)的路由项，得出如表 7-5 所示的完整的路由表。其中，目的网络为外部网络的路由项中给出的下一跳是路由器 R12 通往表 7-4 中给出的下一跳路由器的自治系统内传输路径上的下一跳路由器，如表 7-4 中目的网络为 NET3 的路由项中的下一跳是路由器 R21，实际表示的是路由器 R21 连接 NET7 的接口的 IP 地址，路由器 R12 通往 NET7 的传输路径上的下一跳是路由器 R11，距离是 2，因此，通往外部网络 NET3 的本自治系统内传输路径上的下一跳是路由器 R11，距离是 2。需要指出的是，自治系统中的 BGP 发言人选择通往外部网络的传输路径时，选择的依据是经过的自治系统最少的传输路径。自治系统内的其他路由器只是被动接受本自治系统中的 BGP 发言人选择的通往外部网络的传输路径，然后根据内部网关协议生成的路由项确定自治系统内通往外部网络的这一段传输路径，无论是路由项中的距离，还是下一跳路由器，都是对应这一段传输路径的，这一段传输路径实际上是路由器通往本自治系统连接相邻自治系统的网络的传输路径，而该相邻自治系统是通往该外部网络的传输路径经过的第一个自治系统。

表 7-5　路由器 R12 的完整路由表

目的网络	距离	下一跳路由器	路由类型	经历的自治系统
NET1	1	R11	I	
NET2	0	直接交付	I	
NET3	2	R11	E	AS2
NET4	2	R11	E	AS2
NET5	1	R14	E	AS3
NET6	1	R14	E	AS3
NET7	2	R11	I	
NET8	1	R14	I	
NET9	2	R11	E	AS2

7.4.4 BGP 报文格式

为了使某个自治系统中的路由器获取到达另一个自治系统中网络的传输路径，自治系统之间需要交换路由消息，为了减少交换路由消息产生的流量，每一个自治系统选择若干路由器作为 BGP 发言人，自治系统之间通过各自的 BGP 发言人使用 BGP 报文实现路由消息的交换。BGP 共定义了四种类型的报文，分别是打开(OPEN)报文、保活(KEEPALIVE)报文、更新(UPDATE)报文和通知(NOTIFICATION)报文。打开(OPEN)报文用于和相邻自治系统中的 BGP 发言人建立邻居关系。保活(KEEPALIVE)报文用于维持和相邻自治系统中的 BGP 发言人之间的邻居关系。更新(UPDATE)报文用于向相邻自治系统中的 BGP 发言人传输路由消息，其中包括新增加的路由和需要撤销的路由。通知(NOTIFICATION)报文用于通知检测到的错误。

1. BGP 通用报文格式

每个 BGP 报文在概念上划分为一个首部和一个报文体(在 BGP 标准中称为数据部分)。首部包含 3 个字段，其长度固定为 19B。报文体的长度可变，并且在保活报文中完全省略，因为这些报文不需要报文体。

所有 BGP 报文类型的通用格式如图 7-35 所示。

通用报文格式中各字段含义如下。

(1) 标记字段：占 16B，位于每个 BGP 报文开头，用于同步和鉴别。

(2) 长度字段：占 2B，以字节计的报文总长度，包括首部中的字段。该字段的最小值是 19 (针对保活报文)，其最大可达 4096。

(3) 类型字段：占 1B，指示 BGP 报文类型——取值“1”表示打开报文；取值“2”表示更新报文；取值“3”表示通知报文；取值“4”表示保活报文。

(4) 报文体：长度可变，包含用于实现打开、更新、通知报文类型的具体内容。

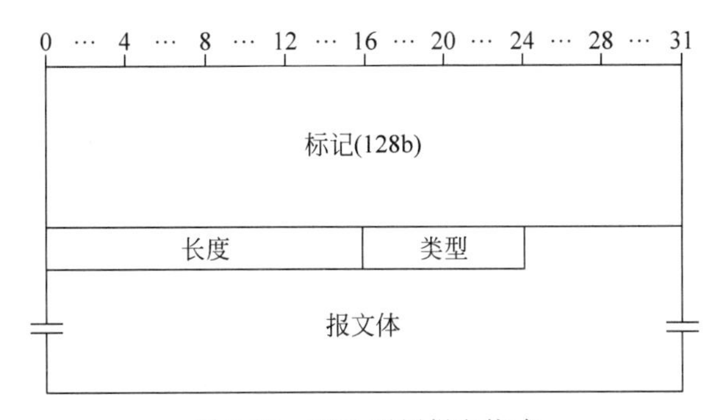

图 7-35　BGP 通用报文格式

标记字段的取值规则是：如果所承载的是 OPEN 报文，则无论是否采用认证机制，各比特均置为 1 (OPEN 报文是 BGP 对等实体间建立 TCP 连接后交换的第一个报文，双方通信所要采用的认证机制是通过 OPEN 报文协商的)。对于其他类型的报文，如果没有采用认证机制，所有比特也都置为 1。否则，在该字段中可包含认证相关信息。

2. OPEN 报文

BGP 打开报文 OPEN 格式如图 7-36 所示。

OPEN 报文格式中各字段的含义说明如下。

(1) 版本(Version)：占 1B 的无符号整数，指示报文的协议版本号，对于 BGP-4 而言，该字段值为 4。

(2) 我的自治系统(My Autonomous System)：2B 的无符号整数，指示发送者的自治系统号。

(3) 保持时间(Hold Time)：2B 的无符号整数，指示发送者所建议的保持定时器的时

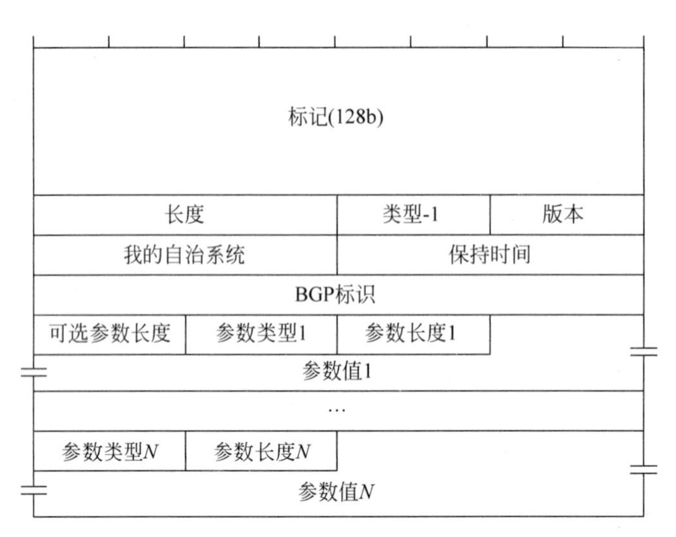

图 7-36 OPEN 报文格式

间间隔(秒数)。接收者收到 OPEN 报文后,要将该值与自己所配置的保持时间进行比较,将二者之中较小的作为新的保持定时器时间间隔,并重新设置保持定时器。如果在保持定时器超时前,未收到对方的任何 KEEPALIVE 或 UPDATE 报文,双方的邻居关系即告结束。该值可为 0 或不小于 3。如果为 0,则不启动保持定时器。

(4) BGP 标识(BGP Identifier):4B 的无符号整数,用于标识发送方。其值为发送方路由器某个接口的 IP 地址,且在路由器启动时确定。一个路由器的 BGP 标识是唯一的。

(5) 可选参数长度(Opt ParmLen):1B 的无符号整数,表示以 B 为单位的可选参数字段的长度。如果为 0,则无可选参数。

(6) 可选参数(Optional Parameters):包含可选参数列表。每个参数以三元组<参数类型,参数长度,参数值>进行编码。其中,“参数类型”表示参数的类型,“参数长度”表示参数值的长度,它们各占 1B。参数的实际值位于第三个分量中,其长度可变。

BGP 的认证信息以参数形式传送,其参数类型为 1。相关的认证代码和认证数据在参数值中描述,格式如图 7-37 所示。

图 7-37 OPEN 报文中的认证代码和认证数据

其中:

(1) 认证代码(Authentication Code):占 1B,表示所采用的认证机制。

(2) 认证数据(Authentication Data):用于设置根据认证机制计算的数据。当采用认证机制时,要求双方对认证数据的生成、含义以及如何根据认证算法计算首部中的标记字段值达成一致。

3. BGP 的 KEEPALIVE 报文

对等实体之间建立了 BGP 连接后，便周期性地发送长度仅为 19B 的 KEEPALIVE 报文，以保持连接的活跃性。该周期由保持活跃定时器定义，其值通常设置为保持定时器时间间隔的 1/3。如前所述，保持定时器的时间间隔或者为 0，或者为不小于 3 的整数。因此，BGP 对等实体或者不发送 KEEPALIVE 报文，或者连续发送两个 KEEPALIVE 的时间间隔不小于 1s。

对等实体之间保持 BGP 连接活跃性的另一个途径是发送 UPDATE 报文，但其尺寸较大，且间隔时间通常较长。

4. BGP 的更新报文格式

UPDATE 报文用于 BGP 对等实体间交换路由信息。对等实体通过此报文，可以构造一个描述自治系统之间关系的图。当通告路由信息时，可将无效的路由和可达性路由通过一个 UPDATE 报文传送，格式如图 7-38 所示。

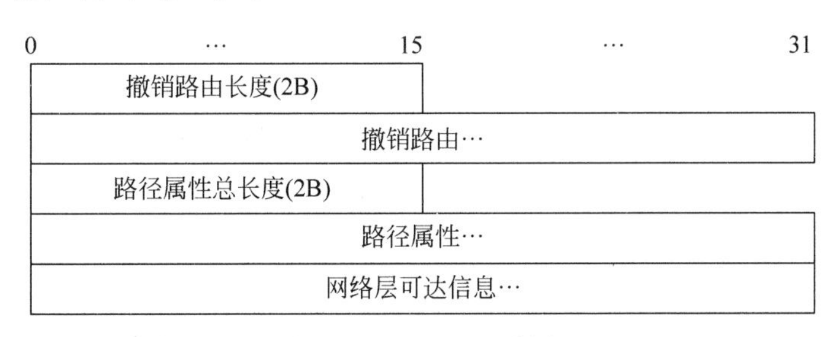

图 7-38 UPDATE 报文

报文中各字段含义如下。

(1) 撤销路由长度(Unfeasible Routes Length)：指示要撤销的无效路由长度，以 B 为单位。如果为 0，表明没有路由将被撤销。

(2) 撤销路由(Withdrawn Routes)：设置被撤销路由的目的站，以 IP 地址前缀列表来描述。

(3) 路径属性总长度(Total Path Attribute Length)：指示路径属性字段的总长度。如果不通告可达性路由，则该字段值为 0。

(4) 路径属性(Path Attribute)：描述要通告的路径属性序列。

(5) 网络层可达信息(Network Layer Reachability Information，NLRI)：包含一个 IP 地址前缀列表，指明被通告路由的目的站序列。其路径信息以路径属性的方式，被其余两个字段描述。

1) BGP 的 IP 地址前缀编码

UPDATE 报文在通告被撤销的多个目的站时，使用 IP 地址前缀列表来描述。但每个 IP 地址前缀的长度是不固定的，其取值范围为 0～32b。为了有效地传输这多个变长的 IP 地址前缀，BGP 采用一个二元组<长度，前缀>来对每个 IP 地址前缀进行编码，格式如图 7-39 所示。

其中：

(1) 长度：占 1B，表示以 b 为单位的 IP 地址的掩码长度。

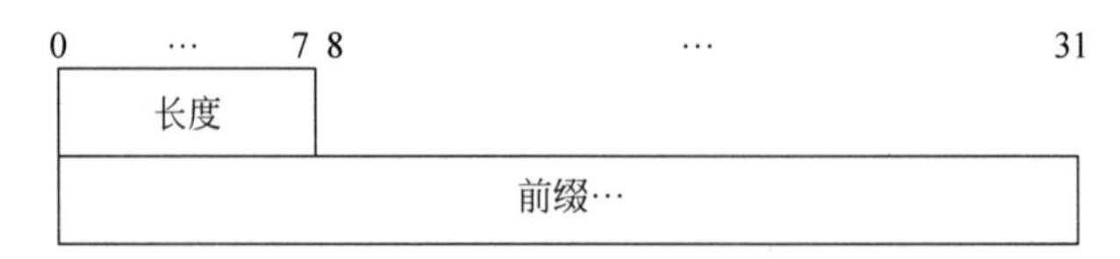

图 7-39　BGP 的 IP 地址前缀编码

(2) 前缀：包含 IP 地址前缀，其长度可变，但要求按 8b 对齐。比如，10.0.0.0/8 可用两字节表示。第一字节取值“8”，第二字节取值“10”。

2) BGP 的路径属性

BGP 进行路由通告时，使用多个路径属性来表示一条路由，其中包含路径信息来源、路径所经由的 AS 列表、路由优先级、下一跳以及聚类信息等。接收方使用这些信息，实现策略约束，进行路由回路检测和路由选择。在 UPDATE 报文中，每个路径属性用一个自描述的三元组<属性类型，属性长度，属性值>进行编码，格式如图 7-40 所示。

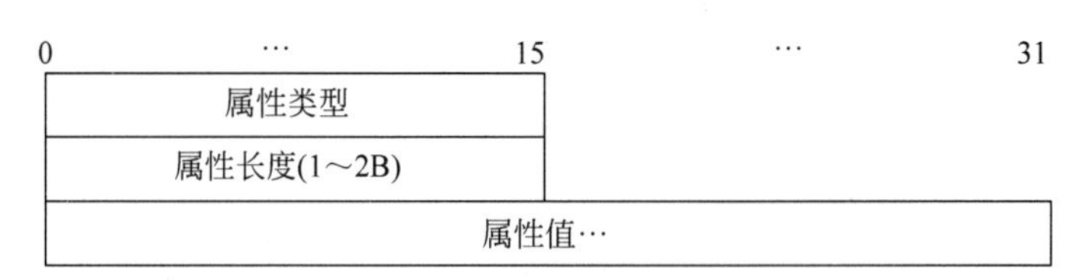

图 7-40　BGP 路径属性编码

属性类型：占 2B，格式如图 7-41 所示。其中，一字节用于描述属性标志，另一字节用于描述属性类型代码，它们的含义如表 7-6 和表 7-7 所示。接收方可根据属性标志的比特 3，确定属性长度所占的空间大小，进而对属性值进行解析。

0 … 7	8 … 15
属性标志	属性类型代码

图 7-41　BGP 的路径属性类型

表 7-6　BGP 的路径属性标志

标志比特	作　用
0(可选比特)	指示属性是否为可选。1=可选；0=不可选(well known)
1(传递比特)	表示接收者是否可将属性传递给其他自治系统。1=可传递；0=不可传递
2(部分比特)	表示信息是否完整。0=完整；1=不完整
3(扩展长度比特)	指示“属性长度”字段占 1B 还是 2B。0=1B；1=2B
4～7 比特	保留比特

表 7-7　BGP 的路径属性类型码

代码	属性名称	含　义
1	ORIGIN	指示 NLRI 的来源。0=来源于 AS 内，1=通过 EGP 获得，2=来自其他途径(如通过配置)
2	AS-PATH	到目的站的 AS 路径段序列。每个路径段以<路径段类型，路径段长度，路径段值>来表示。其中，路径段类型有两种，1=路径段中包含经由的所有 AS 集合(AS-SET)，2=路径段中包含到目的站的 AS 序列。前者是无序的，后者是有序的
3	NEXT-HOP	指明作为到目的站下一跳的边界路由器的 IP 地址

续表

代码	属性名称	含　　义
4	MULTI-EXIT-DISC	当 AS 间有多处相连时，标识不同的连接点
5	LOCAL-PREF	路由的优先级。仅用于 AS 内。当到达目的站有多条路由时，使用优先级进行路由选择
6	ATOMIC-AGGREGATE	表示聚类路由是更不具体的，还是更具体的
7	AGGREGATOR	指明最后一个进行路由聚类的 BGP 发言人的 AS 和 IP 地址

5. BGP 的 NOTIFICATION 报文

当 BGP 发言人检测到 BGP 公共首部、UPDATE 或 OPEN 报文有错误、保持定时器超时以及有限状态机接收到意外事件时，要向对方发送 NOTIFICATION 报文进行报告，并关闭相应的 TCP 连接(BGP 连接也就不存在了)。NOTIFICATION 报文格式如图 7-42 所示。

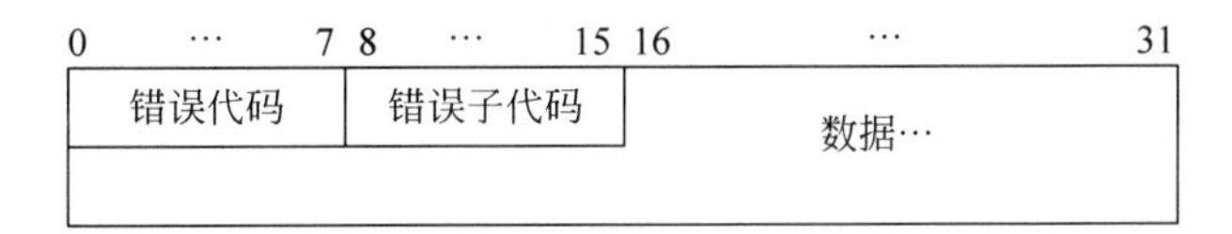

图 7-42　NOTIFICATION 报文

NOTIFICATION 中各字段含义如下。

(1) 代码(Error Code)：报告错误的类型，其含义见表 7-8。

(2) 错误子代码(Error Subcode)：对错误予以进一步说明，其中，公共首部错误子代码含义见表 7-9；OPEN 错误报文子代码见表 7-10；UPDATE 错误报文子代码见表 7-11。

(3) 数据(Data)：列出错误原因，其长度可变，具体内容取决于错误的代码和子代码，详情可参阅 RFC4274。

表 7-8　BGP 的 NOTIFICATION 报文错误代码

错误代码	含　　义	错误代码	含　　义
1	公共首部错误	4	保持定时器超时
2	OPEN 报文错误	5	有限状态机错误
3	UPDATE 报文错误	6	中止(连接关闭)

表 7-9　公共首部错误子代码

错误子代码	含　　义	错误子代码	含　　义
1	连接不同步	3	报文类型不正确
2	报文长度不正确		

表 7-10　OPEN 报文错误子代码

错误子代码	含　　义	错误子代码	含　　义
1	版本不支持	4	选项参数不支持
2	不支持对方的 AS	5	认证失败
3	对方的 BGP 标识无效	6	不接受对方的保持时间

表 7-11 UPDATE 报文错误子代码

错误子代码	含　义	错误子代码	含　义
1	属性列表内容错误	7	AS 路由循环
2	属性不能识别	8	下一跳属性无效
3	必选属性未提供	9	可选属性错误
4	属性标志错误	10	网络字段无效
5	属性长度错误	11	AS 路径内容无效
6	属性起源无效		

习题

1. 常用的公有动态路由协议有哪几种？各自的主要特点是什么？

2. 为什么路由协议得出的端到端传输路径是由一系列路由器组成的？路由表中的下一跳路由器和当前路由器之间有什么限制？

3. 什么是 RIP 的计数到无穷大的问题？能否彻底解决？

4. RIP 采用哪些方式避免路由环路的产生？

5. RIP 为距离设置无穷大值的原因是什么？对 RIP 造成什么限制？

6. RIP 使用(　　)协议来承载，其接口号为(　　)。

A. TCP，179　　B. UDP，179　　C. TCP，520　　D. UDP，520

7. 以下(　　)是 RIPv2 中具有，但 RIPv1 中没有的。

A. 组播方式发送协议报文　　B. 认证

C. 水平分割机制　　D. 支持 VLSM

8. OSPF 和 RIP 都是内部网关协议，二者有什么区别？

9. 根据 OSPF 工作原理，画出图 7-43 中节点 B 至其他各个节点的最短路径，链路上的数字表示代价。

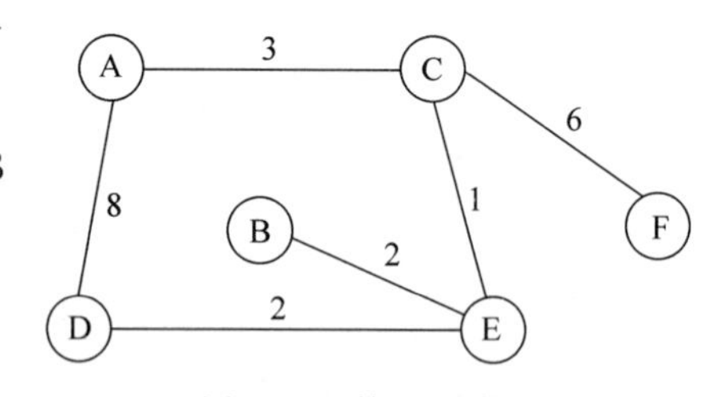

图 7-43　第 9 题附图

10. 为什么 OSPF 需要划分区域？

11. OSPF 协议是使用链路时延作为路由选择的参考值的。(　　)

A. True　　B. False

12. 第 4 类 LSA 是(　　)。

A. Network LSA　　B. Summary LSA

C. ASBR Summary LSA　　D. AS External LSA

13. OSPF 中路由器分为哪几类？

14. 为什么说 BGP 是路径向量协议？它和 RIP 的最大不同是什么？

15. BGP 得出的到达其他自治系统 AS 中网络的传输路径是最短路径吗？解释原因。

16. 根据 BGP 操作过程，求出图 7-33 中路由器 R11 的路由表收敛过程。

第8章 交换与网络新技术

8.1 光交换技术

光纤带宽宽、不受电磁干扰，是实现高速率、大容量传输的最理想媒质并已被广泛应用。随着波分复用(Wavelength Division Multiplexing，WDM)技术的成熟，一根光纤中能够传输几百吉比特/秒(Gb/s)到太比特/秒(Tb/s)的数字信息，这就要求通信网中交换系统的规模越来越大，运行速率也越来越高。未来的大型交换系统将需要 Tb/s 的速度来处理总量高达几百、上千 Gb/s 的信息。但是，目前的电子交换和信息处理网络的发展已接近电子速率的极限，其中所固有的 RC 参数、漂移、串话、响应速度慢等缺点限制了交换速率的提高。因此，交换节点成为通信网络的“电子瓶颈”，为解决此问题，研究人员开始在交换系统中引入光子技术，实现光交换。

8.1.1 光交换的概念

光交换和 ATM 交换一样，是宽带交换的重要组成部分。在长途信息传输方面，光纤已经占了绝对的优势。并已从光纤到路边、光纤到大楼发展到光纤到户、到桌面。处在 B-ISDN 中的宽带交换系统上的输入和输出的信号，实际上都是光信号，而不是电信号了。

光交换是指不经过任何光电转换，在光域直接将输入的光信号交换到不同的输出端。由于目前光逻辑器件的功能还较简单，不能完成控制部分复杂的逻辑处理，因此现有的光交换控制单元还是要由电信号来完成，即所谓的电控光交换。在控制单元输入端进行光电转换，而在输出端完成电光转换。随着光器件的发展，光交换的最终发展趋势将是光控光交换。

8.1.2 光交换器件

1. 半导体光开关

通常，半导体光放大器用来对输入的光信号进行光放大，并且通过控制放大器的偏置信号来控制其放大倍数。当偏置信号为“0”时，输入的光信号将被器件完全吸收，使得器件的输出端没有任何光信号输出，器件的这个作用相当于一个开关把光信号给“关断”了。当偏置信号不为"0"且具有某个定值时,输入的光信号便会被适量放大而出现在输出端上,这相当于开关闭合让光信号"导通"。因此,这种半导体光放大器也可以用作光交换中的空分交换开关,通过控制电流来控制光信号的输出选项。如图 8-1 所示为半导体光放大器的示意结构和等效开关逻辑。

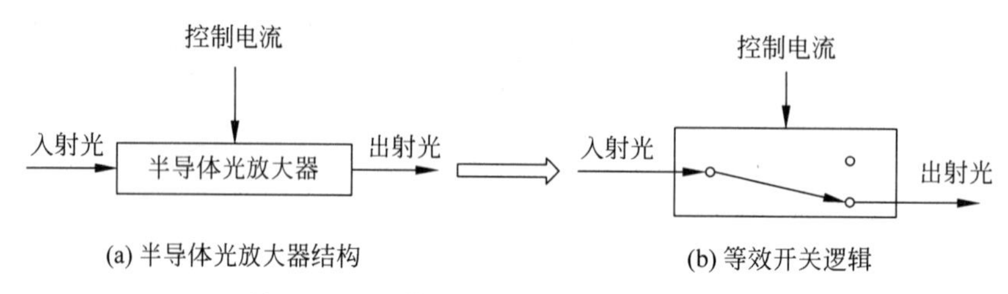

图 8-1 半导体光放大器及其等效开关逻辑

2. 耦合波导开关

半导体光放大器只有一个输入端和一个输出端,而耦合波导开关除了有一个控制电极以外,还有两个输入端和两个输出端。光耦合波导开关示意结构和等效开关逻辑表示如图 8-2 所示。

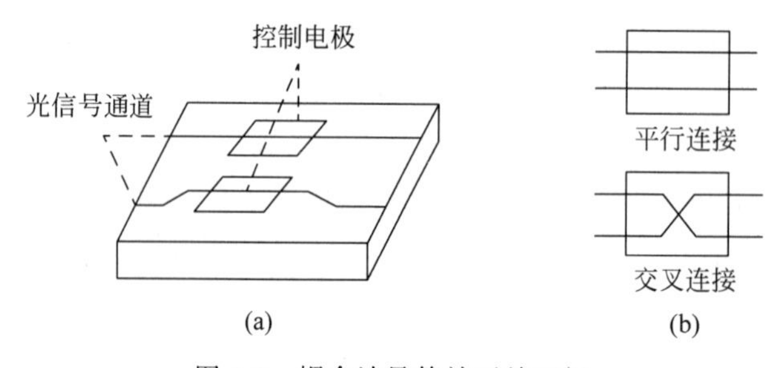

图 8-2 耦合波导等效开关逻辑

耦合波导开关是利用铌酸锂($LiNbO_3$)材料制作的。铌酸锂是一种很好的电光材料,它具有折射率随外界电场变化而改变的光学特性。在铌酸锂基片上进行钛扩散,以形成折射率逐渐增加的光波导(即光通道),再焊上电极,它便可以作为光交换元件了。当两个很接近的波导进行适当的耦合时,这两个波导的光束将发生能量交换,并且其能量交换的强度随着耦合系数、平行波导的长度和二波导之间的相位差而变化。只要所选的参数得当,那么光束将会在两个波导上完全交错。另外,若在电极上施加一定的电压,将会改变波导的折射率和相位差。由此可见,通过控制电极上的电压,将会获得如图 8-2(b)所示的平行和交叉两种连接状态。典型的波导长度为数个毫米,激励电压约为 5V。交换速度主要依赖于电极间的电容,最大速率可达 Gb/s 数量级。

3. 硅衬底平面光波导开关

如图 8-3 所示为一个 2×2 硅衬底平面光波导开关器件的示意结构图。这种器件具有马赫-曾德尔干涉仪结构形式,它包含两个 3dB 定向耦合器和两个长度相等的波导臂,波导芯和包层的折射差较小,只有 0.3%。波导芯尺寸为 8μm×8μm,包层厚 50μm。每个臂上带有铬薄膜加热器,其尺寸为 50μm 宽、5mm 长,该器件的尺寸为 30mm×3mm。这种器件的交换原理是基于硅介质波导内的热-电效应，平时偏压为“0”时，器件处于交叉连接状态。当加热波导臂时（一般需要0.4W），它可以切换到平行连接状态。它的优点是插入损耗小（0.5dB）、稳定性好、可靠性高、成本低，适合于大规模集成，缺点是响应速度较慢，为1～2ms。

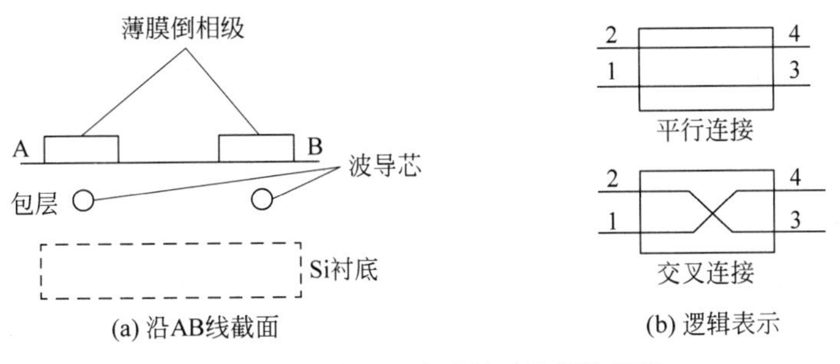

图 8-3　硅衬底平面光波导开关等效逻辑

4. 波长转换器

另一种用于光交换的器件是波长转换器，如图8-4所示，包括直接波长转换和外调制器波长转换两种。直接波长转换是将波长为 λ_i 的输入光信号先由光电探测器转变为电信号，然后，再驱动一个波长为 λ_j 的激光器，使得输出波长成为 λ_j 的出射光信号。外调制器的方法是一种间接的波长转换，即在外调制器的控制端上施加适当的直流偏置电压，使得波长为 λ_i 的入射光被调制成波长为 λ_j 的出射光。

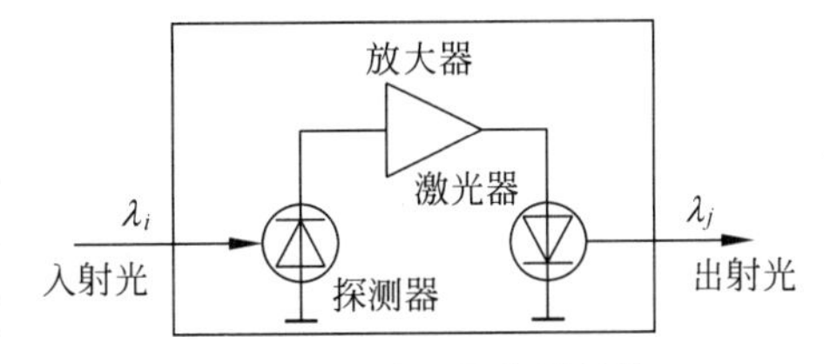

图 8-4　光波长转换器结构

直接转换是利用激光器的注入电流直接随承载信息的信号而变化，少量电流的变化就可以调制激光器的光频（波长），大约是1nm/mA。

可调谐激光器是实现波分复用最重要的器件，近年来制成的单频激光器都用量子阱结构、分布反馈式或分布布拉格反射式结构，有些能在10nm或1THz范围内调谐，调谐速度有较大提高。通过电流调谐，一个激光器可以调谐出24个不同的频率，频率间隔为40GHz（甚至可以小到10GHz），使不同光载波频率数可以多达500个。但目前这种器件还不能提供实际使用，也无商品出售。

激光外调制器通常是采用具有电光效应的某些材料制成，这些材料有半导体、绝缘晶体和有机聚合物。最常用的是使用钛扩散的 $LiNbO_3$ 波导构成的马赫-曾德尔（M-Z）干涉型外调制器。在半导体中，相位滞后的变化受到随注入电流而变化的折射率的影响。在晶体和各向异性的聚合物中，利用电光效应，即电光材料的折射率随施加的外电压而变化，从而实现对激光的调制。

5. 光存储器

在全光系统中，为了实现光信息的处理，光信号的存储显得极其重要。在光存储方面，首先试制成功的是光纤延迟线存储器，而后又研制出了双稳态激光二极管存储器。用双稳态激光二极管构成光存储器是由一个带行串列电极InGaAsP/InP双非均匀波导（Doubleheterostructure Waveguide)组成的,串列电极是一个沟道隔开的两个电流注入区,由于沟道没有电流输入,它起着饱和吸收区的作用。此吸收区抑制双稳态触发器自激振荡,使器件有一个输入-输出滞后特性。实验结果表明,纳秒(ns)数量级的高速交换具有大于 20dB 的高信号增益。

6. 自由空间光调制器

空间无干涉地控制光路径的光交换叫作自由空间光调制器。这种调制器的典型器件是由二维光极化控制阵列或开关门器件组成,其示意结构如图 8-5 所示。图中给出的是一个二维的液晶空间光调制器结构,它的特点是在 1mm 范围内具有高达 10μm 数量级的分辨率。利用这种空间光调制器构成光交换网络,可以满足全息光交换所需的特性。

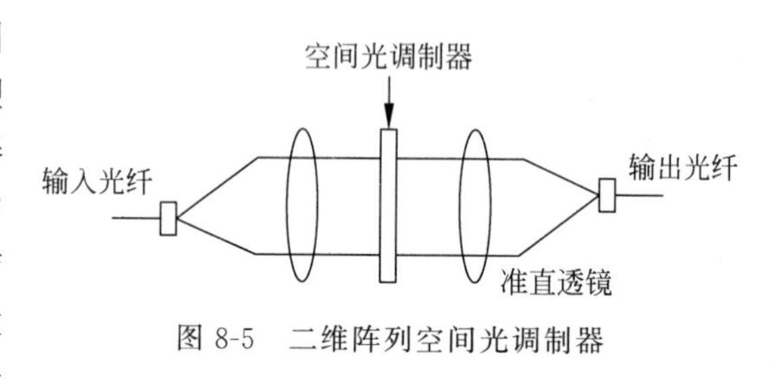

图 8-5　二维阵列空间光调制器

8.1.3　光交换网络

光交换元件是构成光交换网络的基础,随着技术的不断进步,光交换元件也在不断地完善。在全光网络的发展中,光交换网络的组织结构也随着交换元件的发展而不断变化。下面介绍空分、时分、波分、复合和混合几种典型的光交换网络结构。

1. 空分光交换网络

空间光开关(Space Optical Switch)是光交换中最基本的功能开关。它可以直接构成空分光交换单元,也可以与其他功能开关一起构成时分光交换单元和波分光交换单元。

光纤型空分光交换的最基本单元是 2×2 的光交换模块,在输入端有两根光纤,在输出端也有两根光纤,可以完成平行连接和交叉连接两种状态。这样的光开关有三种实现方案,如图 8-6 所示。其中,图 8-6(a)为一个 2×2 光开关,如基于铌酸锂($LiNbO_3$)晶体的定向耦合器;图 8-6(b)为四个 1×2 光交换开关(Y 分叉器)用光纤互连起来组成的 2×2 光交换模块,该 1×2 光交换器件可以由铌酸锂($LiNbO_3$)光耦合波导开关担当;图 8-6(c)由四个 1×2 光耦合器和四个 1×1 光开关器件(可以是半导体激光放大器,也可以是自电光效应 SEED 器件、光门电路等)构成。

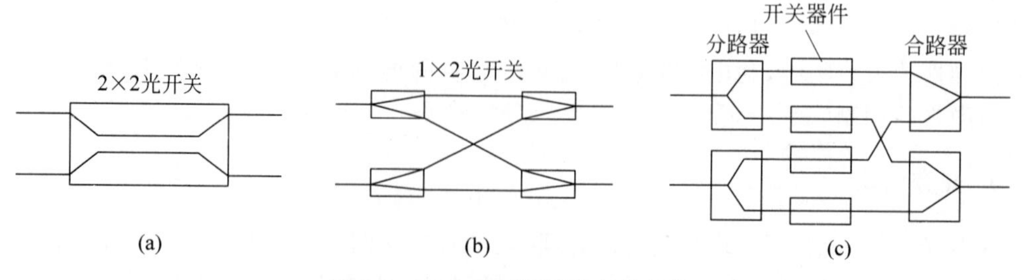

图 8-6　2×2 空间光开关实现方案

如果将四个交叉连接单元起来，就可以组成一个 4×4 的交换单元，如图 8-7 所示。这种交换单元有一个特点，每个输入端到输出端都有一条路径，且只有一条路径。当需要更大规模的交换网络时，可以按照 Banyan 结构的构成过程把多个 2×2 交叉连接单元互连起来实现（无阻塞交换网络）。

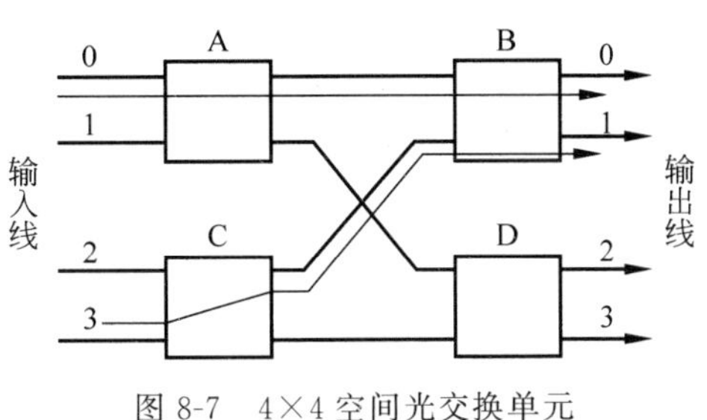

图 8-7　4×4 空间光交换单元

2. 时分光交换网络

在电时分交换方式中，普遍采用存储器作为交换的核心设施，把时分复用信号按一种顺序写入存储器，然后再按另一种顺序读取出来，这样便完成了时隙交换。光时分复用和电时分复用类似，也是把一条复用信道划分成若干个时隙，每个基带数据光脉冲流分别占用一个时隙，N 个基带信道复用成高速光数据流进行传输。

光时分交换是基于光时分复用中的时隙互换原理实现的，是指把 N 路时分复用信号中各个时隙的信号互换位置，如图 8-8 所示。每一个不同时隙的互换操作对应于 N 路输入信号与 N 条输出线的一种不同连接，因此，也必须有光缓存器才能实现光交换。双稳态激光器可用作光缓存器，但是它只能按位缓存，并需要解决高速化和扩大容量等问题。光存储器以及光计算机都还没有达到实用阶段，故一般采用光延时元件实现光存储。光纤延时线是一种比较适用于时分光交换的光缓存器，其工作原理是：首先，把时分复用信号经过分路器，使每条出线上同时都只有某一个时隙的信号；然后，让这些信号分别经过不同的光延迟器件，使其获得不同的时间延迟；最后，再把这些信号经过一个复用器重新复合起来，时隙互换就完成了。所以，目前的时隙交换器都是由空间光开关和一组光纤延时线构成的，空间光开关在每个时隙改变一次状态，把时分复用的时隙在空间上分割开，对每个时隙分别进行延时后，再复用到一起输出。

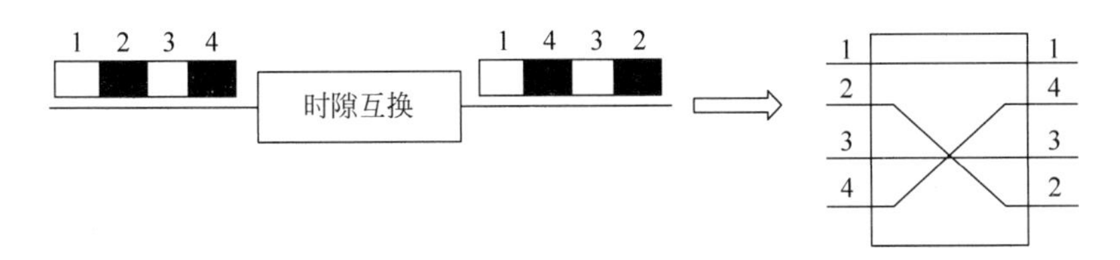

图 8-8　光时分交换示意图

如图 8-9 所示为两种时隙交换器，图中的空间光开关在一个时隙内保持一种状态，并在时隙间的保护带中完成状态转换。其中，图 8-9(a)用一个 1×T 空间光开关把 T 个时隙分解复用，每个时隙输入一个 2×2 光开关。若需要延时，则将光开关置成交叉状态，使信号进入光纤环中，光纤环的长度为“1”，然后，将光开关置成平行状态，使信号在环中循环。需要延时几个时隙就让光信号在环中循环几圈，再将光开关置成交叉状态使信号输出。T 个时隙分别经过适当的延时后重新复用成一帧输出。这种方案需要一个 1×T 光开关、T 个 2×2 光开关和一个 T×1 光开关（或耦合器），光开关数与 T 成正比增加。图 8-9(b)采用多级串联结构使 2×2 光开关数降到 $2\text{Log}_2 N-1$，大大降低了时隙交换器的成本。它们有一个共同的缺点是：反馈结构，即光信号从光开关的一端经延时又反馈到它的一个入端。反馈结构使不同延时的时隙经历的损耗不同，延时越长，损耗越大，而且信号多次经过光开关还会增加串扰。

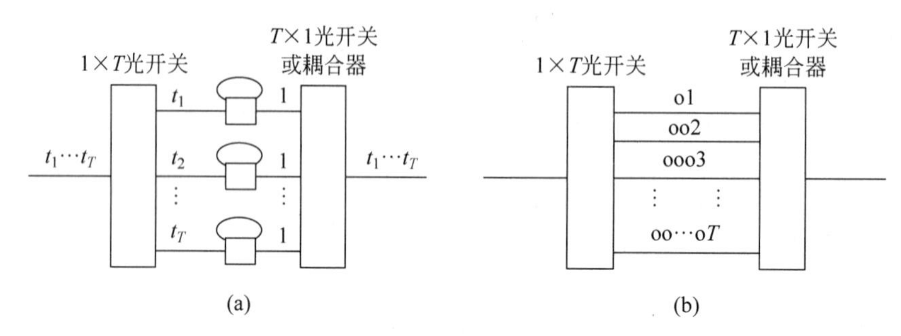

图 8-9 两种时隙交换器

3. 波分光交换网络

密集波分复用 DWDM 是光纤通信中的一个趋势。它利用光纤的宽带特性，在 1550nm 波段的低损耗窗口中复用多路光信号，大大提高了光纤的通信容量。在光波分复用系统中，其源端和目的端都采用相同的波长来传递信号。如果使用不同波长的终端要进行通信，那么必须在每个终端上都具有各种不同波长的光源和接收器。为了适应光波分复用终端的相互通信而又不增加终端设备的复杂性，人们便设法在传输系统的中间节点上采用光波分交换，就是将波分复用信号中任一波长 λ_i 变换成另一波长 λ_j。

光波分交换网络的结构如图 8-10 所示，其工作原理为：首先由光分束器把输入的多波长光信号功率均匀地分配到 N 个输出端上，它可以采用熔拉锥型-多耦合器件，或者采用硅平面波导技术制成的耦合器；然后，N 个具有不同波长选择功能的法布里-玻罗(F-P)滤波器或者相干检测器从输入的光信号中检出所需的波长输出，虚线框中的模块组合相当于波长解复用器的功能；再由波长转换器把输入波长光信号转换成想要交换输出的波长的光信号；最后通过光波复用器把完成波长交换的光信号复用在一起，经由一条光纤输出。

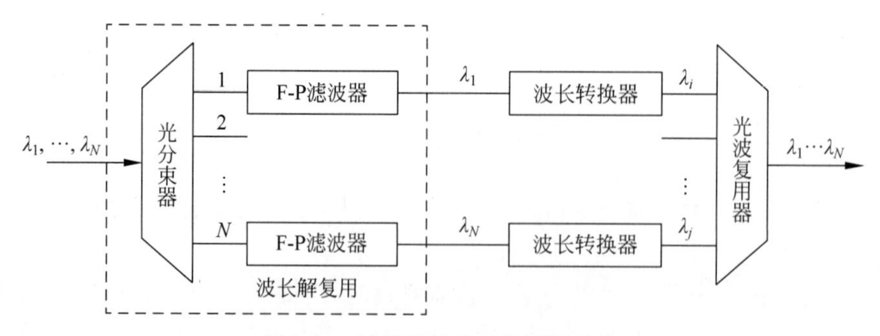

图 8-10 波长互换光交换网络结构

目前实现波长转换有三种主要方案。一种是利用 O/E/O 波长变换器，即光信号首先被转换为电信号，再用电信号来调制可调谐激光器，调节可调谐激光器的输出波长，即可完成波长转换功能。这种方案技术最为成熟，容易实现，且光电变换后还可进行整形、放大处理，但因电光变换、整形和放大处理，失去了光域的透明性，带宽也受检测器和调制器的限制。第二种是利用行波半导体放大器的饱和吸收特性、半导体光放大器交叉增益调制效应或交叉相位调制效应来实现波长变换。第三种是利用半导体光放大器中的四波混频效应来实现波长变换，此方案具有高速率、宽带宽和良好的光域透明性等优点。

如图 8-11 所示为另一种波长交换结构。它是从各个单路的原始信号开始，先用各种不同波长的单频激光器将各路输入信号变成不同波长的输出光信号，把它们复合在一起，构成一个波分多路复用信号，然后再由各个输出线上的处理部件从该多路复用信号中选出各个单路信号来，从而完成交换处理。该结构可以看成是一个 $N\times N$ 阵列型波长交换系统。N 路原始信号在输入端分别去调制 N 个可变波长激光器、产生出 N 个波长的信号，经星状耦合器后形成一个波分多路复用信号，并输出到 N 个输出端。在输出端可以采用光滤波器或者相干检测器检出所需波长的信号。入线和出线连接方式的选择，既可以在输入端通过改变激光器波长，也可以在输出端通过改变调谐 F-P 滤波器的调谐电流或改变相干检测本振激光器的振荡波长来实现。

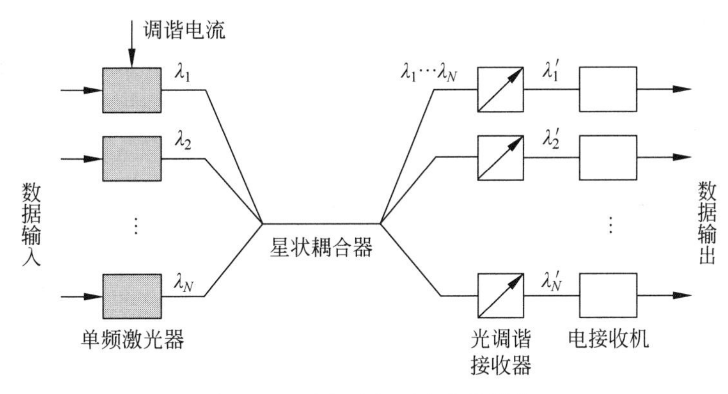

图 8-11　波长选择型光交换结构

4. 复合光交换网络

空分与时分组合、空分与波分组合、空分与时分组合再与波分组合等都是常用的复合光交换方式。如图 8-12 所示为时分-空分-时分（TST）和空分-时分-空分（STS）两种结构的光交换单元。其中，空间复用的时分光交换模块 T 由 N 个时隙交换器（TSI）构成，时间复用的空分光交换模块 S 可由 $LiNbO_3$ 光开关、InP 光开关和半导体光放大器门型光开关（它们的开关速率都可达到纳秒(ns)数量级）构成。图 8-12(b)中的空分光交换模块容量为 $N\times N'$，当 N 大于或等于 $2N-1$ 时，此交换单元为绝对无阻塞型；当 N' 大于或等于 N 时为可重排无阻塞型。图 8-12(a)中时隙交换器的输出与输入的时隙数相同，即 $T=T'$，所以此交换单元只能是可重排无阻塞型。

空分与波分组合的光交换需要波长复用的空分光交换模块和空间复用的波分光交换模块，分别用 S 和 W 表示。由于前面介绍的空间光开关都对波长透明，即对所有波长的光信号交换状态相同，所以它们不能直接用于空分＋波分光交换。一种方法是把输入信号波分解复用，再对每个波长的信号分别应用一个空分光交换模块，完成空间交换后再把不同波长的信号波分复用起来，从而完成空分＋波分光交换功能。另一种方法是采用声光可调谐滤波器，它可以根据控制信号的不同，将一个或多个波长的信号从一个接口滤出，而其他波长的信号从另一接口输出，如图8-13所示。因此，它可以看作波长复用的空间1×2光开关（对不同波长的变换状态不同），由它构成的空分光交换模块很适用于空分＋波分光交换，但因它的电调节时间在10μs左右，故不适用于时间复用。

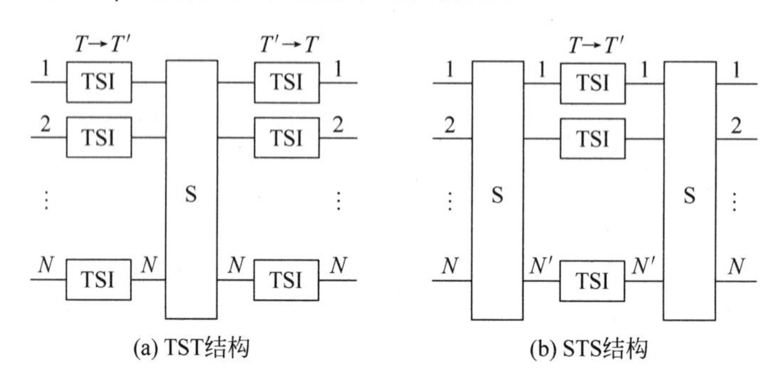

图8-12　空分＋时分光交换的两种结构

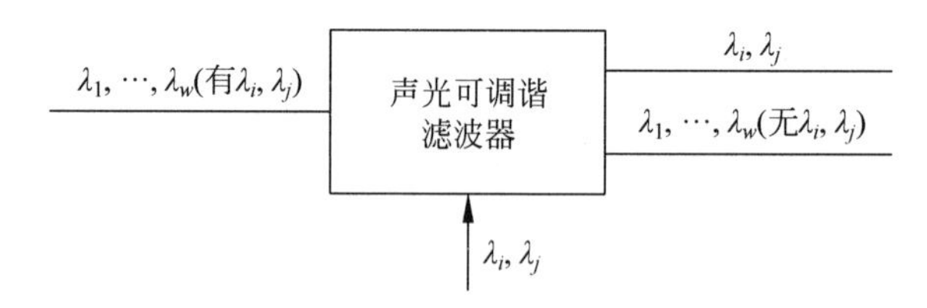

图8-13　声光可调谐滤波器

用S，T和W三种交换模块可以组合成空分＋时分＋波分光交换单元，组合形式有WTSTW，WSWT，STWTS，TSWST，SWTWS和WSTSW六种。

8.1.4　微机电光交换技术

MEMS全称为Micro Electromechanical System，即微机电系统，是指尺寸在几毫米乃至更小的高科技装置，主要由传感器、动作器（执行器）和微能源三大部分组成。微机电系统涉及物理学、半导体、光学、电子工程、化学、材料工程、机械工程、医学、信息工程及生物工程等多种学科和工程技术，为智能系统、消费电子、可穿戴设备、智能家居、系统生物技术的合成生物学与微流控技术等领域开拓了广阔的用途。常见的产品包括MEMS加速度计、MEMS麦克风、微马达、微泵、微振子、MEMS压力传感器、MEMS陀螺仪、MEMS湿度传感器等以及它们的集成产品。

MEMS是一个独立的智能系统，可大批量生产，其系统尺寸在几毫米乃至更小，其内部结构一般在微米甚至纳米量级。例如，常见的MEMS产品尺寸一般都在3mm×3mm×1.5mm，甚至更小。微机电系统在国民经济和军事系统方面有着广泛的应用前景，主要民用领域包括电子、医学、工业、汽车和航空航天系统。

概括起来，MEMS具有以下基本特点：微型化、智能化、多功能、高集成度和适于大批量生产。MEMS技术的目标是通过系统的微型化、集成化来探索具有新原理、新功能的元件和系统。MEMS技术是一种典型的多学科交叉的前沿性研究领域，几乎涉及自然及工程科学的所有领域，如电子技术、机械技术、物理学、化学、生物医学、材料科学、能源科学等。其研究内容一般可以归纳为以下三个基本方面。①理论基础：在当前MEMS所能达到的尺度下，宏观世界基本的物理规律仍然起作用，但由于尺寸缩小带来的影响（Scaling Effects），许多物理现象与宏观世界有很大区别，因此许多原来的理论基础都会发生变化，如力的尺寸效应、微结构的表面效应、微观摩擦机理等，因此有必要对微动力学、微流体力学、微热力学、微摩擦学、微光学和微结构学进行深入的研究。这一方面的研究虽然受到重视，但难度较大，往往需要多学科的学者进行基础研究。②技术基础研究：主要包括微机械设计、微机械材料、微细加工、微装配与封装、集成技术、微测量等技术基础研究。③微机械在各学科领域的应用研究。

目前已经开发出多种微机电（Micro-Electro-Mechanical，MEM）交换机，它们是利用微机电技术，在空闲的空间内调节光束；采用了不同类型的特殊微光器件，这些器件由小型化的机械系统激活。MEM光交换机的主要优点就在于体积小、集成度高，并可像集成电路那样大规模生产。

随着新的和改进的光交换技术的不断涌现，光网络容量的持续扩展，当出现更有效的信号管理方式时，全光网络最终会变成事实。基于光纤的非线性特征的全光交换设备（使用非线性定向耦合器的光交换机）就是新出现的技术，其耦合器由靠得很近的两根纤芯组成。当两根纤芯的相位失配时，纤芯会分开，从而产生了开关效应。由于交换是在光纤内完成的，这种交换机具有较高的交换速度，较低的损耗，并在矩阵配置中可实现多级级联，很有希望在未来的光网络中采用。因此，在未来的大容量光网络中，光交换机必将起到关键的作用。

8.1.5　自动交换光网络（ASON）

波分复用（WDM）技术解决了网络传输带宽问题，可以实现无阻塞的全光传输，但网络节点即交换节点是电的，仍受到电子瓶颈的限制，不能实现透明的光交换和解决带宽资源的动态配置。

光传输网络基于密集波分复用（DWDM）技术、光放大技术、光分插复用及光交叉连接技术，由光链路和光节点构成网络，可以实现光域上的信息传输和路由，以波长作为交换粒度，进行带宽资源的静态管理。但这种带宽资源配置基本是静态的，缺乏灵活性，效率不高，网络的交换粒度粗，需要进一步改进。

提高资源配置灵活性，减小交换粒度，提高网络的效率，以满足各种各样的业务服务需求，同时降低网络建设和运营成本已成为网络开发者、设计者、建设者、运营商和用户所共同关注的热点，由此智能型光网络应运而生，自动交换光网络（ASON）便是智能光网络多种解决方案之一，它可使传统光网络从功能较简单的信息传输网络变为功能较完善的智能光网络。

1. 自动交换光网络（ASON）的体系结构

自动交换光网络（ASON）是一种智能光网络（Intelligent Optical Network），其核心是要实现光网络资源的实时、动态的按需配置，主要利用光交叉连接和光分插复用器等具有可重配置功能的光节点设备及其所具有的智能的分布式控制功能，完成光路径（光波长通道）的自动提供。

自动交换光网络在光传送网络中引入控制平面的概念，由控制平面、管理平面和传送平面构成了自动交换光网络的体系结构。管理平面提供给网络运营商对网络管理和操作的平台，并提供进行永久性电路连接的配置。控制平面提供对客户请求的响应，并提供通过传送平面的永久性软连接和交换连接，实现灵活的动态资源配置和故障恢复。

自动交换光网络由请求代理(Requirement Agent)、光连接控制器(Optical Connection Controller)、光交叉连接、网络管理和多种接口组成，如图 8-14 所示。

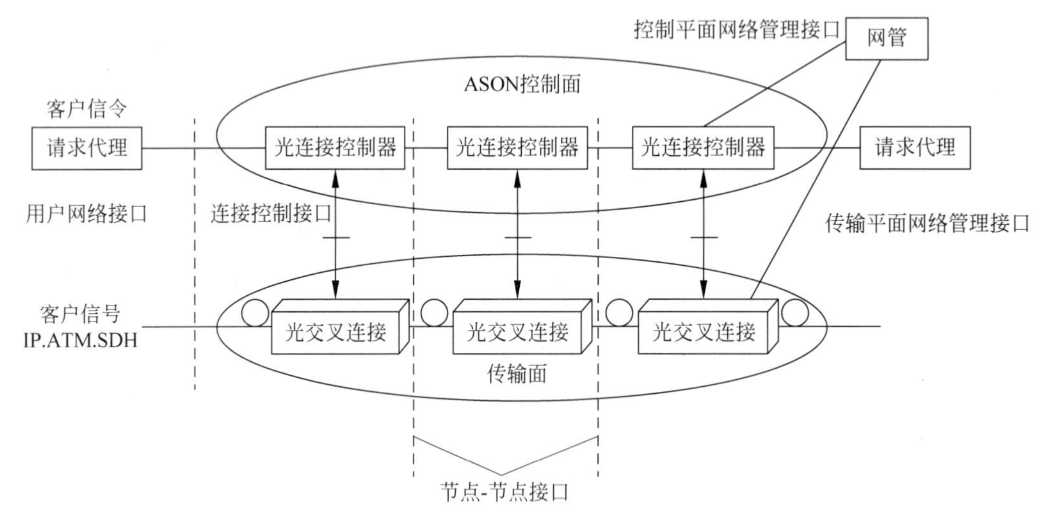

图 8-14 ASON 的网络体系结构

2. 自动交换光网络各平面的基本功能

从如图 8-14 所示的自动交换光网络的体系结构可知，ASON 包含管理平面、传输平面和控制平面，它们的基本功能如下。

(1) 管理平面执行对传输平面、控制平面和整个系统的管理功能，同时提供所有平面之间的协调。管理平面执行性能管理、故障管理、配置管理、计费管理和安全管理功能。

(2) 传输平面为用户提供从一地到另一地的双向或单向业务传输，同时提供一些控制信息和网络管理信息的传递，传输平面是分层的。

(3) 控制平面的目的是在传输层网络中建立快速的和有效的连接配置，同时支持交换和软永久连接、重构或修改已建立的连接、实施恢复功能。

一个设计优良的控制平面结构体系应给运营商提供对其网络的有效控制，提供快速和可靠的呼叫建立。控制平面本身应是可靠的、可扩展的和有效的。它充分支持不同技术、不同业务的需要，以及由设备供应商提供的不同的功能分布(即不同的控制平面部件分布)。

ASON 控制平面由提供特殊功能的不同部件组成，包括路由确定功能和信令功能。控制平面部件没有关于这些功能如何结合和分组的限制。这些部件的相互作用和部件之间通信所要求的信息流是经过接口获得的。

在一个典型的传送网中，信令/路由是交换的，参考点由多个接口支持，结合 ASON 的网络体系结构，这些参考点包括用户-网络接口(UNI)，内域网络-网络接口(I-NNI)和外域网络-网络接口(E-NNI)。在 ASON 中识别多个区域的 UNI 和 E-NNI，将特别应用于内域控制信令，承载跨越各种参考点（UNI，I-NNI 和 E-NNI）的特殊功能性。支持参考点的接口上可利用的策略取决于参考点和支持的功能，如在 UNI、I-NNI 和 E-NNI 参考点，其策略可应用于呼叫和连接控制。另外，对于 I-NNI 和 E-NNI 参考点，其策略可应用于路由。

（1）跨越 UNI 参考点的信息流支持：呼叫控制、资源发现、连接控制和连接选择功能。没有与 UNI 参考点相连的路由功能。具有的附加功能如安全性和呼叫授权或增强指导性服务。

（2）跨越 I-NNI 参考点的信息流支持：资源发现、连接控制、连接选择和连接路由功能。

（3）跨越 E-NNI 参考点的信息流支持：呼叫控制、资源发现、连接控制、连接选择和连接路由功能。

请求代理将客户信号通过 ASON 控制平面的光连接控制器接入传输面的光交叉连接。光连接控制器的功能是负责连接请求的发现、接收、选路和连接控制。光交叉连接作为 ASON 网元，实现传输和交换的连接请求。网络管理包括管理平面，以及对控制平面和传输平面的管理。接口包括 ASON 的网元节点之间的内部接口、光连接控制器和光交叉连接之间的连接控制接口、控制平面网络管理接口、传输平面网络管理接口及物理接口。

自动交换光网络对数据业务的应用如图 8-15 所示，其特点如下。

（1）实现动态分配光通路及对光链路的灵活、快速配置。

（2）实现光通路连接，包括永久性连接、软永久性连接和交换连接。

（3）满足流量工程和服务质量的要求。

（4）实现数据层和光层的协调控制，自动调用网络资源为数据业务服务。

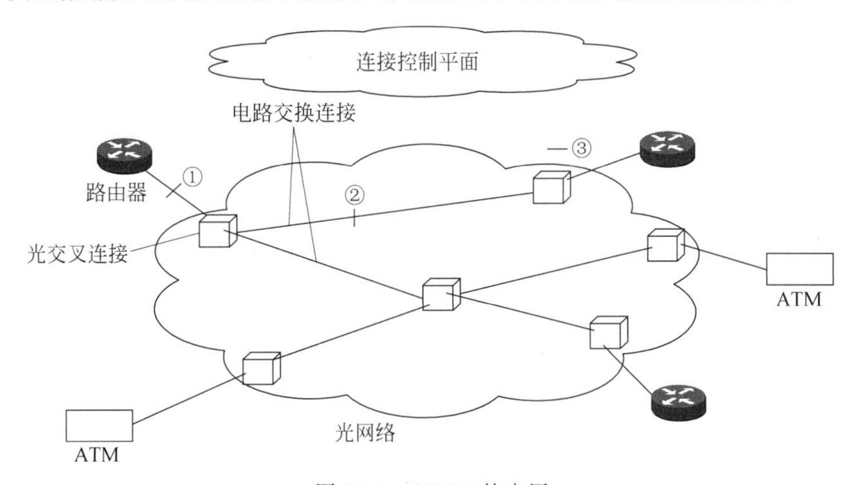

图 8-15　ASON 的应用

8.1.6　光分组交换网络

光分组交换网络是光网络的发展方向，它基于光分组来进行信息的交换和传输，具有高速、高效、透明、配置灵活的组网特点，可以支持不同速率、不同信息种类、不同数据格式的各种不同的业务类型，包括语音业务、数据业务、图像业务的多种媒体形式和突发的、连续的数据流业务，以及多层次和全方位的按需服务。

光分组交换网络在光域上进行传输和交换,具有如下性能。

(1) 以光数据分组进行交换,比电路交换网络效率高。

(2) 可以支持 Tb/s 量级以上的高速数据速率的业务服务。

(3) 能支持任何业务种类的全业务服务,包括语音、数据、图像等各种多媒体业务服务。

(4) 能支持任何信息格式的业务服务。

(5) 能支持任何数据速率的业务服务。

(6) 交换的粒度小,不仅效率高,且具有很好的配置灵活性。

(7) 网络结构简单,易于管理和维护。

1. 光分组交换网络结构

光分组交换网络的网元与其他类型的光网络相同,包括光节点、光纤链路和网络管理,不同的是其结构和功能,光分组交换网络的光节点是光路由器/光交换机,按其在网络中的位置和作用,有边缘路由器和核心路由器。光分组交换网络的构成如图 8-16 所示。光节点涉及的其他光交换技术已在本章前面部分阐述。

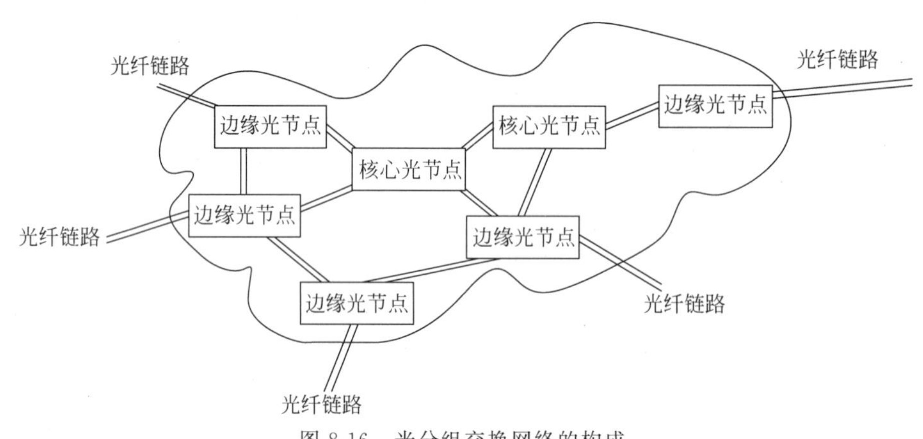

图 8-16　光分组交换网络的构成

2. 光分组交换网络的关键技术

光分组交换网络是完全在光域上进行传输和交换的透明网络,是真正的全光网络。利用 DWDM 技术和光放大技术等可以很好地解决全光传输问题,而要实现全光交换,则还需要解决一些关键性的技术问题,这些关键性技术问题如下。

1) 光分组技术

在光分组交换网络中,影响网络性能的重要因素主要有:光分组的构成、光分组或光数据包的优化、光分组的同步、光分组的识别、光分组冲突处理、光分组和光信道实时监测和控制、交换结构的优化、光分组的缓存以及相应的协议等。

光分组的构成与电数据分组不同,电数据分组是由分组头和净荷两部分构成,在光域中要考虑在光节点和光缓存器中的光交换器件的交换时间及时延抖动、净荷在节点抖动,以及缓冲接口处的冲突处理等,在光分组头和净荷之间必须插入一定的保护时隙,因而光分组由光分组头、净荷和保护时隙三部分构成。光透明分组网中采用的分组和分组格式如图 8-17 所示。对于透明的网络,净荷可能是变比特率的。

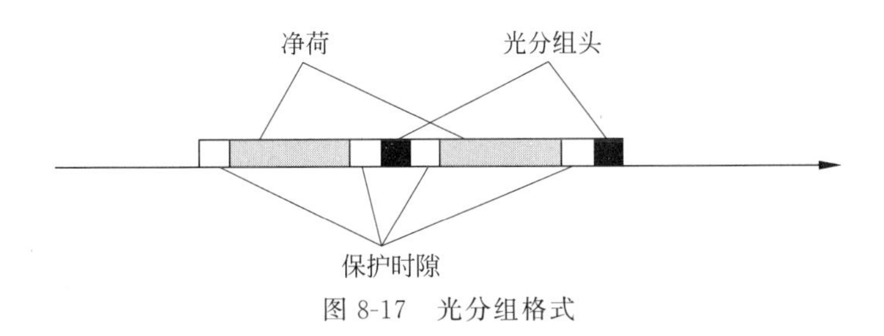

图 8-17　光分组格式

2）光分组的同步和识别

分组交换网络既可以运行在同步模式，也可以运行在异步模式。在网络中，根据分组到达光节点的时间不同，节点的光交换机将不断地对光分组逐个地进行地址分析、路由选择、光交换状态配置，按要求完成光分组的交换，并输出至下一个节点。需要判断光分组的到来，识别光分组的头，定界光分组，才能准确无误地实现光分组信息的交换。在同步光分组网络中，按时隙来安排光分组，所有光分组都具有相同的长度，其分组头和数据均置于同一个时隙中，全网必须严格同步。不同于电的同步，网络可以利用存储器件较易实现同步，在光域进行光信息的随机存取仍是一个技术难点，同时在光层均为高速信道，对分组的同步和识别就更加困难。在光分组交换网络异步工作时，光分组可以具有相同的长度，也可以不具有相同的长度，没有固定的时隙来安置光分组，且光分组的到达具有随机性，来自不同信源的光分组产生严重竞争。无论是同步还是异步工作，对光分组的识别和处理是极其重要的，也是有待尽快解决的技术难题。

3）光分组路由和光交换

光分组交换的实现是要在光域上建立起端到端的虚光信道连接，这不仅取决于要有可靠性高、性能好、价格低廉的光交换器件、光存储器件、光逻辑器件等光学执行器件，还取决于要有高效、省时的光路由的逻辑运算，好的路由算法是目前关注的重点。

4）光存储和逻辑器件

在光分组交换网络中，光的分组每到达一个光节点，都需要进行存储转发处理。在光域上，目前较可行的办法是利用光纤延时线实现光信号的缓存，但这仅仅是一种缓存，光纤延时线的缓存时间不能随意选取，即不能实现随机存储。研发新型的光存储器及光逻辑器件是目前关注的热点。

8.2　虚拟交换技术

长期以来，交换机在组网应用中多采用如图 8-18 所示的层次化设计方式。当这种结构采用二层技术组网时，为了增加可靠性，通常会设计一些冗余链路，但又导致网络出现环路。虽然通过配置 MSTP 可以消除环路，但实际应用中往往由于设备故障或链路中断等原因，可能导致 MSTP 拓扑振荡，而 MSTP 收敛时间较长，影响网络的正常运行。同时生成树协议（STP）为了消除环路，需要把一些链路阻塞，没有利用这些链路的带宽，造成资源的浪费。

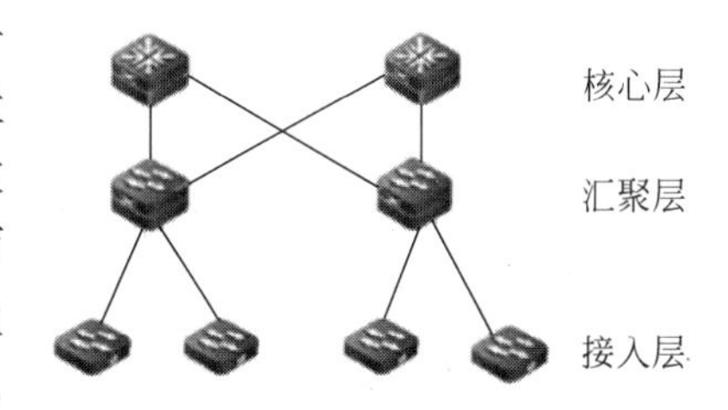

图 8-18　传统交换机层次化组网结构

当网络采用三层组网时，为了实现冗余备份，往往采用虚拟路由器冗余协议（VRRP），状态为 MASTER 的交换机发生故障时，处于 BACKUP 的交换机至少要等待 3s 才会切换成 MASTER，故障恢复时一般在秒级，同时也存在网络拓扑复杂、管理困难等问题。

随着网络稳定性和设备可靠性要求不断提高，近年来业界一些厂家在传统堆叠技术和分布交换技术的基础上，提出了一种将一台或多台物理交换机组合成一台虚拟交换机的技术，即虚拟交换技术（VST），如图 8-19 所示。

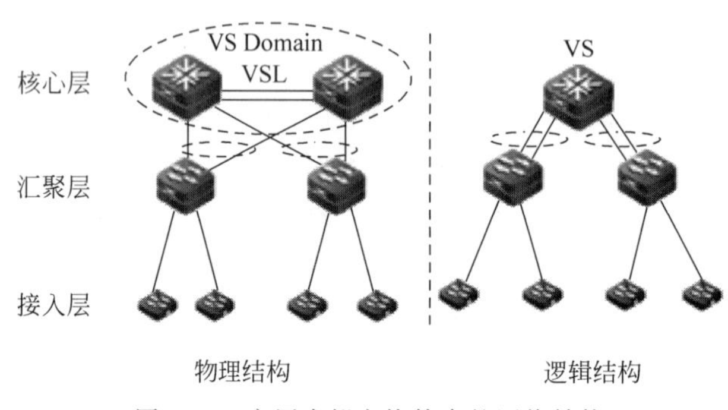

图 8-19 应用虚拟交换技术的网络结构

该技术相对于传统二层生成树和三层 VRRP 技术，具有下列优势。

（1）故障恢复时间缩短到毫秒级，虚拟交换机和周边设备通过聚合链路连接，如果其中一条成员链路发生故障，切换到另一条成员链路的时间是几十至数百毫秒，既提供了冗长链路，又可以实现负载均衡，充分利用所有带宽。

（2）简化了网络拓扑。通过 VST 技术，形式上虚拟交换机（VS）在网络中相当于一台交换机，通过聚合链路和周边设备相连，由于不存在二层环路，所以没有必要配置 STP，各种控制层协议运行在一台虚拟交换机上，减少了设备间大量协议报文之间的交互，缩短了路由收敛时间。

（3）简化了管理。两台或多台交换机组成一台虚拟交换机以后，管理员可以对多台交换机实行统一管理，而不需要连接到多台交换机分别配置和管理。

虚拟交换技术是基于分布式内部交换网络技术把两台或多台物理设备通过特殊的虚拟交换链路连接起来，运行特殊的软件让这些设备虚拟成一台逻辑设备来工作的技术。虚拟交换技术（VST）是一个开放的、可扩展的系统，主要包括硬件和软件两大部分。

VST 硬件主要包括：交换机硬件平台，用于设备互连的虚拟交换链路（VSL）和与之对应的物理接口。

VST 软件是运行在 VST 硬件基础上实现设备虚拟化的控制协议软件，主要包括如下几个部分。

（1）VST 协议：主要负责虚拟设备的建立、维护，包括 VSL 链路管理和链路状态监测，对端发现、拓扑收集等。

（2）虚拟设备层：在 VST 协议的基础上，实现对 VST 成员的板卡等各种资源进行管理和抽象，并对这些成员进行虚拟映射，从而模拟出一个虚拟交换设备。最终，对于运行在此系统上的各种应用和业务特性软件来说，通过虚拟设备层的抽象和屏蔽，它并不关心设备物理上的差异，即不管是真实的物理设备还是虚拟出来的 VST 设备，它都不需要做任何修改。

(3) 支撑业务：基于虚拟设备层。上层的管理和控制协议软件将可以运行在 VST 设备中，包括各种业务模块、设备管理模块等。

在 VST 技术的实现方式上，不同厂商提供的产品解决方案是不同的，需要参阅其产品说明书或随机资料。

8.3 VXLAN 技术

8.3.1 VXLAN 产生的背景

VXLAN(Virtual Extensible Local Area Network，虚拟可扩展局域网)是一种网络虚拟化技术，通过将虚拟机(VM)或物理服务器发出的数据包经过隧道源点封装在 UDP 中，并使用物理网络的 IP/MAC 作为报文头进行封装，然后在 IP 网络上传输，到达目的地后由隧道终结点解封装并将数据发送给目标虚拟机或物理服务器。

在传统二层网络环境下，所有的服务器都在一个大的局域网里面，数据报文是通过查询 MAC 地址表进行二层转发，而 MAC 地址表的容量限制了虚拟机的数量，即虚拟机规模受网络规格限制。据此，VXLAN 将虚拟机发出的数据包封装在 UDP 中，并使用物理网络的 IP/MAC 地址作为外层头进行封装，对网络只表现为封装后的参数。因此，极大地降低了大二层网络对 MAC 地址规格的需求。

当前主流的网络隔离技术是 VLAN 或 VPN(Virtual Private Network)，但是由于 IEEE 802.1Q 中定义的 VLAN 标识为 12b，最多只能表示 4096 个不同的 VLAN，无法满足云计算中互联网数据中心 IDC 中需要标识大量用户群的需求。另一方面是传统二层网络中的 VLAN/VPN 无法满足网络动态调整的需求。为此，VXLAN 引入了类似 VLAN ID 的用户标识，称为 VXLAN 网络标识 VNI(VXLAN Network ID)，由 24b 组成，支持多达 16M(2^{24-1} 或 1024^2)的 VXLAN 段，从而满足了大量的用户标识需求。

虚拟机启动后，可能由于服务器资源等问题(如 CPU 过高、内存不够等)，需要将虚拟机迁移到新的服务器上。为了保证虚拟机迁移过程中业务不中断，则需要保证虚拟机的 IP 地址、MAC 地址等参数保持不变，这就要求业务网络是一个二层网络，且要求网络本身具备多路径的冗余备份和可靠性。为此，VXLAN 通过构建大二层网络，保证了虚拟机 VM 在迁移时的 IP 地址、MAC 地址等参数保持不变。

8.3.2 几个基本概念

1. NVE

网络虚拟边缘节点(Network Virtual Edge，NVE)是实现网络虚拟化功能的网络实体。报文经过 NVE 封装转换后，NVE 间就可基于三层基础网络建立二层虚拟化网络。

2. VTEP

VTEP(VXLAN Tunnel End Points，VXLAN 隧道端点)封装在 NVE 中，用于 VXLAN 报文的封装和解封装。

3. VNI

VXLAN 网络标识(VXLAN Network Identifier, VNI)类似 VLAN ID,用于区分 VXLAN 段,不同 VXLAN 段的虚拟机不能直接二层相互通信。

一个 VNI 表示一个租户,即使多个终端用户属于同一个 VNI,也表示一个租户。VNI 由 24b 组成,支持多达 16M(2^{24-1} 或 1024^2)的租户。

8.3.3 VXLAN 报文格式

VXLAN 报文格式如图 8-20 所示,报文格式中各字段主要含义如下。

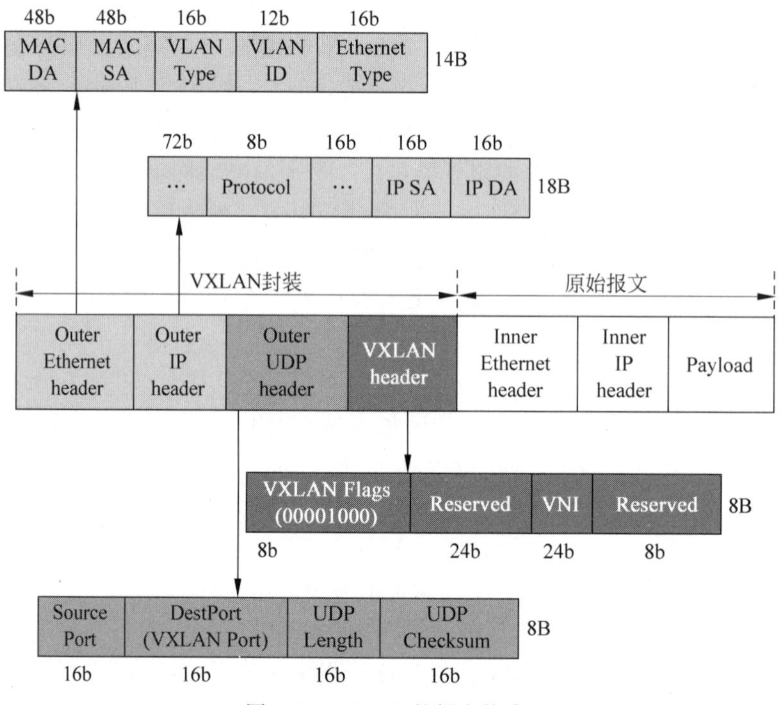

图 8-20 VXLA 的报文格式

1. VXLAN header 字段

由 8 字节组成,第 1 字节为标志符 RRRRIRRR,其中,标志位 I 设为 1 表示是一个合法的 VXLAN 头部,其余标志位则保留,在传输过程中必须置为 0;第 2~4 字节为保留子字段;第 5~7 字节共 24b 为 VXLAN 标识符,用来表示唯一的一个逻辑网络;第 8 字节同样为保留子字段,没有定义,在使用的时候必须设置为 0x0000。但不少厂商对这些保留子字段都会加以利用,以实现自己组网的一些特性。

2. Outer UDP Port 字段

Source Port 子字段,用于 VXLAN 节点之间 ECMP 的 hash,推荐使用 inner Ethernet frame header 的 hash 值,接口号范围为 49 152~65 525;Dest Port(VXLAN Port)子字段,

IANA 已经指定 4789 作为 VXLAN UDP 默认接口，但是可以根据需要进行修改。同时，UDP 校验和子字段必须设置成全 0。

3. Outer IP header 字段

其中 72b 共 9B 包含的部分与传统 IP 分组报文格式中的部分相同；Protocol 子字段取值 0x11，表示协议类型为 UDP；IP SA 为发送报文的虚拟机所属的 VTEP 的 IP 地址，IP DA 为目的虚拟机所属的 VTEP IP 地址。IP DA 地址可以是单播或组播地址，单播的情况下，IP DA 为 VTEP(Vxlan Tunnel End Point)的 IP 地址，在多播的情况下引入 VXLAN 的管理层，利用 VNI 和 IP 多播组的映射来确定 VTEP。

4. Outer Ethernet header 字段

MAC DA 子字段，占 6B，表示下一跳 MAC 地址；MAC SA 子字段，占 6B，表示源 VTEP 的 MAC 地址；VLAN Type 子字段，取值为 0x8100；VLAN ID 子字段，2B，支持 VLAN 时，表示 VLAN ID 等信息；Ethernet Type 子字段，取值 0x0800，表示以太网数据类型，0x0800 表示 IPv4 数据包。

8.3.4 VXLAN 结构

VXLAN 结构如图 8-21 所示。

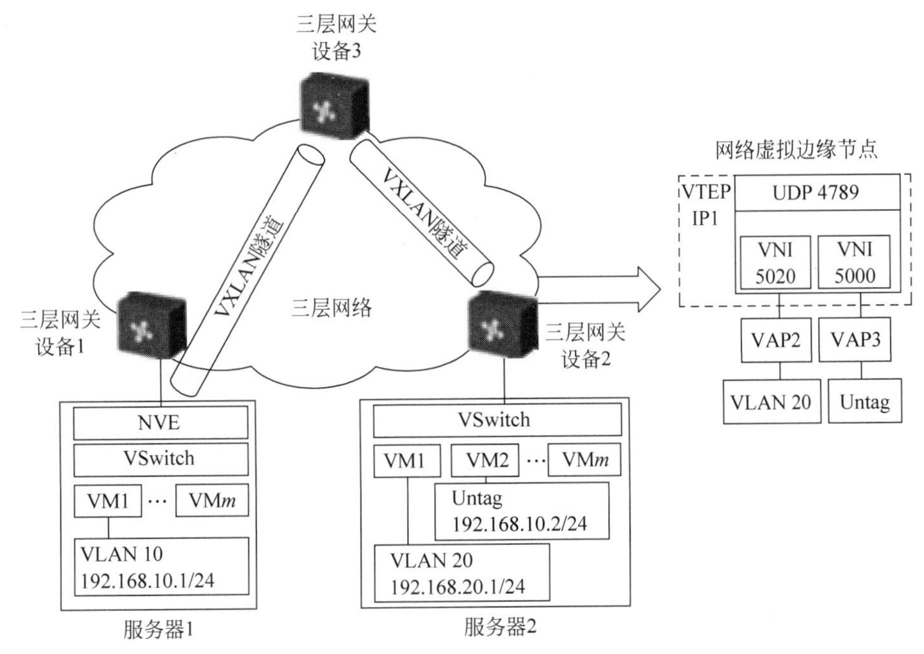

图 8-21　VXLAN 的网络结构

NVE(Network Virtualization Edge，网络虚拟边缘节点)为实现网络虚拟化的功能实体，虚拟机中的报文经过 NVE 封装后，NVE 之间就可以在基于 L3 的网络基础上建立起 L2 虚拟网络。网络设备实体以及服务器实体上的 VSwitch 都可以作为 NVE。

VTEP 为 VXLAN 隧道的端点，封装在 NVE 中，用于 VXLAN 报文的封装和解封装。VTEP 与物理网络相连，分配的地址为物理网络 IP 地址。VXLAN 报文中源 IP 地址为本节点的 VTEP 地址，VXLAN 报文中目的 IP 地址为对端节点的 VTEP 地址，一对 VTEP 地址就对应着一个 VXLAN 隧道。

VNI(VXLAN Network Identifier, VXLAN 网络标识)类似 VLAN ID，用于区分 VXLAN 段，不同 VXLAN 段的虚拟机不能直接二层相互通信。一个 VNI 表示一个租户，即使多个终端用户属于同一个 VNI，也表示一个租户。VNI 由 24b 组成，支持多达 16M(2^{24-1} 或 1024^2)的租户。

VAP(Virtual Access Point，虚拟接入点)统一为二层子接口，用于接入数据报文，为二层子接口配置不同的流封装，可实现不同的数据报文接入不同的二层子接口。

8.3.5 VXLAN 的数据平面和控制平面

1. 数据平面——隧道机制

源 VTEP 为虚拟机的数据包加上了层包头，这些新的报头只有在数据到达目的 VTEP 后才会被去掉。中间路径的网络设备只会根据外层包头中的目的地址进行数据转发，对于转发路径上的网络来说，一个 VXLAN 数据包跟一个普通 IP 包相比，除了个头大一点儿外没有区别。

由于 VXLAN 的数据包在整个转发过程中保持了内部数据的完整性，因此 VXLAN 的数据平面是一个基于隧道的数据平面。

2. 控制平面——改进的二层协议

VXLAN 不会在虚拟机之间维持一个长连接，所以 VXLAN 需要一个控制平面来记录对端地址可达情况。控制平面的表为(VNI，内层 MAC，外层 VTEP_IP)。VXLAN 学习地址的时候仍然保存着二层协议的特征，节点之间不会周期性地交换各自的路由表，对于不认识的 MAC 地址，VXLAN 依靠组播来获取路径信息(如果有 SDN Controller，可以向 SDN 单播获取)。

另一方面，VXLAN 还有自学习的功能，当 VTEP 收到一个 UDP 数据报后，会检查自己是否收到过这个虚拟机的数据，如果没有，VTEP 就会记录源 VNI/源内层 MAC/源外层 IP 对应关系，避免组播学习。

8.3.6 VXLAN 的报文转发

1. ARP 报文转发过程

ARP 报文的转发过程如图 8-22 所示，假设 VXLAN VNID 为 10。

(1) 主机 A 向主机 B 发出 ARP Request，Src MAC(源 MAC)为 MAC-A，Dst MAC(目的 MAC)为全 F。

(2) ARP Request 报文到达 VTEP-1 后，VTEP-1 对其封装 VXLAN 包头，其中，外层的 Src MAC 为 VTEP-1 的 MAC-1，Dst MAC 为组播 MAC 地址，Src IP(源 IP)地址为 VTEP-1 的

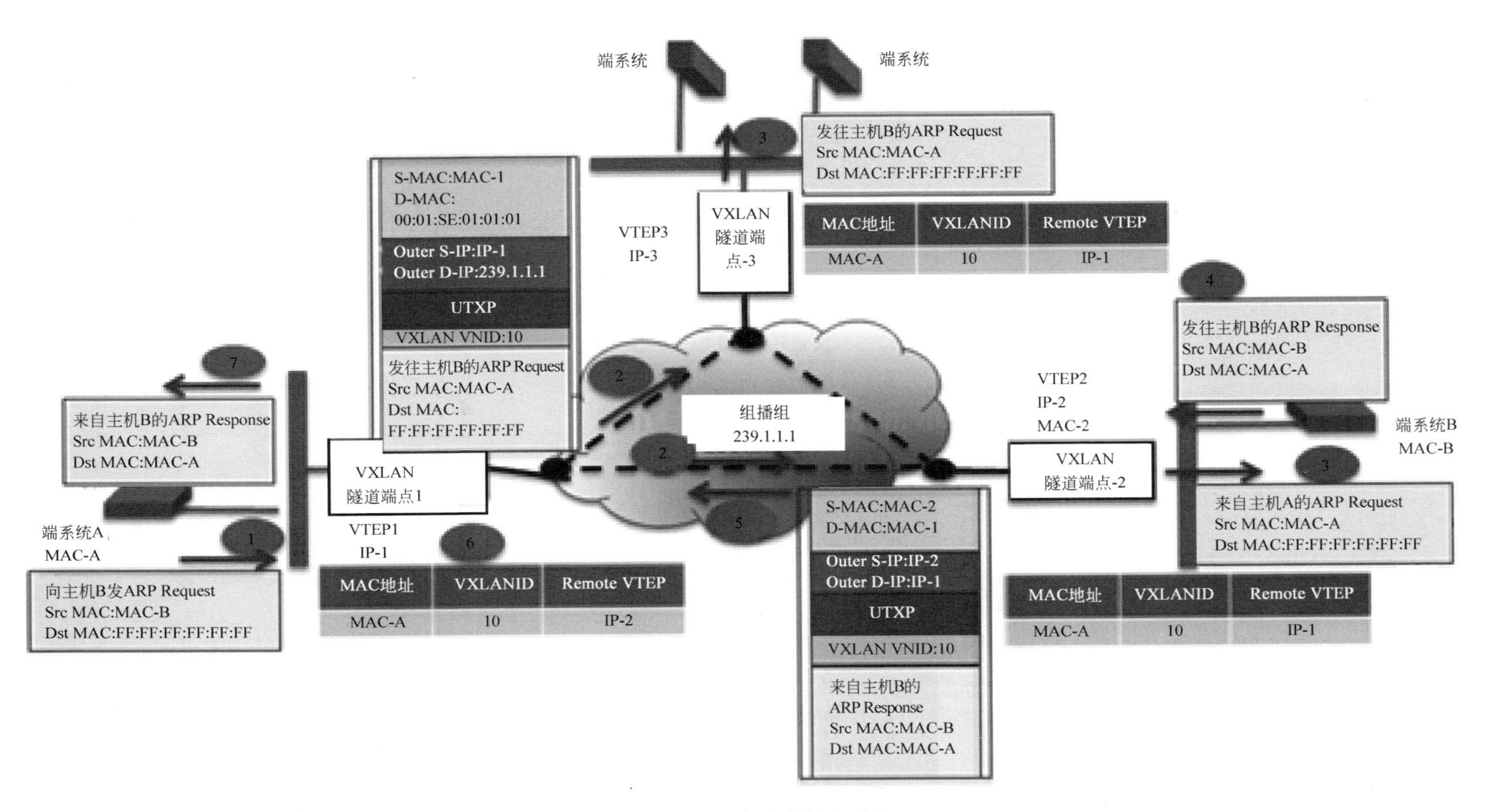

图 8-22　ARP 报文的转发过程

IP-1，Dst IP（目的 IP）地址为组播 IP 地址，并且打上了 VXLAN VNID：10。由于 VTEP 之间是三层网络互联的，广播包无法穿越三层网络，所以只能借助组播来实现 ARP 报文的泛洪。通常情况下，一个组播地址对应一个 VNID，同时可能会对应一个租户，通过 VNID 进行租户之间的隔离。

（3）打了 VXLAN 头的报文转发到了其他的 VTEP 上，进行 VXLAN 头解封装，原始的 ARP Request 报文被转发给了 VTEP 下面的主机，并且在 VTEP 上生成一条 MAC-A（主机 A 的 MAC）、VXLAN ID、IP-1（VTEP-1 的 IP）的对应表项。

（4）主机 B 收到 ARP 请求，回复 ARP Response，Src MAC 为 MAC-B、Dst MAC 为 MAC-A。

（5）ARP Response 报文到达 VTEP-2 后，被打上 VXLAN 的包头，此时外层的源目的 MAC 和 IP 以及 VXLAN ID 是根据之前在 VTEP-2 上的 MAC-A、VXLAN ID、IP-1 对应表项来封装的，所以 ARP Response 是以单播的方式回复给主机 A。

（6）打了 VXLAN 头的报文转发到 VTEP-1 后，进行 VXLAN 头的解封装，原始的 ARP Response 报文被转发给了主机 A。

（7）主机 A 收到主机 B 返回的 ARP Response 报文，整个 ARP 请求完成。

2. 单播报文转发（同一个 VXLAN 内）

在经过 ARP 报文后，VTEP-1 和 VTEP-2 上都会形成一个 VXLAN 二层转发表，分别如表 8-1 和表 8-2 所示。

表 8-1　VTEP-1 转发表

MAC	VIN	VTEP
MAC-A	10	e1/1
MAC-B	10	Vtep-2 IP

表 8-2　VTEP-2 转发表

MAC	VIN	VTEP
MAC-B	10	e1/1
MAC-A	10	Vtep-1 IP

单播转发的过程如图 8-23 所示，简单描述如下。

（1）host-A 将原始报文上送到 VTEP。

（2）根据目的 MAC 和 VNI 号（这里的 VNI 获取是 VLAN 和 VXLAN 的 mapping 查询出的结果），查找到外层的目的 IP 是 VTEP-2 IP，然后将外层的源 IP 地址、目的 IP 地址分别封装为 VTEP-1 IP 和 VTEP-2 IP；源 MAC、目的 MAC 为下一段链路的源 MAC 和目的 MAC。

（3）数据包穿越 IP 网络。

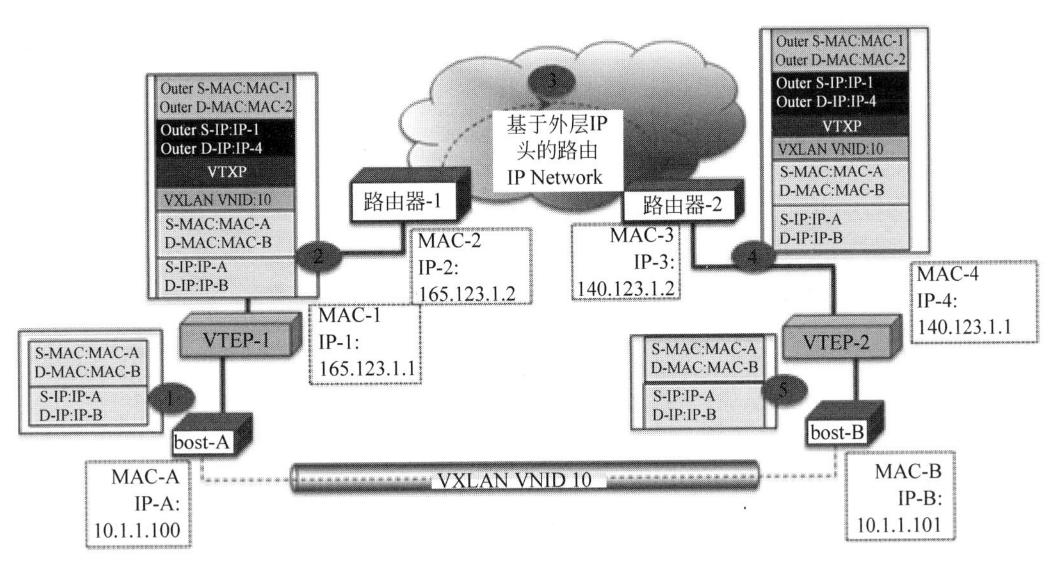

图 8-23　VXLAN 内单播转发过程

(4) 根据 VNI、外层的源 IP 地址、目的 IP 地址，进行解封装，通过 VNI 和目的 MAC 查表，得到目的接口是 e1/1。

(5) host-B 接收此原始报文，并回复 host-A，回复过程类似上述。

3. 不同 VXLAN 之间转发

不同 VXLAN 之间转发，各个厂商的解决方案不大一致，像 VMware NSX，由于它是软件的 VTEP，所以它在虚拟机送来报文的时候，直接给打了 VXLAN tag，一般情况下并不打 VLAN tag，所以跨 VXLAN 的转发需要一个叫作 VXLAN Gateway 的设备(可以是物理交换机也可以是软件交换机)，这个 VXLAN Gateway 的设备完成两个 VXLAN 之间网络的路由，类似于 VXLAN 的交换虚拟接口 SVI 的概念，具体如图 8-24 所示。

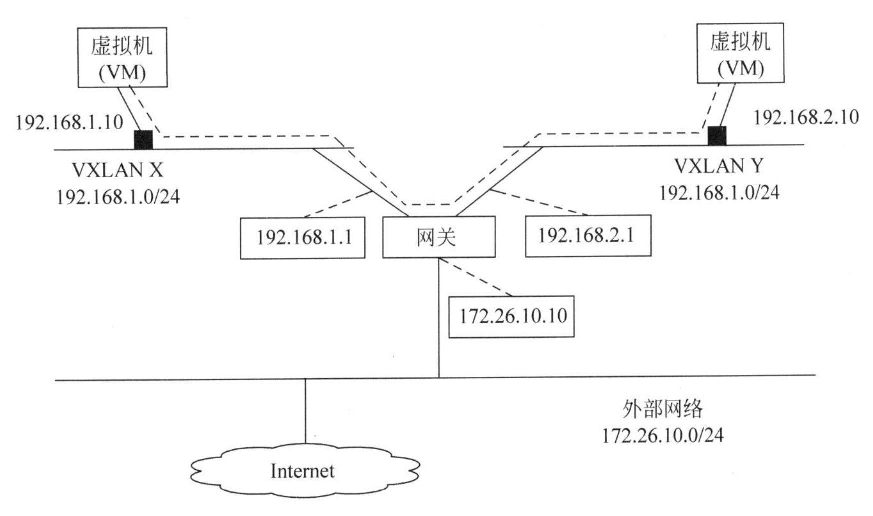

图 8-24　不同 VXLAN 之间报文转发

习题

1. 什么是光交换？它与电交换相比具有哪些优点？
2. 目前常用的光交换元件有哪些？各有何特点？
3. 如何理解“电交换”是目前通信网络的“瓶颈”？
4. 构成空分光交换模块有几种类型？各有何特点？
5. 目前常用的光交换元件有哪些？各有何特点？
6. 为什么要研究和发展光交换网络？
7. 自由空间光交换网络的主要特点是什么？
8. 简述波分光交换网络的工作原理。
9. 简述 ASON 的体系结构及各层的主要功能。
10. 光分组交换需要考虑的关键技术问题有哪些？
11. 虚拟交换技术 VST 与传统二层生成树和三层 VRRP 技术相比，有哪些优势？

参 考 文 献

[1] Doyle J,Caroll J D. TCP/IP 路由技术(第 2 卷)[M]. 夏俊杰,译. 北京:人民邮电出版社,2009.

[2] Sharmim F,Aziz Z,Liu J,et al. IP 路由协议疑难解析[M]. 卢泽新,白建军,朱培栋,等译. 北京:人民邮电出版社,2008.

[3] Charles M Kozierok. TCP/IP 指南[M]. 陈鸣,贾永兴,宋丽华,译. 北京:人民邮电出版社,2008.

[4] 徐功文. 路由与交换技术[M]. 北京:清华大学出版社,2017.

[5] 沈鑫剡. 路由和交换技术[M]. 北京:清华大学出版社,2013.

[6] 蒋建峰,刘源. 路由与交换技术精要与实践[M]. 北京:电子工业出版社,2017.

[7] 新华三大学. 路由交换技术详解与实践第 1 卷(下册).[M]. 北京:清华大学出版社,2017.

[8] 寇晓蕤,罗军勇,蔡延荣. 网络协议分析[M]. 北京:机械工业出版社,2009.

[9] 尹淑玲. 交换与路由教程[M]. 湖北:武汉大学出版社,2012.

[10] 卞佳丽. 现代交换原理与技术[M]. 北京:北京邮电大学出版社,2005.

[11] 罗国明,沈庆国,张曙光. 现代交换原理与技术[M]. 3 版. 北京:电子工业出版社,2014.

[12] 张中荃. 现代交换技术[M]. 2 版. 北京:人民邮电出版社,2009.

[13] 杨淑雯. 全光光纤通信网[M]. 北京:科学出版社,2004.

[14] 李丙春,王文龙,刘静. 路由与交换技术[M]. 北京:电子工业出版社,2016.

[15] 斯桃枝,姚驰甫. 路由与交换技术[M]. 北京:北京大学出版社,2008.

[16] 沈鑫剡. 路由和交换技术实验及实训[M]. 北京:清华大学出版社,2013.

[17] 晴刃. STP 生成树协议实例详解[M/OL]. http://www.qingsword.com/qing/636.html.

[18] Honeypot. TRUNK 接口的定义与实现机制[M/OL]. http://blog.sina.com.cn/hacker429.

[19] 老七叔叔. VXLAN 技术研究[M/OL]. https://blog.csdn.net/sinat_31828101/article/details/50504656.

[20] Meyer D,Patel K. BGP-4 Protocol Analysis[S]. Request for Comments: 4274. January 2006.

[21] Malkin G. RIP[S]. 2nd ed. Request for comments: 2453. November 1998.

[22] Moy J. OSPF[S]. 2nd ed. Request for comments: 2328. April 1998.

[23] Rekhter Y,Li T,Hares S. A Border Gateway Protocol 4(BGP-4)[S]. Request for comments:4271. January 2006.

图书资源支持

感谢您一直以来对清华版图书的支持和爱护。为了配合本书的使用，本书提供配套的资源，有需求的读者请扫描下方的“书圈”微信公众号二维码，在图书专区下载，也可以拨打电话或发送电子邮件咨询。

如果您在使用本书的过程中遇到了什么问题，或者有相关图书出版计划，也请您发邮件告诉我们，以便我们更好地为您服务。

我们的联系方式：

地　　址：北京市海淀区双清路学研大厦 A 座 714

邮　　编：100084

电　　话：010-83470236　010-83470237

客服邮箱：2301891038@qq.com

QQ：2301891038（请写明您的单位和姓名）

资源下载：关注公众号“书圈”下载配套资源。

资源下载、样书申请

书圈

获取最新书目

观看课程直播